군사회복지와 상담

유홍위 · 유연웅 · 최선애

창지사

머 리 말

현대사회는 개인과 가정뿐만 아니라 국가의 다양한 조직을 운영함에 있어서 복지를 우선으로 하는 가운데 삶의 질을 향상시키고 발전시키기 위해 노력하고 있다. 군조직은 국가의 다양한 하위 조직 중의 하나이다. 따라서 군대도 군인과 조직의 발전을 위한 사회복지적인 노력이 전력정비와 병행하여 이루어져야 할 것이다. 창군 70년이 지난 우리나라에서는 그동안 남과 북이 군사적으로 대치하고 있는 가운데 국방비 중 군비증강에 많은 비중을 두었던 것이 사실이다. 따라서 상대적으로 군인과 군인가족 및 제대군인의 복지에 대한 관심은 군의 정책은 물론 국방 전문가들에게조차 후 순위가 될 수밖에 없었다.

2000년대 초부터 군에서는 사회적인 관심과 주목을 받게 되는 일련의 사건과 사고들이 발생하였는데 논산훈련소 인분사건, GP총격사건, 전역병장 위암 사망사건 등이 대표적인 예이다. 이러한 사건과 사고는 그동안 군이 전투 및 훈련중심, 목표중심의 부대 운영, 폐쇄적 병영운영을 한 결과였다는 비판을 받게 되었다.

이에 2005년부터 제대군인, 여군의 길을 가고자 했던 사람, 군인을 대상으로 사례관리를 하는 사회복지 전공자들이 모여 군대와 군인들의 복지의 중요성을 인식하고 군사회복지를 도입하고 실천하고자 노력하기 시작하였다. 이에 따라 군과 사회에서 장병들의 고충 해결과 사회복지적인 접근을 시도하기 시작하였다. 군에서는 2006년에 시범적으로 장병들의 고충 문제를 해결하는 군 기본권상담관 제도를 도입하여, 2016년 현재 320여 명의 병영생활 전문 상담관이 연대급까지 확대 배치되어 근무하고 있다. 또한 군 외부적으로는 군사회복지학회 창립과 대학 및 대학원에 군사회복지 학과와 과목이 개설되어 학문적인 연구와 군사회복지 전문가를 양성하기 시작하였다. 이후 공동모금회의 지원으로 군사례관리센터를 설치할 수 있게 되었고, 2009년부터는 경기도 예산사업으로 3군사령부와 연계하여 교육복지재단 에벤에셀 부설 군인가족지원 센터와 군인가족심리상담 센터가 군인과 군인가족 복지 및 상담사업을 진행하고 있다.

군에서의 사회복지적인 접근은 다양하다고 할 수 있는데 특히 병영에서의 사회복지적인 접근은 군인 개인의 정신적·정서적·심리적·행동적·대인관계적인 문제와 더불어 가족문제, 스트레스 해결문제가 중요하다고 할 수 있다. 이러한 문제를 해결하기 위해서는 이론이 선행되어야 할 것이다. 따라서 그동안의 군사회복지와 군상담의 필요성, 학문적인 연구, 군에서의 실천사례 등을 접목한 사례관리와 강의노트를 정리하여 교재를 발간하게 되었다.

이 교재는 대학 및 군 교육기관, 장병들에게 복지 및 상담서비스를 전달하는 군사회복지 및 군에서의 상담 인력에게 참고 및 전문성 향상을 위하여 군사회복지 분야와 군상담 분야로 구성하였다.

내용은 4개 part와 총 14개의 chapter로 구성되어 있다.

part1 군과 사회복지에서는 군사회복지의 이해, 각국의 군사회복지, 군대문화와 군인의 인권, 신세대 장병과 군조직의 스트레스를 다룬다.

part2 군과 상담에서는 일반상담과 군상담의 이해, 상담자의 특성, 상담자의 태도 및 윤리에 대하여 살펴본다.

part3 심리학과 상담의 이론에서는 심리학의 이해, 정신분석 상담, 인간중심 상담, 행동주의 상담에 대하여 살펴본다.

part4 군상담의 실제에서는 군상담 실태 및 교육체계, 군상담 유형별·직책별 모델, 군상담 과정 및 상담방법에 대하여 다룬다.

이 교재를 집필하면서 사회복지 및 상담전문가와 군 내부적으로도 군사회복지 및 상담체계에 대해서도 다양한 시각의 차이가 있음을 느끼게 되었다. 그러나 그동안 학문적으로 뜻을 같이하며 연구하고 군사회복지 실천현장에서 함께 했던 KC대학교 유연웅 평생교육원장님, 최선애 경기도 군인가족심리상담 센터장 두 분과 함께 용기를 내게 되었다. 또한 경기도 군인가족지원 센터와 군인가족심리상담 센터 연구원 및 상담원들과 함께 장병 및 군인가족상담의 현장경험을 바탕으로 교재를 출판하게 되었다.

책을 펴내면서 군사회복지과 군상담에 대한 선험자의 책들이 있었음에 이 교재를 통하여 군사회복지와 군상담의 학문적 발전과 실천을 위해 더욱더 완성도 높은 책들이 지속적으로 발간되는 계기가 되었으면 하는 기대를 한다.

끝으로 원고를 출판할 수 있도록 배려해 주신 창지사 사장님과 관계직원 여러분들의 친절하고 세심한 관심과 수고에 감사의 말씀을 드리며, 군사회복지와 군상담의 이론과 실천분야에 지속적인 발전이 있기를 기대한다.

2016년 8월 저자일동

차·례

심리학과 상담의 이론 · 141

군상담의 실제 · 227

군과 사회복지

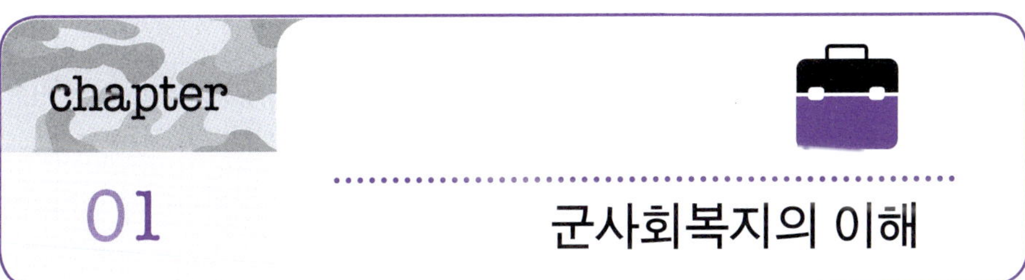

chapter 01 군사회복지의 이해

1 군사회복지의 개념

군은 다른 사회의 직종과는 달리 생명을 담보로 임무를 수행하며 국가안보에 직접적 영향을 끼치는 집단으로서, 국가의 존망과 전 국민의 안녕에 지대한 관련이 있다. 군사회복지는 국가별, 군을 바라보는 시각, 이데올로기, 병역 제도에 따라 다양하게 정의되고 있으며, 군조직이 가지고 있는 위상과 특수성에 기초하여 정의 내릴 수 있다.

군사회복지란 사회복지의 한 실천분야로서, 일차적으로는 군의 고유한 목적이 최대한 달성될 수 있도록 원조하는 것이며, 나아가 군의 구성원인 의무복무군인 및 직업군인과 그 가족뿐만 아니라 제대군인의 복지를 증진시키는 전문적 활동이라고 할 수 있다. 또한 군사회복지는 다른 분야와는 달리 군대라는 특수한 조직에서 발생하는 문제와 이슈에 관심이 집중될 뿐만 아니라, 이러한 문제에 대처하기 위해 사회복지의 전문지식과 실천 방법을 활용하는 특징이 있다(사회복지대백과사전, 1999; Daley, 2003). 즉, 군사회복지란 넓은 의미에서 전 국민의 안전과 관련된 군의 기능을 향상시키고 유지하기 위해 군인의 삶과 질을 향상시키고, 개인이나 조직의 욕구나 문제를 해결하는 공동체의 노력을 말하며

군대 내부의 문제 예방과 해결, 사회적 기능향상과 생활향상에 관련한 모든 법, 제도, 서비스 등을 포함한다.

한편 국방부의 『국방종합복지정책서』에서는 "군복지란 국가, 국방부, 군인공제회 및 기타 자조조직 등이 주체가 되어 군조직구성원(군인가족 포함)에게 경제적·정신적 욕구를 충족시킬 수 있도록 하는 군조직 내 생활상의 제 급부, 시설, 활동의 체계"로 정의하고 있다.

또한 국방부의 『군복지발전계획서』에서는 군복지란 "현직자들에 대한 사기앙양을 통해 전투력 향상을 도모하고 우수인력의 확보를 위해 군조직구성원과 그 가족 및 일정한 자격을 갖춘 제대군인에게 정신적·물질적 욕구를 충족할 수 있도록 하는 제 급부, 시설 및 활동의 총체"로 규정하고 있다(국방부, 2012). 이러한 군사회복지의 개념들은 군과 학계의 시각에서 다소의 차이를 가지고 있지만 다음과 같은 공통적 특징을 지니고 있다.

첫째, 사회복지 관련 전문가가 일하는 주된 장소가 군이다. 이는 군사회복지사를 다른 사회복지영역과 구분 짓는 요소라고 하겠다.

둘째, 사회복지 관련 전문가(군인 및 민간)가 군에 개입하여 군의 본래적 목적을 효과적으로 달성하도록 도와주는 것을 목적으로 한다.

셋째, 사회복지실천의 주요기능인 심리사회적 문제의 예방과 해결을 위한 다양한 활동을 수행한다.

넷째, 환경과 상호작용하는 인간에 초점을 맞추는 사회복지실천의 기본적 관점을 적용하여 군인과 그 가족, 제대군인 그리고 다양한 수준의 군조직 및 지역사회라는 환경에 대한 개입을 동시에 고려한다.

이를 정리하면 군사회복지는 협의적으로는 "전투력 향상을 위해 군인에게 물질적·정신적 욕구를 충족시키기 위한 제반 활동"이라고 할 수 있으며, 광의적으로는 "국방을 수호하는 군과 그 가족에 대한 국가적인 차원의 사랑과 관심의 노력이며, 대외적으로는 강한 국가적 능력을 표현하는 상징적 기능의 표현"이라고 할 수 있다.

2 군사회복지의 의의

군사회복지는 사회복지의 기능이 주가 되는 일차 현장(primary setting)이 아니고, 다른 조직의 본래적 기능에 협조하는 이차 현장(secondary setting)에서 이루어지는 전문 사회복지 활동이다. 따라서 군사회복지는 군조직의 본래 목적인 국가안보 혹은 국방력 강화라는 불변의 소명을 완수하도록 돕는 데 그 일차적 목적이 있다(Daley, 1999). 또한 군사회복지사가 수행하는 어떠한 역할과 기능도 궁극적으로는 이러한 일차적 목적을 지향하는 것이기 때문에, 그 목적수행을 다하지 못할 때 군사회복지의 필요성과 존립의 의의는 당위성을 잃게 되는 것이다. 이러한 일차적 목적을 위하여 군사회복지 전문가들이 그들의 전문성과 능력을 바탕으로 성취하고자 하는 실천의 목적은 다음과 같이 크게 네 가지로 제시할 수 있다.

① 군의 구성원이 그들이 처한 환경에 원만히 적응할 뿐 아니라 삶의 질이 향상될 수 있도록 돕는다.
② 개인적 문제나 가족 및 대인관계의 문제, 그리고 군생활적응의 문제가 있는 군의 구성원에게 다양한 서비스를 제공한다.
③ 군의 구성원이 가능한 한 최적의 환경에서 생활할 수 있도록 필요한 서비스를 옹호하고 개발한다.
④ 제대군인의 전직과 새로운 사회적 환경 적응 과정의 다양한 복지적 서비스를 제공한다.

3 군사회복지의 목표 및 범주

미국의 정부와 군은 정책적으로 군사회복지의 목표를 "일반 국민의 중산층 이상 생활 수준을 유지하며 긍지와 자부심을 갖고 군 복무에 전념할 수 있는 여건을 조성함에 있다"고 규정하고 있다.

자본주의 사회에서 조직이 발전하기 위해서는 경제적 생활 안정을 통하여 우수한 인원이 유입되어야 한다. 따라서 군조직도 사회적으로 중산층 이상의 생활 수준을 유지할 수 있도록 국가가 제도적으로 보장하는 것을 복지의 목표로 두어야 한다.

국방부의 『군복지발전계획서』에서는 군복지를 '보수, 주거, 자녀양육 및 교육, 생활 안정, 의료, 제대군인 지원'으로 구분하고 있다. 또한 육군을 비롯한 각 군 본부에서는 복지의 범주를 임무수행 지원, 체육 및 문화 활동, 공동체 생활, 휴양 및 레저 활동으로 구분하고 있다.

〈표 1-1〉 **복지의 범주**

구분	내용
임무수행 지원	보수, 주거, 의료 지원, 자녀교육, 생필품 구매 및 전역 관련 지원 활동
문화 활동	축구, 야구, 농구, 헬스클럽, 수영장, 스쿼시, 도서관, 영화상영, 미술, 공예, 서예 등
공동체 생활	생활정보 및 편의 활동 지원, 예약 지원, 재무상담, 법률상담, 육아 지원을 위한 각종 프로그램 제공 등
휴양 및 레저 활동	양질의 휴양시설 및 서비스 제공, 골프연습장, 게이트볼 등 사회체육시설 지원

결국 군사회복지의 범주도 군사회복지의 목표와 마찬가지로 직업 및 의무복무군인과 그 가족의 기본적 생활 안정(보수, 주거, 자녀양육 및 교육, 의료 지원 등)과 문화생활(취미, 오락, 자기개발 등) 및 병사를 중심으로 한 병영문화의 세 가지 측면의 과제라 할 수 있다.

4 군사회복지의 기능

1) 우수인재 유지 및 확보

일반적으로 복지정책을 추진하는 가장 큰 목적은 조직이 필요로 하는 우수인력의 유인, 유지와 발전에 있다고 할 수 있다. 과거의 폐쇄적 노동시장과는 달리 현대는 노동시장의 유연화와 국제화로 인해 인력이동이 급격하게 이루어지는 것이 현실이다. 특히 급속한 기술발전으로 인해 핵심인력의 획득과 유지가 조직의 성패를 결정짓는 요소로 작용하고 있다. 따라서 우수한 인재의 이탈을 방지하고 유지하는 수단으로서 복지정책이 중요한 기능을 하고 있다고 할 수 있다.

한편 복지 초기 단계에서는 의·식·주 해결의 경제적 복지 제공에 중점을 두고 추진하게 되며, 이러한 복지 욕구가 어느 정도 충족되면 문화, 오락, 자기계발, 건강 등 구성원에게 보다 높은 차원의 문화적 복지를 제공함으로써 간접적으로 조직기여도를 향상시키는 프로그램으로 이행되는 것이 일반적이다. 국제화, 정보화 사회로 진전되면서 '삶의 질'에 대한 관심이 높아지고, 보수, 승진 등의 요인도 중요시하지만 여가, 문화적 복지, 자녀교육 등을 보다 중요한 요소로 인식하고 있는 직업관으로 변화하는 추세이다.

2) 사기고양 및 일체감의 형성

복지는 개인생활과 연관되는 부분을 조직의 제도로 편입시킨다는 성격을 가지고 있으며, 가족주의적 일체감과 연결되며 동시에 조직문화를 형성하는 기능을 가지고 있다. 또한 구성원으로 하여금 조직에 대한 소속의식의 배양과 신뢰감, 일체감의 형성과 연결되고, 장기에 걸쳐 재직하고 있는 조직에 공헌하고 싶다는 풍토를 양성하기 때문에 장기고용을 지탱하는 효과도 아주 크다. 이러한 역할을 담당하는 복지 제도는 대상을 조직구성원에 국한하지 않고 가족도 포함하게 되며, 보육 및 교육시설, 의료 지원 등 구성원과 조직과의 일체감과 나아가 조직에 대한 전념도를 제고하는 역할을 담당하고 있다.

민간 기업에서는 복지의 투자비용에도 관심이 높지만 보다 중요한 점은 적은 비용으로 큰 효과를 가져올 수 있는 다양한 프로그램 개발에 노력을 아끼지 않고 있다는 것이다. 즉, 문화생활에 대한 관심이 높아지고 있는 점에 착안하여 연극, 음악회 등 가족단위까지 참여하는 복지 프로그램 제공 등이 좋은 예이다(문채봉 외, 2004).

3) 급여보완기능

복지의 중요한 기능으로서 생활 지원, 원호적 기능이 있다. 이러한 복지기능은 임금보완적 성격을 가지고 있기 때문에 노동조건화하기도 한다. 복지 제도를 실시하는 이유는 근로의욕 고취와 조직전념도 제고, 경쟁력 강화 등이 주로 제시되며, 조직경쟁력 강화의 핵심전략으로도 의미를 가지고 있다. 이러한 목적달성을 위해 조직으로서는 구성원에게 다양한 복지혜택을 제공하게 되며, 복지가 정상적 임금을 보완하는 제도로 활용되기도 한다.

4) 조직의 특수성 및 독자성 반영의 구현수단

일반적으로 복지정책을 추구하는 목표 가운데 하나는 복지를 통해 조직마다 갖는 특성을 반영할 수 있기 때문이다. 특히 군 직업과 같은 특수한 조직에서는 조직구성원에게 임무의 특수성이나 직업의 특수성을 반영하는 복지정책 추진이 필요하다. 조직의 특성, 직업성격, 업무특성에 따라 복지는 당연히 차별적으로 접근되어야 하며, 이러한 차별적 복지 제공은 구성원으로 하여금 직업에 대한 자긍심과 임무완수를 위한 동기를 부여할 수 있다(문채봉 외, 2004).

5 군사회복지의 구성

1) 주체

미국군을 비롯한 군사회복지를 수행하는 외국에서는 사회복지를 전공한 장교가 입대할 경우 전문성을 활용할 수 있도록 관련 부서에 배치하며, 추가적으로 민간인 전문 사회복지사를 선발하여 운용하고 있다. 또한 장교 이외에 부사관이나 사병 중에서도 사회복지 업무를 지원할 수 있는 인력을 선발하여 이들에게 정기적 교육과 훈련을 실시하여 군사회복지 분야에 다양한 역할을 수행하도록 하고 있다.

각국의 전문 군사회복지사의 운용현황은 〈표 1-2〉와 같으며 군사회복지사 활동이 가장 활발한 미국군의 군사회복지사의 업무는 첫째, 사회복지사가 가정폭력, 약물남용, 정신질환, 군인가족의 적응, 전쟁의 상처, 신체질환 및 건강증진에 관한 문제에 대해 직접적 서비스를 제공한다. 둘째, 정책개발, 구직 원조, 군인과 가족을 위한 사회적 서비스의 필요성을 옹호하거나 개발하는 문제와 같은 간접적 서비스를 제공한다(Daley, 2003).

반면에 우리나라에서 군사회복지를 수행하는 인력은 복지 및 인사담당 현역군인, 군종장교, 의료사회복지 전문특기(764), 심리상담 부특기(789)를 보유한 장교, 군 기본권 상담관, 민간 복지전문가, 향군종위원회 소속 종교지도자 등이며, 그들이 계급과 직책 또는 전문성을 가지고 역할을 수행한다. 그러나 한국군에는 1977년 의료사회복지사가 처음 배치되었으나 장병의 의료사회복지적 업무를 수행하지 못하고 추가 보충되지 못하고 있다(유홍위, 2006b).

〈표 1-2〉 각국의 군사회복지사

국가	병역 제도	군사회복지사
영국	모병제	현역군인(위관장교)
미국	모병제	현역군인(위관~영관장교), 민간 전문 사회복지사
프랑스	징병제+모병제	민간 전문 사회복지사
캐나다	모병제	현역군인(장교), 민간 전문 사회복지사
핀란드	징병제	민간 전문 사회복지사
남아프리카공화국	징병제	현역군인(장교)
이스라엘	징병제	현역군인(장교)

출처: 유홍위(2006b, 61).

2) 군사회복지 대상

군사회복지의 대상은 군사회복지사의 활동내용과 범위를 어디까지로 보는지에 따라 달라질 수 있다. 따라서 우리나라 군조직의 특수성과 현실적 한계, 그리고 사회복지전문의 특성을 고려하여 군사회복지의 대상을 제시할 수 있을 것이다.

〈표 1-3〉 군복지의 대상

직업군인*		의무복무군인	군인가족*	제대군인*
장기군인	단기군인			
장교, 부사관 (군무원 포함)	장교, 부사관	병사*	배우자, 자녀	장교, 부사관, 사병 출신

*직업군인:군인사법 제6조의 현역 중 장기복무하사 이상의 현역 군인.

*병사: 군인사법 제6조의 현역 중 의무복무를 하는 현역 군인.

*장기복무 제대군인: 군인연금법 제21조 제1항의 규정에 의한 퇴역연금 또는 퇴역연금 일시금 수혜자.

*군인가족: 직업군인에 해당하는 자의 배우자 및 직계존비속.

국방부의 『국방종합복지정책서』에서는 군복지의 대상을 "현재의 복지여건을 고려하여 복지의 직접적 대상을 부사관 이상 직업군인과 그 가족, 10년 이상 복무 후 전역한 제대군인으로 한정한다. 제대군인의 경우는 국가재정의 가용성과 복지여건을 고려하여 우선 20년 이상 복무 후 전역자로 하되, 점진적으로 10년 이상 복무 후 전역자로 확대 추진한다"고 명시하고 있다.

그러나 현 복지여건을 고려한다고 하여도 간부 중심의 복지대상 선정은 선진 군대를 육성하고자 하는 국방정책의 한계를 가질 수밖에 없을 것이다. 따라서 군사회복지의 대상은 현역군인(장교, 준사관, 부사관, 병사), 직업군인과 가족(배우자, 자녀 포함), 일정한 자격을 갖춘 제대군인과 그 가족 그리고 군무원을 포함하는 것이 원칙이다. 나아가 그 대상을 군과 관련된 모든 개인, 집단, 조직, 그리고 제도로 확대 적용하여 정책적으로 추진해 나가는 것이 바람직하다.

6 군사회복지 대상의 복지 욕구

국방부와 각 군별로 군의 복지정책 수립 및 복지사업을 펼치는 것은 '군인들에 대한 복지증진을 통해 전투력 향상을 도모하고 우수인력의 확보 및 유지를 위해 군조직 구성원과 그 가족 및 일정한 자격을 갖춘 제대군인에게 정신적, 물질적 욕구를 충족할 수 있도록 하는 제 급여, 시설 및 서비스의 향상을 통한 생활 안정과 삶의 질을 높이는 데 힘쓰며 군의 사기를 높이는 것'이 목적이다. 나아가 '군인으로 하여금 임무수행에 전념할 수 있도록 하기 위한 것' 또한 중요하다. 군조직의 구성원이란 장교·준사관·부사관 및 병사를 말하며, 군사회복지의 대상은 의무복무 군인 및 직업군인과 그 가족 그리고 제대군인을 말한다. 따라서 군사회복지 대상은 현역군인(장교, 준·부사관, 병사), 직업군인의 가족, 직업군인으로 복무 후 전역한 예비역 혹은 퇴역군인과 그 가족 그리고 군무원까지 군의 모든 구성원을 포함한다(육군본부, 2006). 군사회복지 대상별 복지 욕구를 살펴보면 다음과 같다.

1) 의무복무 병사의 복무 단계 및 복지 욕구

병사들의 군 복무 기간은 육군, 전·의경, 해병대(21개월), 해군(23개월), 공군 및 공익요원(24개월) 등 군의 특성에 따라 차이가 있다. 입대 후 실무부대에 배치된 병사는 대부분 병영에서 군생활을 하게 된다. 병사들의 군생활 과정은 다음과 같이 훈련병기, 부대 적응기, 숙련기, 전역기로 구분할 수 있으며 각 단계를 살펴보면 다음과 같다.

(1) 훈련병기

민간인에서 군인으로 신분전환을 위한 군인화의 기간으로서 훈련소에서 기초군사 훈련 및 특기별 교육을 받는 시기이다. 이 시기에는 새로운 환경에서 먹고, 자고, 입는 문제와 훈련 일정 및 용어 사용에 이르기까지 모든 것이 생소하고 새롭게 만나는 동료, 훈련교관, 상급자들과의 공적인 관계와 계급에 따른 수직적인 관계 그리고 훈련 과정에서 겪게 되는 긴장감 등에 의한 정서적 불안과 정신적 혼란을 겪게 된다. 이 시기에 훈련병은 가족 및 친지에 대한 그리움 해소 및 연락에 대한 욕구와 긴장감 해소를 위한 일과 및 훈련 진행이 주요 욕구로 나타나게 된다.

(2) 부대 적응기

군생활 기간 동안 생활하게 되는 자대에 배치되면 지휘관을 포함한 상·하급자와의 관계를 맺으면서 본격적인 병영생활을 실시하게 된다. 주로 이등병에서 일병으로 근무하게 되는 시기이다. 이 시기에는 동료와 상급자 또는 하급자와의 관계 속에서 부여 받은 주특기와 직책에 따라 임무를 숙달하여 배치된 부대에서 생활을 성공적으로 해 나갈 수 있는 방법을 습득하고 숙달하는 시기로 군 복무 부적응 현상이 두드러지게 나타나는 시기이다.

(3) 숙련기

주로 상병 및 병장의 계급으로 근무하는 기간이다. 자신의 임무와 병영생활을 스스로 잘 해 나갈 수 있고 각종 작전이나 교육훈련 등 부대의 제반 업무를 수행하는 데 중심적인 역할을 하게 된다. 또한 후임병들을 지도할 수 있는 정도의 능력을 갖춘 시기이다.

(4) 전역기

군대 생활이 6개월에서 3개월 정도 남아서 제대를 앞둔 병장의 마무리 시기이다. 나름대로 여유를 가지고 병영생활을 하고 있지만, 전역을 앞둔 시점에서 사회로의 진출에 대한 기대와 함께 전역 이후의 진로에 대한 고민을 하게 되는 시기이다.

이러한 단계를 거치게 되는 병사들은 병영생활, 군 복무 적응 및 안정적인 군생활, 전역 후 진로분야 등에서 다음과 같은 다양한 욕구를 지니고 있다.

〈표 1-4〉 **병사들의 복지 욕구**

구분	복지 욕구
병영생활	· 거주 공간과 일과 후 자유로운 생활 여건 보장 · 병사들의 눈높이를 고려한 영내 오락 및 여가 등 복지시설 확충 · 양질의 보급품 및 의식주 등 생존의 욕구 충족 · 병영 내 악습과 폐습 근절과 인권보호 · 가족 친지들과의 연락 및 소통 · 휴가, 외출 외박의 보장
안정적 군생활	· 개인의 고민 등 사적 문제를 해결할 수 있는 복지상담 체계 · 보직 및 계급에 따른 형편성을 고려한 업무 수행 · 근무와 휴식의 보장 · 군 복무에 대한 사회적 인센티브 마련
전역 준비	· 군생활 기간 능력계발을 위한 여건 마련 · 전역 후 진로와 취업관련 지원

2) 간부 및 군 가족의 당면 문제와 복지 욕구

군인을 직업으로 선택한 직업군인들은 부대 근무 여건과 진급 및 보직의 안정을 통한 자아의 실현의 욕구가 강하게 나타나며, 또한 군인과 그 가족들은 안정적인 가정생활, 직업 및 경제적 안정성, 자녀교육, 문화생활 측면에서의 사회의 중산층 수준의 복지적인 욕구를 가지고 생활하고 있다.

(1) 출퇴근 보장 및 일과 후 생활 여건 보장의 욕구

군 간부들의 근무시간은 무정량성의 특징을 지니고 있어서 정시 출퇴근이 가능하지 않고 상황대기와 비상근무 등으로 인하여 직업적 스트레스를 받으며 근무하고 있는 실정이다. 따라서 일과 가정을 양립하면서 퇴근 등 일과 이후에 대한 휴식과 여가 보장에 대한 욕구를 지니고 있다.

(2) 작전, 훈련과 부대관리 임무의 분리 욕구

군 간부들은 직책에 따라 다소 차이는 있지만 지휘관의 임무를 수행하는 경우 작전 및 교육훈련 임무와 부대관리 임무를 병행하게 된다. 이렇게 복합적인 임무수행에 따른 부대 운영의 무한 책임으로부터 벗어나 일정의 책임을 분리하고 작전, 훈련 등의 임무에 전념하고자 하는 욕구가 있다.

(3) 입대 장병들에 대한 특이 신상정보 확인 체제 지원 욕구

입대 장병의 신상정보 보호와 관련하여 군 입대 전 성장 과정에서 발생한 심리적 외상 후유증(가정폭력, 학교폭력 등), 지병, 종교 문제(사이비 종교를 가진 경우), 중독 문제(약물, 게임중독 등), 충동조절의 어려움, 낮은 지능 소유, 이상심리, 범죄경력, 성소수자 등 잠재적 사고유발자를 사전에 식별하여 조치할 수 있는 군 내부 및 외부의전문가를 운용하는 정책적 시스템 마련의 욕구가 있다.

(4) 안정적인 가정생활

군인은 계급별 다소 차이가 있지만 타 직업에 비하여 생애 최대 지출기에 전역을 해야 하는 문제를 지니고 있다, 조기 전역을 할 경우에 안정적인 가정생활에 영향을 미치게 되며 군인은 물론 그 가족들이 삶의 질에 큰 영향을 미치게 된다. 따라서 그에 따른 복지 욕구는 다음과 같다.

① 가족 간에 원만한 소통과 효과적인 역할 수행 지원에 대한 욕구
② 문화생활을 위한 제반 복지시설의 확충에 대한 욕구
③ 경제적 문제와 근무 및 자녀 교육 등의 사유로 인한 별거생활에 따른 경제적 및 가족생활 문제 해결에 대한 욕구
④ 조기 퇴직에 따른 경제적 생애 주기적인 문제 해소에 대한 욕구
⑤ 안정적인 자녀교육 단계별 지원 욕구
- 영유아 자녀에 대한 보육여건 보장
- 학령기 자녀의 안정적 학업 지원
- 대학 입학과 대학생 학비 지원 문제
- 근무지와 원격학업 자녀의 기숙사 지원 문제

3) 제대군인의 당면 문제와 복지 욕구

군인으로서 본연의 임무를 완수한 후 사회로 복귀한 군인은 재정적인 문제를 포함하여 다양한 문제에 직면하게 되는데 제대군인의 복지 욕구는 다음과 같다.

① 국가적인 차원에서의 눈높이를 고려한 취업 지원에 대한 욕구
② 제대군인에 대한 생애 주기 전환에 따른 심리 및 생활 지원 상담 욕구
③ 장기복무 후 전역한 제대군인에 대한 각종 군복지시설 사용 욕구
④ 제대군인 자녀의 학비 지원에 대한 욕구

7 군사회복지전문가의 역할과 직무

군사회복지사의 역할과 직무는 전문적 임상사회복지사의 역할, 장병을 포함한 가족에 대한 상담, 부대장병 및 가족에 대한 교육 및 협조, 부대-가정-지역사회의 연계, 지역사회자원의 활용, 의료 및 정신의료 사회복지, 병영문화의 개선 등이다. 군 사회복지사가 역할과 직무를 수행하는 과정에서는 부대의 특성과 지휘방향에 초점을 맞추고, 군이라는 조직의 발전에 기여할 수 있도록 군인 및 그 관련자들의 인권과 복지를 위해 그 역할을 수행해야 한다. 마일리(Miley)는 사회복지사가 개입하는 수준 혹은 차원(level)에 따라 미시(개인과 가족에 대한 개입), 중범위(조직이나 집단에 대한 개입), 거시(지역사회나 사회에 대한 개입) 차원으로 구분하였다.

〈표 1-5〉 **개입 수준에 따른 군사회복지사의 역할**

개입 수준	미시 차원	중범위 차원	거시 차원
대 상	개인과 가족	조직이나 집단	지역사회
역 할	조력자, 중개자, 옹호자, 교육자	촉진자, 중재자, 훈련가	계획가, 행동가, 현장개입가

1) 미시 차원에서의 군사회복지사 역할

(1) 조력자(enabler)

- 조력자 역할은 군인 및 그 가족을 포함한 클라이언트가 자기 스스로 문제를 해결할 수 있는 능력을 기르고 필요한 자원을 찾아낼 수 있도록 돕는 것을 의미한다.
- 군사회복지 대상자들의 욕구를 확인하고 문제를 규정하며 문제를 효과적으로 다룰 수 있는 능력을 개발시킨다.
- 군사회복지대상자가 위기 상황에서 받는 다양한 스트레스에 대처하도록

돕는 역할을 한다.

· 군인 및 군인가족의 이성 문제, 이혼, 실직, 전직 등 위기상황과 주거 및 육아 문제, 지역사회 문제에 다른 다양한 스트레스 대처에 조역한다.

(2) 중개자(broker)

· 중개자는 군사회복지 대상자 차원에서의 직접적 개입이나 의뢰를 통해서 클라이언트가 필요로 하는 자원과 서비스를 연결하는 역할을 한다.

· 중개자는 군 사례관리의 핵심적 기능을 수행한다.

· 군인 및 군인가족과 집단, 부대 등 클라이언트가 의식주 및 법률적 도움이나 다른 필요한 자원을 얻도록 도와준다.

(3) 옹호자(advocate)

· 옹호자는 필요한 자원이나 서비스를 찾거나, 자원이나 서비스 확보에 어려움을 겪는 클라이언트(특히 병사 및 하급 간부)를 위해 클라이언트 개인이나 가족의 권리를 옹호하고 정책변화를 모색하기 위한 활동을 수행한다.

· 군인, 군인가족이나 집단, 지역사회의 입장에서 직접적으로 대변과 보호, 개입한다.

(4) 교육자(educator)

· 교사 혹은 교육자로서의 역할은 클라이언트의 군과 병영에서의 사회적 기능이나 문제 해결 능력이 향상될 수 있도록 교육적인 프로그램이나 정보를 제공하는 것이다.

· 군생활의 정보 제공과 적응기술을 익히도록 클라이언트를 가르치기도 한다.

· 부적응 군인, 가족, 위기의 부대 등의 클라이언트와 다른 체계에 대한 정보를 제공하며 기술을 가르친다.

2) 중범위 차원에서의 군사회복지사 역할

(1) 촉진자(facilitator)

· 부대나 조직 차원에서 조직의 기능이나 상호작용, 부대원들 간의 협조나 지지, 정보교환을 촉진시킨다.

· 제대별, 조직 간 네트워크를 강화시키고, 조직의 기능이나 상호작용, 정보교환 등을 촉진한다.

· 부적응 장병이나 군인가족 치료집단이나 과업집단, 감수성 훈련집단, 교육집단에 개입한다.

(2) 중재자(mediator)

· 중재자는 부대 차원에서, 제대 간 혹은 부대 내의 의사소통의 갈등이나 의견 차이를 조정하는 역할을 수행한다.

· 견해가 다른 개인이나 부대 사이의 의사소통을 향상하고 타협하도록 돕는 중재자는 중립을 유지하며, 양측이 서로의 입장을 이해하고 있는지를 확인해야 한다.

· 신분과 계급이 다른 군인 및 군인가족과 집단 사이의 의사소통을 향상하고 신세대 장병과 기성세대 간부와의 상호입장을 밝히도록 돕는 역할을 한다.

(3) 훈련가(trainer)

· 부대나 조직의 차원에서 직원들의 전문가적인 능력을 계발시키기 위해서 부대원 세미나 혹은 슈퍼비전 등에 참여하여 장병 교육이나 훈련을 실시한다.

3) 거시 차원에서의 군사회복지사 역할

(1) 계획가(planner)

· 정책적 자원 혹은 거시적인 수준에서, 지역사회와 부대 및 부대원이 협력하며 그들이 원하는 것이 무엇인지 파악하여 서비스 개선에 필요한 정책이나 서비스 또는 프로그램을 개발한다.

(2) 행동가(activist)

· 지역사회나 거시적 수준에서, 군인이나 군인가족의 이익이나 권리가 침해당하는 사회적 조건 등을 인식할 수 있는 사회를 만들기 위한 활동에 참여한다.

· 지역사회의 수준과 평등에 관심을 갖고 지역사회에 맞는 군인과 군인가족의 욕구를 조사하고 분석하며, 자원 활성화 등을 위해 노력한다.

(3) 현장 개입가(outreach worker)

· 지역사회나 거시적 수준에서, 서비스 욕구가 드러나지 않는 군인 및 군인가족 그리고 제대군인들을 파악하고 이들이 적절한 서비스를 받을 수 있도록 지역사회에 내에서 활동한다.

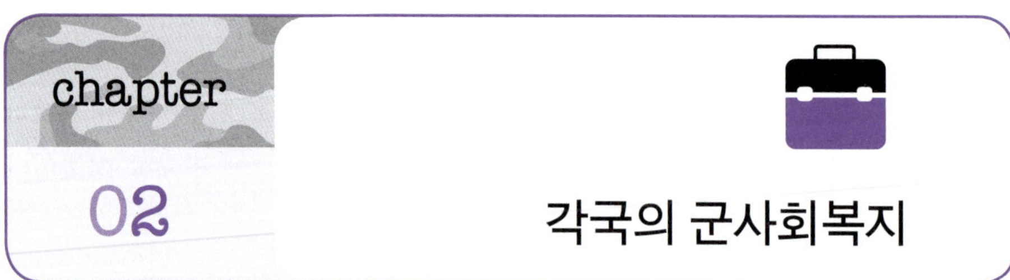

각국의 군사회복지

1 한국의 군사회복지

한국의 군사회복지는 창군 이후 군과 사회 환경의 변화에 따라 발전되어 왔다. 군에서는 양군 위주의 국방정책에 따라서 사회복지정책과 제도가 논의되고 정책에 반영되기까지는 상당한 시간이 필요하였다. 군 내부에 복지 서비스 접근이 시작 된 것은 1953년 제3육군 병원에 적십자 휴게실을 설치한 것을 시초로 하여 야전병원, 후송병원, 통합병원 및 각급 군 의료시설에 적십자 봉사실을 설치하여 각종 오락, 도서대여, 개인 신상 상담업무 및 사회복지업무대행 등 부분적이고 단편적인 사회복지업무를 실시하여 왔다.

1) 한국의 군사회복지 발전 과정

우리나라 군사회복지의 발전 과정을 시대별로 보면 창군 및 전란기(1946~1950년), 태동기(1960년대 초), 성장기(1970년대), 발전기(1980년대), 그리고 심화기(1990년대) 및 재편/비전기(2000년~현재)로 발전 과정을 구분하여 볼 수가 있다. 군사회복지정책의 발전 과정의 특징을 보면, 2000년도 이전까지는 경제적인 복지대책 마련에 정책의 중점을 두고 있음을 알 수 있다. 문화적 복지 분야는

2000년도 중반기 이후부터 비로소 관심을 갖고 인간 중심적이고 비전적인 정책들이 마련되기 시작하고 있다(유홍위, 2007).

이를 구체적으로 살펴보면 1950년대는 창군 및 전환기로서 의·식·주 해결 수준이었고, 1960년대는 군사회복지의 태동기이나 사회복지에 비교 우위를 유지하며 직업군인제가 정착된 시점다.

1970년대는 성장기로서 복지의 향상을 기했으나 상대적으로 사회의 경제성장으로 군과 사회복지는 대등한 수준이 되었다.

1980년대에 군의 복지가 발전기에 접어들기는 하였으나 기업부문이 획기적으로 복지의 개선에 힘을 쏟은 결과 군의 복지 수준은 상대적으로 낙후되었다. 복지국가의 구현이라는 목표를 설정한 정부에서는 국민연금, 전 국민 의료보장, 최저임금제 등을 실시하게 되었고, 1987년 6월의 민주화 운동 이후로 근로자는 자신들의 권익을 능동적 자세로 요구하게 되었다. 이 시기에 사회의 제반 생활환경이 크게 개선되었으며 획기적 전환점을 맞은 기업의 보수 및 복지 제도는 군과 비교하여 볼 때 상당한 수준으로 앞서게 되었다.

이에 따라 1990년대에 접어들면서부터는 군이 전력발전 차원에서 군사회복지 향상에 관심을 집중하여 사회복지 수준의 복지 기반 마련에 주력하고 있다.

1980년대 이후 점차 사회의 복지 수준과 차이가 나기 시작하고 1990년대에 들어서는 더욱더 그 격차가 심화되고 있는 실태이며, 최근에 들어서 군에서도 인권에 대한 중요성 인식과 사병의 복지향상과 복지 수준의 향상을 위하여 다양한 방법을 모색하여 정책에 반영되도록 적극 추진하고 있다.

2000년대에는 군인복지 기본법과 군 기본권 상담관 제도가 운영되었다. 2008년 9월에는 육·해·공군복지단이 국군복지단으로 증·창설되었으며, 기능을 확대 하여 임무를 수행하고 있다. 특히, 2000년대 국방개혁기본법을 통하여 군 구조 개편, 사회변화에 부합하는 새로운 병영문화를 정착시켜 선진 정예 강군 육성을 위해 노력하였다. 국방개혁 기본 계획을 추진하기 위하여 5년 단위로 국방개혁 추진 계획을 수립·시행토록 하고 있다. 그러나 한국의 군사회복지 제도 및 정책은 간부 중심으로 운영되었으며 의무복무병사의 복지는 장병 및 국민의 욕구 수준에는 미흡하여 아직도 심리적인 격차가 나타나고 있다.

〈표 2-1〉 **군사회복지의 변화 단계**

구 분	경제발전과 군사회복지 변화
창군기 (1946~1950년)	· 외국 원조기
	· 민·군정기, 의·식·주 해결 중심
태동기 (1960년대 초)	· 경제발전(경공업 중심, 성장과 분배의 체계 미정착) · 국가의 사회복지(대책 입법화)
	· 군사회복지 - 전후 전상자 및 전역자의 사회보장책 전무 - 복지대책 입법화: 군 원호법('61) 군 인사법('62) 군 연금법('63) - 계급별 호봉제('62), 수당신설: 가족수당('64)
형성기 (1970년대)	· 경제발전(1인당GNP $500-1,000 외연적 성장의 한계, 잉여노동 소멸, 국제수지 흑자, 자본 집약적 중화학 공업, 부동산, 증권 투기 붐) · 국가의 사회복지(의료보험 및 보호 도입)
	· 군사회복지 - 군인 자녀교육법('72) 복지혜택의 확대 - 수당 신설: 상여수당('74) 조정수당('79) 정근수당('79)
성장기 (1980년대)	· 경제발전(1인당GNP $2,000-3,000,기술 집약적 산업, 해외노동 유입 시작, 부동산 및 증권투기 붐. 과잉 소비 생활 진입 및 상대적 빈곤의 증대) · 국가의 사회복지 - 의료 보험화, 국민연금 도입, 주택정책 강화, 노인, 장애인 복지 서비스 강화 시작
	· 군사회복지 - 부분적 복지 계획 수립(관사건립 5개년 계획 수립, 군인공제회 설립('84)
발전기 (1990년대)	· 경제발전(1인당GNP $10,000대, 지속적인 성장 진입을 위한 상업 구조의 질적 개선, 경쟁력 중심 경영, 고임금 및 노동수입 증대) · 국가의 사회복지(사회복지 경제 기회 비용의 증대로 복지투자의 위축, 복지 수준과 내용 등 질 추구, 지역연금과 고용보험 도입 ,민간 복지의 역할 강조)
	· 군사회복지 - 중·장기 종합 복지 정책 수립. 제대군인 지원관련 법률 제정('97)

재편 및 비전기 (2000년~현재)	· 경제 발전 - 세계화 등 경제 질서의 변화에 따라 복지투자의 경제적 기회비용 증대 · 국내 시장개방 압력, 시장 잠식, 노동시장의 성장, 복지투자의 확장 약화 · 국가의 사회복지(국민의 소득 수준 상승 및 상대적 빈곤율 증대, 남북통일 실현의 증대 및 기존 정치권의 쇠퇴와 정치 선진화의 급속 진행 전망) · 국군복지단 창설('08) - 병영생활 전문 상담관 운용('06)
	· 민간 및 지역사회 군사회복지 참여 - 사병 복지/인권개선 연구및 계획('06) - 민·관 차원의 군복지 참여: 경기도, 강원도, 삼성, 공동모금회 등('07~) - 한국군사회복지학회 창립('06), 군인복지기본법 시행('08)

자료: 유홍위 (2008).

2) 복지 프로그램

군에 군사회복지 제도가 뿌리내리기 위해서는 군조직에 소속되어 있는 대상에 대하여 신분별로 기본적 욕구를 잘 식별, 분석하고 부대의 특수적 환경을 고려한 후 대상별 맞춤식 사회복지 프로그램을 개발하고 지속적이고 내실 있는 실천이 필요하다.

그 대상은 간부(장교·부사관) 및 군인가족, 병사와 전역예정 간부의 기본형태로 구분할 수 있으며, 군 내부 및 외부와의 연계를 통한 사회복지 프로그램은 〈표 2-2〉와 같다.

〈표 2-2〉 **군 내부 및 외부와의 연계를 통한 사회복지 프로그램**

대상	군 내부 복지 프로그램	외부연계 복지 프로그램
간부	· 음주/약물남용 대책 · 전투/근무 스트레스 관리 및 치료 · 인성교육 · 휴가 및 포상 · 군생활/진로상담 · 해외탐방/휴양 · 선택적 복지 제도 시행 *위기 개입, 개인 상담, 사례관리, 자기계발	· 간부계발 지원 · 국내·외 위탁교육 · 자격증 취득 · 생활자금 대여 · 문화탐방 지원 · 장병 인성교육 지원 · 전직 지원
병사	· 병영문화개선 · 의식주 개선 · 군 기본권(인권) 향상 - 전문 상담관, 병영생활 전문 상담관 · 정신건강 상담/치료 · 인성교육 · 부적응 장병 비전 캠프 · 전역 전 사회적응교육 *위기 개입, 개인 상담, 사례관리, 집단 상담, 재교육(인성,사고 예방)	· 건전 병영문화 공동연구(민·군) · 각종 봉사 활동 지원 · 민·군공동전문가 활동 - 심리치료사, 정신과 의사, 군의관 · 사이버 교육 지원 · 사회적응 프로그램 지원 · 지역별 상담 지원 - 향군종, 성직자 · 진로, 고용정보 제공
군인가족	· 주거/주택 지원 · 휴양시설 · 자녀양육 및 교육 지원 · 의료 서비스 · 각종 상담 · 장애 군 가족 지원 * 위기 개입, 개인 상담, 사례관리	· 가정폭력 예방 · 지역사회자원 연결 - 평생교육 및 취미생활 · 위기 개입 · 자원 연계 · 군인 자녀 특례 입학 · 영유아 보육/자녀교육 지원
제대군인	· 직업보도 교육 · 취업알선 · 연금 제도 *제대군인 보호법 추진 *개인 상담, 사례관리	· 군 전문인력 채용 · 전역자 재교육 · 보훈정보 서비스 · 지자체 자원 연계
공통	· 군 종합사회복지 계획 수립/추진 · 복지기금 마련 및 자원 발굴 *복지정책과 비전 제시	· 군사회복지정책 자문 및 제안 · 군인 및 가족권리 옹호 · 민·군 화합 지역문화 활동

출처: 유홍위(2005b, 39) 부분 수정.

3) 병사복지 제도(병영생활 전문 상담관)

한국군은 병영에서의 각종 사건과 사고를 예방하기 위하여 장병들의 호소 문제를 전문적으로 상담하는 병영생활 전문 상담관 제도를 2006년 시범운용을 시작하여 전군에 확대 시행하고 있다.

(1) 관련법령 및 상담 내용

① 관련법령: 군인의 지위 및 복무에 관한 기본법 제41(2015.12.29)

② 상담 내용

군인이 〈표 2-3〉의 사항으로 군생활의 고충이나 어려움을 호소하는 경우에 이에 대한 상담 등을 하기 위하여 대통령령으로 정하는 규모 이상의 부대 또는 기관에 병영생활 전문 상담관을 둔다. 또한 성희롱, 성폭력, 성차별 등 성(性)관련 고충 상담을 전담하기 위하여 대통령령으로 정하는 규모 이상의 부대 또는 기관에 성(性)고충 전문상담관을 둔다.

〈표 2-3〉 **병영생활 전문 상담관 업무**

· 군 생활에 따른 부적응에 관한 사항
· 가족관계 및 개인 신상에 관한 사항
· 구타, 폭언, 가혹행위 및 집단 따돌림 등 군 내 기본권 침해에 관한 사항
· 질병·질환 및 건강 악화 등 신체에 관한 사항
· 장기복무 군인가족의 자녀교육 및 현지생활 부적응 등 사회복지에 관한 사항
· 그 밖에 군 생활로 인하여 발생하는 고충이나 어려움에 관한 사항

병영생활 전문 상담관과 성고충 전문상담관은 군생활 또는 개인 신상 문제 등으로 인한 어려움을 겪고 있는 군인 및 장기복무 군인가족에 대하여 상담을 실시하고, 병영생활 전문 상담관이 배치되어 있는 부대 또는 기관의 장에게 필요한 조치를 요청할 수 있다.

(2) 병영생활 전문 상담관 활동분야 및 인원

〈표 2-4〉 활동분야

구분	활동 내용
병영생활 전문 상담 (육·해·공군·국직)	· 〈표 2-3〉 참고
국군생명의 전화 전문 상담관(국방부)	· 장병 자살 예방 상담(24시간 연중무휴)
성고충 전문 상담 (육·해·공군)	· 병영 내 성관련 고충 상담 활동 전담(여성인력 포함 전 장병) · 병영 내 성 군기(성희롱, 성추행, 성폭력 등)사고 예방 활동 지원

〈표 2-5〉 인원(2014년 기준)

계	육군	해군	공군	국직부대
250명	177명	39명	24명	10명

〈표 2-6〉 병영생활 전문 상담관 현황과 확대 계획

구분	'05~06	'07	'08	'09	'10	'11	'12	'13	'14	'15	'16	'17
인원(명)	8	20	42	105	106	95	148	199	246	284	320	357
운용 제대	사단급(시험운영)			사·여단(함대, 비행단)급							연대급	

※ 2017년까지 연대급 1명 배치를 목표로 확대 추진

4) 군내 인권복지 장치

〈표 2-7〉 군내 인권보호시스템

세 대	내용
소·중대급	① 상향식 일일결산(일일) – 분대원들의 의견을 종합하여 소대장에게 보고 – 부대일정 등을 분대장을 통해 하달하여 임무수행에 예측 가능성 부여 ② 계급별 간담회(매주) – 간부 1인이 참석하여 중·소대급 부대의 계급별 간담회 개최, 애로사항 청취 및 해결 ③ 병사면담 – 중대장이 월별로 병사 면담 – 지속적인 의사소통으로 고충 청취 및 해결 ④ 군인권 및 고충 상담(상시) – 중대 행정보급관이 상담관으로 병사들의 고충 해결
대대급	① 각종 소원 수리 제도 – 마음의 편지, 소원 수리함, 설문조사 등을 통한 고충 해결 ② 군 인권 상담실(상시) – 주임원사가 상담관으로 병사들의 고충 청취 및 해결
연대급	① 선진 병영 캠프(수시) – 전입 이등병들과 각급 제대 병장들을 대상으로 상호 존중과 배려 문화 확산 – 전입신병들의 적응을 용이하게 함 ② 군 인권 상담실(상시) – 군종장교(주임원사)가 상담관으로 헌병파견 대장, 의무 중대장의 자문을 받아 병사들의 고충 청취 및 해결
사단급	① 비전 캠프(월1회, 격월) – 사단급 부대의 모범 및 관심병사들을 대상으로 ② 인성교육 실시 – 교육결과를 부대 지휘관들과 공유 ③ 내부 공익 신고 센터(감찰부서) – 개인고충(근무 여건, 인사관리, 신상문제) ④ 병영생활 전문 상담관 – 장병의 인권 및 사고 예방을 위해 전문 상담관 배치
각 군 본부	① 각 군 본부 인권과 – 인권 상담실 운영, 침해사건 조사 및 구제 ② 각 군 고충심사위원회(병사 제외)

2 외국의 군사회복지

세계 각국에서 군사회복지 제도를 제도권에서 실천하고 있는 나라는 약 90여 년의 역사를 가지고 있는 미국을 포함하여 영국, 프랑스, 캐나다, 핀란드, 남아프리카공화국 및 이스라엘 등이다. 이들 나라에서는 현역군인 사회복지사 또는 민간 사회복지사 그리고 군인과 민간을 혼합한 형태의 군사회복지사가 활동하고 있다. 핀란드는 주로 민간인 사회사업단을 편성하여 징병된 군인의 권리를 보호하는 보호위원회에서 업무를 담당하게 하고, 캐나다는 민간인 사회복지사가 군인과 가족에게 사회복지 서비스를 전달하고 있으며, 영국 등 유럽의 일부 국가는 현역 군사회복지사를 보유하고 있으나 계급은 위관급까지로 제한하고 있다.

미국을 포함한 영국, 독일, 일본, 대만의 군사회복지에 대하여 살펴보면 다음과 같다.

1) 미국

(1) 미국의 군사회복지

미국의 군 사회사업(military social work)은 1918년 미 육군 의무단의 요청에 따라 적십자사가 뉴욕 주 프리다버그 소재 미 육군종합병원에 사회복지를전공하고 숙련된 정신의료사회 사업가 1명을 배치함으로써 시작되었다. 그 후 세계대전 중에 군인의 전투 스트레스에 대한 대처와 관리에 대한 중요성을 인식하여 군 병원에 정신의료 사업가와 의료사회 사업가를 고정적으로 배치하였다. 1943년부터는 사회사업가를 군대의 사병특기로 공식 인정하였고 한국전쟁을 계기로 군 사회사업의 분야를 정신의료뿐만 아니라 의료사회사업분야까지 인정하여 미 육군종합병원 내에 의료사회사업 서비스가 제공되었다.

이러한 군대 내에서의 의료사회사업 서비스는 1945년에 이르러서 미 육군성 의무감실 정신신경 자문과 내에 정신의료기구가 설치되고 1946년에는 최초의 현역 군 사회사업 장교가 임관되어 활동을 시작하게 되었다. 이로부터 미국군은 장교는 물론 사병까지로 확대한 현역군인 사회복지사와 민간 사회복지사의 혼합형 군사회복지 제도로 운용하고 있다. 1975년에는최대 1,844명까지 운용되었으나 냉전체제 종식 이후 외국 주둔 미군의 감축과 더불어 군사회복지사도 감축하여 현재는 현역군인 군사회복시사 500명과 민간인 사회복지사 1,000여명이 활동하고 있다.

미 육군의 군사회복지는 1980년대에 군조직의 일부로 완전히 통합되면서 육군 내의 의료체계 내에서 정신보건과 의료사회복지 분야에서 중요한 역할을 담당하고 있다. 군인들과 그 가족들에 대한 보건 및 사회복지 서비스를 제공하고 있으며, 지역사회 서비스의 개발과 파병 시 특별팀의 일원으로 참가하며, 교도소 내 지원 서비스를 실천하고 있다.

오늘날의 미국 군사회복지 제도는 초기의 군사회복지 제도의 운영에 반하여 의료사회복지 서비스와 가족보호 프로그램에 집중되고 있다. 사회복지사는 사회복지적 이념을 갖고 군의 정책사항에 조언하고, 필요한 경우 정책 수립과 실천 과정에도 개입하게 된다. 육군사회복지사는 의료센터나 병원에서 광범위한 의료 서비스나 퇴원계획의 수립, 가족 지원 서비스를 제공하며, 전문적으로 훈련된 사회복지사는 가족실천 레지던트 프로그램에서 교육을 담당하게 되며, 특수 가족프로그램에서 정신적·육체적으로 고통을 받는 환자들에게 서비스를 제공한다. 또한 교도소 내 입원환자, 직원, 가족구성원에게 정신보건을 포함한 여러 가지 서비스와 결혼과 가족 문제 상담, 아동과 청소년 상담, 위기 개입 서비스 등을 제공한다. 육군기지 내에 있는 지역사회 서비스기관에서 사회복지사는 지역사회의 다양한 서비스를 개발하며, 군인가족들이 지역사회에서 잘 생활할 수 있도록 돕는 활동을 한다.

미 육군성에서는 군사회복지사로 선발되면 8~10주간의 상담 관련 교육을 실시한 후 실무에 투입하고 있다. 1980년대에 이르러서는 이들의 서비스 영역을 확대하여 가정폭력과 아동학대, 아동 성 학대를 예방하고 치료하기 위한 프로그램 개발과 알코올중독과 마약남용치료센터를 설치하였다. 미국군의 군사회복지사의 역할을 살펴보면 직접 서비스 영역으로 가정폭력, 약물남용, 정신질환, 군생활적응, 전투 스트레스 관리, 신체질환 및 건강증진에 관한 문제에 개입하고 간접 서비스로 군사회복지 관련 정책개발, 제대군인 구직원조와 군인과 가족을 위한 사회적 서비스를 시행하고 있다.

(2) 미국의 사회·복지·오락제도

MWR(Moral Welfare Recreation, 사기·복지·오락 제도)은 군 인력과 그 가족의 안락, 기쁨, 만족, 정신적·신체적 건강을 증진시키기 위해 군 당국에 의해 고안된 것으로 군인은 자신들이 방어하는 사회와 똑같은 수준의 생활의 질을 영위할 권리가 있다는 철학적 기조에서 출발하였다. 따라서 이 제도는 군인과 그 가족이 민간사회와 똑같은 생활의 질을 영위함으로써 신체적·정신적·사회적·정서적 안정을 취하고, 사기와 단결심을 제고하여 전투준비 태세를 강화하는 데 목적을 두고 있다.

MWR제도는 1862년 매점 설치를 시작으로 수차례의 개선을 거쳐 오늘에 이르게 되었다. 사기·복지·오락 제도는 여러 유형의 복지 중에서 경제복지는 제외하고 문화복지만을 취급하는데 활동영역은 다음 세 가지로 구분된다.

① 범주 A(임무유지 활동)

군사 임무수행에 반드시 필요한 기본적 활동으로 스포츠, 문화, 오락센터, 도서관, 신체건강센터 등이며,

② 범주 B(공동체 지원 활동)

군인과 가족의 물리적·심리적 기본 욕구를 충족시키는 활동으로서 예술, 공예, 음악, 극장, 야외오락, 청소년 활동, 아동발달, 볼링센터 등이고,

③ 범주 C(영업 활동)

군사 임무의 기본 활동은 아니나 오락 활동을 제공하는 수단으로써 필요하며

수익을 창출하는 활동으로서 육·공군 판매부(소매점, 맥주바, 주유소, 이·미용실, 세탁소, 음식점, 오락실 등), 클럽, 볼링센터(13레인 이상), 골프장, 요트장, 숙박시설 등이다.

군인가족 지원은 주로 범주 B의 활동을 말하며 범주 C의 일부 활동도 포함하고 있다. 사기·복지·오락 제도를 운영하는 조직은 국방부 내 가족정책과, 각 군성의 가족 지원 보좌관실과 각 군성 MWR 전담조직 내의 가족 지원과이며 사기·복지·오락 제도의 운영은 〈표 2-8〉과 같다.

〈표 2-8〉 **사기·복지·오락 제도의 활동범주 및 예산 지원**

구분	내용
기능	· 군인과 그 가족에게 민간사회와 동등한 삶의 질을 제공하기 위하여 다양한 프로그램의 개발 및 제공과 문화적 욕구 충족
주요 활동	· 임무유지 활동: 스포츠, 문화, 오락센터, 도서관, 신체건강센터 운영 · 공동체 지원 활동: 예술/공예, 음악/극장, 야외오락, 청소년 활동, 아동발달 서비스, 볼링장(소규모) · 영업 활동: 클럽, 볼링센터(대규모), 골프장, 요트장, 임시 숙박시설, 금융 서비스
인력 운영	· 비영업분야: 편제반영, 운영 · 영업분야: 군무원 및 민간인으로 구성 운영
재정 관리	· 임무유지 활동: 90~100% 국가예산(APF) · 공동체 지원 활동: 50~75% 국가예산(APF/NAF) · 영업 활동: 간접 세제 지원 및 NAF
물품 수송	· 민간·군용기 이용, 수송비 전액 국가예산 부담

(3) 보수 제도

미국군의 보수정책은 일반 노동시장에 대하여 과거, 현재, 미래를 분석하여 군인이 우수인력을 획득하기 위한 보수 수준을 결정한다. 결정 방법으로는 신분과 학력으로 구분하고 민간부문과 비교하여 일정 수준 이상을 유지한다.

미국 군인의 보수정책은 고용비용지수에서 0.5%를 추가로 지급하는 기준을 결정하여 군에 필요한 인력획득의 유인책을 제시하였다. 만약 정부의 고용비용지수가 3.2%이면, 군인보수 인상률을 3.7%로 결정한다.

(4) 연금 제도

연금 제도에 있어 우리 군의 모델이 될 수 있는 국가는 미국을 들 수 있다. 미국 연금 제도의 발전 과정에서 미 의회는 1996년에 군인연금의 지급범위와 수준에 대해 수많은 논의를 하였으며 최종적으로 군인연금 제도의 목적을 다음과 같이 규정하였다.

첫째, 노동시장에서 직업군인이 사회의 다른 직업에 비해 상대적으로 경쟁력을 갖추어야 한다.

둘째, 젊고 유능한 장교에게 진급기회가 지속적으로 제공되어야 한다.

셋째, 국가가 전역한 직업군인에게 적절한 경제적 안정을 보장하여야 한다.

넷째, 전시 또는 국가 위기상황 발생 시를 대비하여 예비역에 대한 소집(recall) 등 효율적 인력관리가 이루어져야 한다.

다섯째, 연금수급자격은 20년 이상 복무자이며, 연금운영 관련 비용은 전액 국가가 부담한다. 연금액 산출기준 보수는 최근 3년 평균 기본급이며, 연금지급 시기는 전역 즉시이다. 개인부담은 전액 국가가 부담하며, 1986년 8월 1월 이후 임관자 적용 연금액 지급산식은 연 2.5%이다.

연금기금 설치 이후 기금 보유율(기금/채무)은 꾸준하게 향상되어 2000년 9월 말 기준으로 약 35%에 달함으로써 연금재정의 건전성과 안정성이 증대되고 있다. 보험수리 사무처의 장기연금기금 판단결과 2030년에는 기금 운용 수익이 연금 지출을 초과하여 흑자로 전환될 것으로 예상된다.

여섯째, 공무원 연금과 차별적으로 적용하고 있다. 군인과 공무원의 연금 제도는 비기여제, 즉 연금재정은 국가가 책임을 지며, 발생비용에 대한 부담주체와 산출기준보수 등에 있어서는 유사점을 갖는다. 그러나 연금지급산식은 군인이 공무원에 비해 2.5배 높고(공무원: 1년−1%, 군인: 1년−2.5%), 지급시기도 차이가 있으며(공무원: 65세 이후, 군인: 전역 즉시), 지급액 자체도 2.5배 높게 설정되어 있다. 이는 군인은 공무원과 직업 성격상 분명한 차이가 있으며, 군 직업은 공무원 직업에 비해 상대적으로 보다 높게 보상되어야 한다는 국가의 의지가 반영된 결과라고 할 수 있다.

〈표 2-9〉 **군인연금 기금 보유율**

구분	1986	1990	1994	1997	2000
보유율(%)	7.2	21.9	30.3	32.2	35.4

〈표 2-10〉 **미국 공무원/군인연금 제도**

구 분	공무원 연금 제도	군인연금 제도
개인 부담	0.8%	0%
발생 비용	국가 부담	국가 부담
연금액 산출 기준 보수	최고 3년 평균 소득	최고 3년 평균 소득
연금액 지급산식	1%/연	2.5%/연
지급 시기	65세	20년 이상 복무 후 전역 즉시
지급액 (1996/30년/5만 달러)	사회보장 급여+1,250%	사회보장 급여+3,125달러

출처: 육군본부(1999).

2) 영국

영국은 해외 주둔 지역이 많기 때문에 많은 군인이 가족과 별거를 하게 된다. 따라서 군에서는 본토에 남아 있는 해외 주둔 군인의 가족을 위한 문화, 여행 프로그램, 주둔지 방문 지원 등 현역의 가족을 위한 프로그램이 다양하게 개발되어 있다. 또한 주둔지로 가족이 이동 시 전입지역에 대한 교육, 주택 등 각종 정보를 제공하기 위한 조직적 지원체계가 잘 발달되어 있고 지원조직은 관리자 이외에는 모두 자원봉사자로 구성되는데 모두 현지에 주둔하고 있는 군인의 가족이다.

유료 군 관사를 운영하며 독신자용, 가족별 거주용으로 구분하여 운영하고 있다. 군 관사에 입주하지 않을 경우 일반주택 수준의 임대비를 지불하고 있다. 군

숙소 건립은 부대 내외의 군 부지에 건립이 가능하다.

(1) 보수제도

① X-factor

영국의 경우 특히 군인의 보수책정에 있어 X-factor를 고려함으로써 군 직업의 특수성을 반영하고 있다(전성진, 2004). 보수 제도는 군인의 보수뿐만 아니라 특수한 업무에 종사하는 직업에 대하여 인력경제부(Office of Manpower Economics)에서 관장한다. 군인의 보수도 준장 이하와 소장 이상이 구분되어 소장 이상의 경우는 타 공무원의 최고위급과 동일한 기준으로 적용된다. 준장 이하의 경우는 인력경제부 내에 6개의 위원회 중 군인 보수 검토 위원회(Armed Forces'Pay Review Body)를 두고 5년 단위로 군인의 보수에 대하여 특수성(X-factor)을 어떻게 반영할 것인지와 매년 군인보수 인상률을 어떻게 결정할 것인지를 추천한다.

영국군은 민간부문과의 보수 차이를 두고 군의 특수성에 대하여 인정하고 매 5년 단위로 주기적으로 검토를 하여 군과 민간 사이의 상대적 장단점에 대하여 차이가 있는 부분을 반영한다.

X-factor 결정요인은 직업의 특수성과 영향력, 사회적 관심도 등 세 가지로 구분되며 〈표 2-11〉과 같다.

〈표 2-11〉 X-factor 결정요인

직업의 특수성	직업의 영향력	사회적 관심도
직업 안정성 직업 만족도 진급 및 책임 각종 훈련 등	잦은 전출로 인한 가족의 불안 근무시간 임무수행을 위한 별거 장단기 임무수행 위험도 등	업무 스트레스 가족 지원대책 이혼율 건강관리 및 교육 개인의 권리 등

출처: 육군본부(1999).

가. 직업의 특수성

직업 안정성으로 정부에서 발표하는 민간분야 노동시장에 대한 통계치와 안정성을 비교하는데 최근에는 민간분야보다 더 안정적이라고 판단하였다. 직업 만족도는 민간 근로자의 조사자료와 비교하여 사기조사, 동기부여, 적성검사 등과 같은 관련 분야에 대하여 객관적 자료를 수집하는 것이 어렵다고 판단하였는데 그 이유는 설문결과 장점과 단점이 동시에 조사되었기 때문이다. 교육기회의 경우 민간분야 대비 감소하고 있는 것으로 분석하였다.

나. 직업영향력

잦은 전출로 인한 가족의 불안요소를 내재하고 있는데 그 이유는 군인 직업의 특성상 군인 개인이나 가족이 자주 이동을 해야 하는 것이다. 그에 따라 자신의 집을 가질 수 없는 경우가 있으며, 잦은 이사로 인하여 지역 근로자의 가족은 직업을 갖기가 쉬운 반면 군인가족은 직업을 구하기가 어려운 단점도 있다. 또한 가족이 편하게 살기 위하여 이동을 하지 않는다면 군인 개인에 대한 불이익을 초래한다.

근무시간도 중요한 요소인데, 매년 민간 근로자와 주당 평균근무시간을 비교하여 군인과 민간과의 차이를 조사하고 있으며, 민간 근로자와 비교할 수 없는 군인의 특수한 부분으로 기혼자뿐만 아니라 독신자에 대하여 임무수행을 위하여 별거수당을 지급하고 있다.

다. 사회적 관심도

임무수행을 위한 잦은 전출로 인한 스트레스, 장단기 임무수행을 위해 발생하는 잦은 별거로 인한 이혼율에 대한 조사를 통하여 보수로 감당할 수 없는 부문에 대하여 가족을 지원하는 분제도 분석한다. 사망과 치명적 사고 등을 구분하여 10만 명당 사고자를 조사하여 민간분야와 위험도를 분석한다. 추가적으로 건강 및 교육, 개인의 권리 등에 대하여도 분석하여 반영한다.

② 보수 인상률

보수 인상률을 결정하기 위하여 고려해야 할 요소는 민간분야 보수와 연관성이 있는 정부의 경제정책, 보수 비교를 위하여 군별, 신분별, 연도별 자료를 통하여 부족하거나 남는 계급을 분석함과 동시에 연도별 정원 대 현재원, 모병·전역 현황 및 근무시간, 조기 전역자 비율, 임무수행을 위한 출장과 파견일수, 임관자 초봉의 변화 등이다.

정원 대비 현재원 결과 2002년까지는 100~500명 정도 군별로 부족하였으나, 2003년에는 육군이 약 100명, 공군이 약 200명 정도 과다한 것으로 분석되었다. 인력충원에 있어서 해군은 98.8%, 육군은 3년 동안 초과하고 있으며, 공군은 89.4%로 가장 낮게 조사되었다. 조기전역자 비율의 경우 장교는 연도별로 비슷하나, 타 계급의 경우 육군은 감소한 반면, 해군은 매년 상승한 것으로 조사되었다. 주당 근무시간의 경우 평균 근무시간은 2000년에는 48.1시간에서 2003년에는 47.1시간으로 평균 1시간 줄어든 것으로 조사되었다. 임무수행을 위한 출장과 파견일수도 과거에 비하여 0.8일 정도 줄어든 것으로 파악되었으며, 특히 임관자의 초봉에 대하여 상대적으로 높은 상승률을 적용함으로써 우수인력을 획득하는 데 관심을 가지고 있다. 각종 수당에 대해서도 비슷한 방법으로 인상률을 결정하여 보고한다.

3) 프랑스

프랑스는 2003년도에 징병제에서 모병제로 병역 제도가 전환된 이후 우수 인력획득을 위한 노력으로 복지정책에 관심을 배가하였다. 이에 따라 국방부 사회복지부의 임무를 의료와 재정 지원을 하고, 원활한 가족생활 지원과 주택 임대 보조, 휴가센터 운영 등으로 확대하였다. 군사회복지는 중앙정부차원과 지방정부 및 군복지 제도로 연계 추진한다. 2007년부터는 군사회복지부를 국방부 행정총국 인적자원국으로 개편하여 복지정책을 정부 복지정책의 미흡한 분야에 대한 보완성 측면과 동일성, 근접성 및 사회적 수준의 원칙에 맞추어 추진하고 있다.

〈표 2-12〉 **프랑스 국방부 복지정책원칙**

구분	내용
보완성	· 중앙정부 복지정책의 미흡함에 대한 보완
동일성	· 현역, 국방공무인, 군인가족, 예비군, 퇴역군인 및 상이연금 수혜자에게 동일한 복지정책 실시 · 복지정책 대상: 약 2백만 명 · 현역 34.9만, 국방공무원 8만, 예비군 5.3만, 퇴역군인 69.9만, 현역 및 국방공무원 가족 81.6만
근접성	· 연대급: 군사회복지사 1명 배치 · 임무: 군인가족 상담, 인간성회복, 상호신뢰성 회복 - 전직 지원 상담 · 신분: 공무원(학사 이상 채용) · 인원: 군사회복지사 700명, 군/국방복지 담당 900명
사회적 수준	· 제대별 복지위원회: 일반군인 참가 의견 개진 · 계절별 가족단위 장기휴양 형태 · 군 자체 호텔 2개, 콘도 40개 운영 · 레저 및 해외여행: EU 12개국과 군 휴양시설 교차 사용

출처: 유홍위(2005b).

인적자원국은 전국 220개 지부와 국방부 대표 등이 참석하여 년 2회 중앙보고회와 현안 토의를 실시하고 있다. 복지 혜택의 대상은 군인과 군인가족 뿐만 아니라 퇴역군인, 예비군을 포함하고 있다. 군사회복지사는 각 군별로 약 700명이 보직되어 있으며, 국방부 및 군 자체 복지담당자는 900명이 복지담당 업무를 수행하고 있다. 군사회복지정책은 매 10년 주기로 복지 중장기 지침서를 발간하고 있다. 맛벌이 부부를 위한 보육시설의 확충과 군인 자녀를 위한 대도시에 기숙사를 제공하고 있다. 또한 군인 자녀의 대학 입학 시 대출을 지원하고, 장애인 자녀에 대한 특별 지원을 하고 있다. 주택 분야는 관사 제도를 운영하고 있지 않으며, 대부분 임대 시에 임대 가격의20% 수준의 임대료를 무이자로 지원하고 있다. 제대군인 전직 지원은 4년 이상 복무한 전역군인으로서 단기 계약직에 채용되어 15년 미만으로 즉각 연금 혜택을 받지 못한 자를 우선으로 한다. 부사관의 전직 지원 제도(ARCO)는 1972년에 국방부가 군인들의 전직 지원을 위해 창설되었으며, 약 10만 명이 가입되어 있고 상담, 전역자 직업설계, 구직 과정, 직접 채용 기회 제공을 중요한 임무로 하고 중점 대상은 계약직 군인(보통 7년 정도) 및 50대 연령층을 대상으로 한다. 군 병원은 10개소(2900병상)가 있으며 평소에는 군 병원과 민간 병원을 선택할 수 있는 권한을 부여하고 있다.[1)]

문화복지는 금전적 혜택은 없지만 신체적 및 정신적 건강을 위해 제공되는 비금전적 혜택으로써 영내(직장), 영외(가정)에서 영리행위 유무 기준에 따라 군사 임무, 가족 지원, 영업 활동 복지의 세 가지로 세분화하고 있다.

〈표 2-13〉 **군복지의 범주**

범주		활동
경제적 복지		· 보수, 병영시설, 의료시설, 관사, 군인연금, 건강보험, 자녀학자금 지원, 위생시설, 독신숙소, 직업보도, 직업훈련
문화적 복지	군사 임무 복지	· 실내 · 외 체력 단련, 오락시설, 도서관, 문화시설(강당, 영화관, 취미 활동실)
	가족 지원 복지	· 자녀교육(장학금 지원, 학자금 대부, 자녀기숙사), 생활용품, 주거환경(놀이터, 교통, 상가)
	영업 활동 복지	· 매점, 골프장, 볼링장, 숙박시설, 복지회관, 할인매장,레저, 스포츠 등 위탁시설, 자동차 정비/세차, 주유소

자료: 원창희 외(1994).

특히 문화적 복지의 한 유형인 군사 임무와 관련된 복지는 근무지 내에서 군인의 신체적 및 정신적 건강을 위해 필요한 복지로서 군사 임무 수행 상 반드시 필요한 기본적인 생활이며, 가족복지는 영외의 군인가족이 물질적, 심리적으로 안정될 수있도록 지원하는 복지 활동으로써 사회 평균 문화 수준을 유지하는 데 기여함을 목적으로 한다.

1) 국방부 보건복지관실에서 2007년 11월 26일부터 12월 1일까지 보건복지관 외 4명이 프랑스 군의료 및 복지기관을 방문 후 보고서를 제출한 내용이다.

4) 독일

(1) 일반적 특징

독일의 복지정책 및 제도는 사회보험과 공적 부조의 두 가지 축으로 구성되어 있는데 이 가운데 주축을 이루고 있는 것은 사회보험 제도이다.

〈표 2-14〉 복지정책 및 제도

<table>
<tr><th>구분</th><th>내용</th></tr>
<tr><td>보수</td><td>· 기본급여, 별거수당, 가족수당</td></tr>
<tr><td>주거</td><td>· 일반주택 알선(관사수당 없음)</td></tr>
<tr><td>휴양·레저</td><td>· 연방군 사회 서비스국 조직
· 오락·연회센터 운영: 68개 주둔지 군인클럽(1,164개)
*정부예산으로 운영</td></tr>
<tr><td>의료 지원</td><td>· 군인 및 군인가족 무료진료: 98개 군의료진료소
*진료의 질: 민간 병원 평균 수준</td></tr>
<tr><td>전역 후 생활 지원</td><td>· 제대군인 고용 의무 비율 적용
- 고급직위: 11.6%
- 하급직위: 16.7%

· 군직업학교 운영(28개): 연방군사학교, 연방군 직업학교
· 복무기간별 일반·전문교육
- 전역 전: 일반교육
<table>
<tr><th>복무기간</th><th>교육기간</th><th>교육기관</th></tr>
<tr><td>8~11년</td><td>1년</td><td rowspan="2">연방군 직업학교</td></tr>
<tr><td>12년 이상</td><td>1.5년</td></tr>
</table>
- 전역 후: 전문교육
<table>
<tr><th>복무기간</th><th>교육기간</th><th>교육기관</th></tr>
<tr><td>4~6년</td><td>6개월</td><td rowspan="2">연방군 직업학교</td></tr>
<tr><td>6~8년</td><td>1년</td></tr>
<tr><td>8~12년</td><td>1.5년</td><td rowspan="2">모든 공사업체</td></tr>
<tr><td>12년 이상</td><td>3년</td></tr>
</table>
</td></tr>
</table>

출처: 육군본부(1996).

독일 복지 제도는 사회안전, 사회공정, 사회균형, 사회공동체의 네 가지 원리에 의해서 구성되어 있으며 독일군의 복지정책 및 제도도 이러한 원칙에 준하여 운용되고 있다.

독일군의 복지정책은 미국군의 사기·복지·오락 제도의 개념을 도입하여 복지·오락 서비스를 실시하고 있으며, 그 대상은 현역 직업군인과 그 가족이며 범위는 독일연방군의 주둔 지역으로 하고 목적은 군 복무로 인하여 야기된 불이익에 대한 보상으로 군 사기진작과 우수한 자원을 획득하는 데 있다.

독일군의 복지정책 및 제도는 〈표 2-14〉와 같으며 정부의 주도로 이루어진다. 주로 직업군인의 경제적 복지 위주로 되어 있는 특징을 가지고 있다.

독일의 경우 미국군의 복지제도를 여건에 맞게 수용하여 직업군인의 복지를 수준 높게 발전시키고 특히 전역직업군인을 위한 직업학교 등을 통해 전역 후 생활 안정을 도모하고 있다.

장·단기 복무자에게는 25세까지 무료로 관사를 제공하며, 이후에는 일정액의 사용료를 지불하도록 한다. 현역군인은 군 진료시설을 무료로 이용하며, 민간 병원 이용은 개인적으로 공적 보험이나 사적 보험회사에 추가하여 보험에 가입하였을 경우에는 가능하다. 군 가족에 대한 의료 지원은 군 병원 치료의 경우 진료비의 70%를 국가가 부담하고, 30%는 개인이 추가로 사적 보험에 가입하여 충당하는 형태이다. 한편 군 가족이 장애인인 경우에는 일반 군 가족과 동일하게 군 병원에서 치료가 가능하다. 자녀가 2세가 될 때까지는 최고 월 DM600의 자녀양육비를 신청할 수 있는데 금액의 범위는 군인의 수입에 따라 결정된다.

〈표 2-15〉 **독일군의 주둔지별 복지·오락 서비스 활동**

구분	종목
스포츠·건강	· 수영장, 체육관, 운동장, 볼링장, 골프, 탁구장, 사우나탕, 도서관 등
연회·사교	· 사회행사 참여(연회, 극장·공연장, 전시회, 박물관 등) · 독일군 스포츠 행사(요트, 글라이딩, 사격, 트랙경기, 테니스 등) · 야유회, 휴가여행, 타 부대 우애방문, 하이킹, 음악공연 기타 지역별 요구에 따라 각종 프로그램 개발

출처: 육군본부(1999).

독일군의 대표적인 복지·오락 서비스로는 전군적 규모의 오락연회 센터를 들 수 있다. 운영주체는 클럽연합회와 주정부 소속 클럽관리협회 등 2개의 단체로서, 신분별로 구분하거나 계급과 무관하게 이용하는 등 〈표 2-15〉와 같이 다양하게 운영하고 있다.

독일군은 또한 전군적 규모의 오락연회센터 외에 각 기지별로 부대의 필요에 따라서 자생적으로 운영하는 군인클럽이 있다. 각 주둔지에 형성되어 있는 군인클럽은 군인 및 가족에게 필요한 각종 스포츠, 문화 활동을 제공하며 시설에 드는 모든 비용은 정부예산에서 충당한다.

(2) 독일군 복지 제도의 조직과 내용

독일군 복지 제도의 조직과 복지 추진내용을 살펴보면 현역군인 및 그 가족, 그리고 제대군인을 포함하여 군에 소속된 인원의 복지를 증진시킨다는 의미에서 독일연방 국방부 내에 사회 서비스국을 두어 정책차원에서 총체적으로 복지정책을 관장하고 있으며 법무 행정국에서 군행정, 회계, 데이터 사무업무를 담당하고 있다.

특히 사회복지 서비스국 내의 상담업무에서는 군 생활에 적응을 못하는 군인을 지원하는 상담업무가 있는데 주로 심리학자, 군종, 사회복지사, 정신과 의사 등이 주축이 되어 조기퇴직, 주둔지 이동 등 모든 군 생활 문제에 대한 대책과 개인 상담을 실시하고 있다.

이와 같은 사회 서비스국 및 법무행정국 활동은 군 생활에 적응을 못하는 군인을 지원하고, 군 사회복지 증진에 효과적인 것으로 평가를 받고 있다.

〈표 2-16〉 **독일 군사회복지조직과 업무**

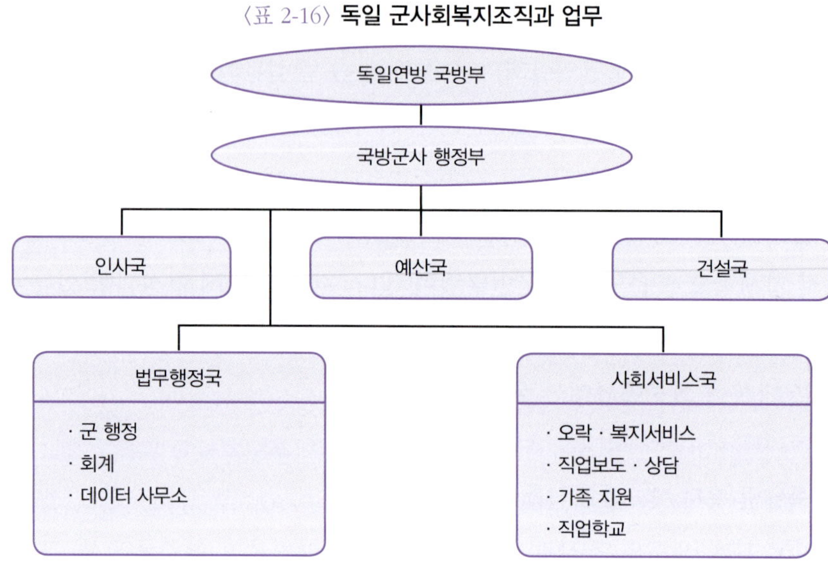

출처: 육군본부(2012).

4) 대 만

대만군의 복지정책 및 제도는 1954년에 행정원 부속기관으로 국군퇴역장병보도위원회가 설치되고 1955년에 관계법령이 제정되면서 시작되었다고 볼 수 있다. 대만군의 복지는 1955년부터 현역군인뿐만 아니라 전역 후의 제대군인에게 초점을 맞추어 발달하였으며, 이는 현역군인이 직업적으로 임무에 충실할 수 있도록 여생복지정책 및 제도에 국가에서 방향을 설정하고 있음을 보여 주고 있음을 알 수 있다.

대만군의 현역복지는 〈표 2-17〉과 같이 먼저 보수 면에서는 민간기업의 0.9배로 기본 급여는 세금공제가 전혀 없으며 각종 수당으로서는 별거수당, 가족수당 등이 지급되고 있다(육군본부, 2009).

또한 주거 지원으로 관사는 대장급 1인당 1주택, 중장 이하는 수요와 분배비율이 약 3대 1 정도, 가족이 있는 장교 및 부사관에게는 주택구입 대출금이 지급되고 있다. 교육적 측면에서 지원은 군인 자녀에 대한 학비가 전액 보조되고, 군인가족 지원은 취업을 알선하고 현역직업군인에 대한 전역 후 생활 지원은 관병보도회란 여생복지 전담기구를 운영하여 취업이 거의 100% 이루어져 오히려 공급이 부족한 실태에 있다.

군인 및 부양가족 우대조례 및 소득세법 규정에 의거, 군인보수에 대한 소득세가 면제되고 있으나 향후 소득세가 부과될 전망이다.

직업군인은 무료로 매년 군 병원에서 신체검사를 실시하며, 긴급 시에는 민간병원에서 치료를 받고 그에 대한 치료비 전액은 국고에서 부담한다.

장교·부사관 가족은 군 가족봉사처가 책임을 지고 지원한다. 의무역은 군 입대 후 가정에 사고발생 또는 생계유지가 곤란할 경우 각 지방정부가 해당 가족을 지원하고, 군인가족이 천재지변이나 사고를 당했을 때 보조금 지급, 병문안, 유족보호, 유아보양 등의 지원을 하고 있으며, 군인가족 의료보험, 수도·전기요금 등 공공요금 우대 등의 혜택을 주고 있다.

〈표 2-17〉 **대만의 군사회복지정책 및 제도**

구분	내용
보수	· 민간기업의 0.9배 · 별거수당, 가족수당
주거	· 관사 미제공 · 주택자금 지원(80%)
교육	· 군인 자녀 학비 전액 보조
휴양 및 레저/군인가족 지원	· 군인가족 취업알선
의료 지원	· 현역 군 병원 이용 · 이류보험 가입
전역 후 생활 지원	· 여생복지 전담기구(관병보도회 설치·운영) - 산하 168개 업체 운영 - 산하기구에 직접 취업 - 각종 공수 수주 시 우선권 - 의료·양로 지원사업

출처: 육군본부(1999).

현역직업군인이 정부나 공공기관에 취업하고자 할 때는 가산점 제도를 적용하여 취업에 유리하도록 하고 있다. 이와 같은 가산점 제도는 직업군인이 일선사회에서의 취업을 하는 데 있어 여러 가지 불리한 조건을 보충시키는 데 유용한 제도가 되고 있다.

대만의 경우 역시 관병보도회의 활동은 명실공히 여생복지를 보장하고 있으며, 이러한 활동이 정부의 주도하에 이루어지고 있다는 사실에 주목할 만하다. 관병보도회는 1954년 국군퇴역장병 보도위원회를 설치하여 그 활동을 시작하였는데 주 기능은 전역군인 직업보도 및 의료사업, 양로 및 생활보호, 기타 각종 사업 등으로서 주로 전역 후의 군복지에 더욱 치중하여 직업군인의 여생복지에 많은 기여를 하고 있다. 따라서 직업군인으로 하여금 평생직업으로서의 안정된 군생활을 보장하는 역할을 하고 있다. 관병보도회는 정부 주도하에 운용됨으로써 각종 사업에 있어 우선권을 부여 받는 등 많은 지원을 받고 있다. 또한 산하 160여 개의 운영업체를 통해 전역군인의 재취업을 해소하는 역할을 하고 있으며, 전역군인의 생활 안정을 위해 정부는 전역 후 일반 기업체 취업 시 군 복무의 헌신을 인정하여 가산점을 부여하도록 하는 배려를 하고 있다(곽용수, 1997).

5) 일본

일본은 정치사회적 여건에 의해 사회보장 제도의 연장에서 공제조합을 운영하고 있으며 군 자체적인 복지여건은 군의 위상과 함께 많은 발전을 도모하고 있는 추세이다. 공제조합에서 특히 주목할 만한 사실은 조합이 금융기관적 기능을 담당하고 있다는 점이다. 공제조합의 특성상 회원의 공제 부담금은 자연스럽게 금융기관의 역할을 유도하며, 우리 공제회의 기능과 연관하여 유사한 점이 많다.

〈표 2-18〉 일본자위대의 공제조합 부담금 유형

종류	단기 부담금	장기 부담금	복지 부담금
용도	의료보험	퇴직연금 대부사업	복지사업(상부상조)

출처: 육군본부(1999).

일본의 경우 방위청 공제조합을 통하여 복지가 다양하게 이루어지고 있다. 방위청 공제조합은 전 중앙공무원을 망라하는 공무원 연합 공제 조합의 산하조직으로 되어 있어 연합공제회에서 운영하고 있는 모든 후생복지사업의 혜택을 타 공무원과 동일하게 받고 있다. 공제회의 주요 급부를 살펴보면 1년 이상 복무한 퇴역자위관 및 피부양가족의 경우 공제조합법에 의해 요양, 상병수당, 출산수당, 사망 시 매장료 지급 등의 혜택이 있으며, 퇴역(직) 후 임의계속조합원[2)]으로 재가입할 경우는 가입 후 2년간 기존의 조합원과 동일하게 공제조합에서 제공하는 각종 급부 및 혜택을 받을 수 있다. 이 외에도 공제회는 다양한 복지사업을 운영하고 있다.

요양의 경우 퇴직 시 본인 또는 피부양가족이 요양을 받고 있는 경우에는 동일 상병에 한하여 퇴직으로부터 최대 5년간 계속 요양을 받을 수 있다. 상병수당은 퇴직 시 본인 또는 피부양가족이 상병수당을 받고 있는 경우에는 퇴직으로부터 1년 6개월간(결핵성 질병은 3년) 상병수당을 받을 수 있다. 다만 동일 상병으로 재해공제연금을 받고 있는 경우에는 상병수당을 감액지급 혹은 지급하지 않는다. 출산수당은 퇴직 후 6개월 이내에 출산을 하는 경우에는 출산 전 42일, 출산 후 56일 동안 출산비 또는 출산수당을 지급한다.

관사 및 독신자 숙소 건립 시 기준평형은 20평이며, 소요책정 기준은 보직인원보다 약간 여유 있게 소요를 산정하고 있다. 단신 부임으로 별거 시 개인 1회 보직기간(약 2년)에 한해 2중 관사 거주를 허용하고 있다. 관사 건립 부지에 대

2) 임의계속조합원은 퇴역 후 20일 이내 공제조합 재가입을 신청하면 조합원 자격을 재취득할 수 있으며, 자격 유효기간은 가입으로부터 2년간이다.

한 규제는 지자체 개발 제한 법규에 의해 통제된다. 정부 및 지자체 건립 공공주택의 방위청 우선 및 특별분양 제도는 없다.

학교의 우선 배정 제도는 없고 다만 고등학교 입시(중학교 3학년 전입 시에는 해당 지역 고교입시 수험자격 없음)에서 불이익을 받지 않도록 중학교 2학년 자녀를 둔 대원은 차후 보직내정 단계에서 사전에 통보하여 조기전학 기여를 부여하고 있다.

자위대 매점 내 취급품목의 부가가치세 면세 제도는 없으나 임대료 면제, 전기·수도요금, 관리비를 저렴하게 하는 등으로 외부에 비해 염가에 판매하고 있다. 현역의 민간 병원 이용은 가능하며 이용 시 비용의 20%만 본인이 부담하고 있다. 군 가족도 자위대 의료 지원을 받을 수 있으며 민간 병원 이용 시는 진료비의 30%를 부담한다.

일본은 방위청 공제조합에서 사회보험과 조합원 상부상조 제도를 시행하고 있으며, 1988년부터 미국군 MWR개념을 도입하였고, 국고 지원으로 복지시설을 건립 운용하고 있다(관병선, 1994). 일본자위대의 복지 제도는 일반 사회보장 제도처럼 모든 군인이 방위청 공제조합에 강제 가입함을 기본으로 한다. 방위청 공제조합은 전국에 270개 규모의 지부가 설치되어 있고 조합원 간 상호부조, 군인 및 가족의 자조적 복지증진을 목적으로 복지사업을 벌이고 있다.

공제조합의 재원은 국가와 본인이 각각 반씩 부담하도록 되어 있으며, 단기 부담금, 장기 부담금, 복지 부담금 등으로 나뉘어 그 용도가 구분되어 있다. 공무원 퇴직연금은 25년 이상 가입한 자에게 60세부터 지급하도록 되어 있는 반면에 군인 퇴직연금은 20년 이상 가입한 자에게 55세부터 지급하도록 되어 있다. 공제조합의 복지사업에는 숙박 및 휴양시설, 주택임대사업, 저축 및 대부사업, 민간보험 알선, 부대 매점 및 휴게소 운영, 생활협동조합 운영, 방위공제회 운영 등이 있다.

3 한국과 외국의 군사회복지 비교

1) 일반적 비교

선진 각국은 나라마다 특유의 사회보장 제도를 갖추고 있으며, 군사회복지 제도는 사회보장 제도를 바탕으로 다양하게 운영되고 있다. 이러한 외국군의 복지 제도는 장차 우리 육군의 복지정책을 발전시키는 데 긴요한 모델로 고려될 수 있다. 특히 독일의 경우 미국의 MWR 제도를 도입하여 성공적 복지 제도를 정착시켜 나가고 있음은 주목할 만하다.

이와 같이 선진국에서는 법적 근거 하에 제도권에서 우리나라의 군인에 대한 복지대책보다는 발전적 제도를 도입하여 운영하고 있으며 이를 상호 비교하여 종합하면 〈표 2-19〉과 같다. 표에서 보듯이 군인도 가정의 일원이며 한 가정의 가장으로서 행복한 생활을 영위할 권리가 있고 행복한 가정이 된다는 것은 욕구가 충족되었다는 것을 의미하며, 욕구가 충족될 때는 자기의 직업에 보람을 느끼고 의욕적으로 일할 수 있으므로 이는 바로 무형 전투력의 밑바탕이 되는 복지대책의 중요한 역할이라고 할 수 있다. 선진국의 군사회복지 제도를 보면 군복무기간 주택구매 자금, 자녀교육, 의료복지시설을 지원하며, 전역 직업군의 생활 안정을 보장하고 있다. 즉, 행정원 직속기구인 관병보도회 주관으로 재취업, 의료, 자녀교육보장과 군인연금, 군인보험 제도를 시행하고 있다.

〈표 2-19〉 한국군과 외국군의 복지대책 비교

구분	미국군	독일군	대만군	일본군	한국군
주관기구	군 사회가족 지원 본부	연방군 사회 서비스국	연합근무 총사령 부 관병보도회	방위청 산하 공제조합	복지보건국 각 군복지단 군인공제회
생활 지원	별거수당 가족수당	별거수당	별거수당 가족수당 대학생 학자금 공공요금 감면	별거수당 아동수당	가족수당
주거 지원	관사 입주 미입주자 일정금 지원	관사 제도 없음 일반주택 알선	관사 제도 없음 주택 구매 자금 지원(80%)	관사 입주 미입주자 일정금 지원	관사 입주 일반주택 알선
의료보험	군 병원 이용 민간 병원 이용 (진료비 25% 부담)	군 병원 이용	군 병원 이용 군인보험 전역직업군인 무료진료	의료보험 가입 민간 병원 이용 (군인가족)	군 병원 이용 의료보험(가족)
직업보도	직업교육 없음	군 직업학교 직업보도	전역직업군인 재취업보장	직업교육 없음	군 직업교육 직업보도
여가오락	사기·복지·오락 (MWR) 프로그램	복지오락	복지시설 민영화	MWR개념 도입	
군인연금	국고 지원 (50~75%)	국고 지원	국고 지원 (80~90%)	개인 (7.6%) 국고 (40~70.5%)	기여금: 본봉 55% 법정부담: 50~76%
기타	어린이보호센터 군 사회사업가 활동 가족 지원본부	연방군 사회 서비스국 군인 및 가족 지원 활동 (상담행정 업무 지원)	군 가족 지원 활동 (유수 업무처) 전역 직업군인 생활안전 보장	군 가족 고충 앙케트 (예산반영, 군상담가)	군인공제회 회원복지 지원 (출산금, 장학금 등)

출처: 육군본부(1997).

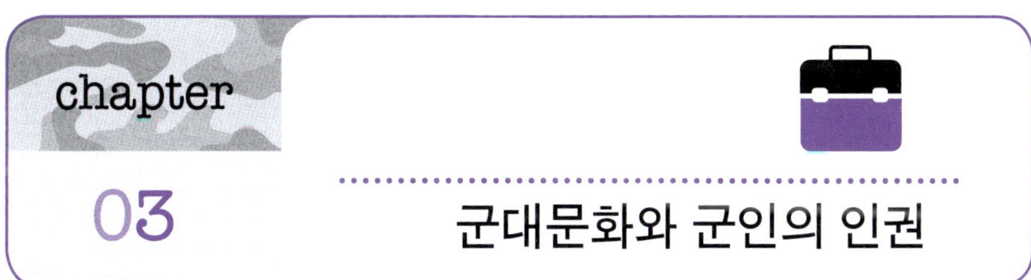

군대문화와 군인의 인권

1 문화·군대문화·병영문화

1) 문화의 개념

'문화'라는 용어만큼 폭넓고 다양한 성격을 지닌 단어를 찾기란 쉽지 않을 것이다. 크로버와 클럭혼(Krober & Klockhon)의 1952년 연구에 의하면 문화인류학 문헌들에서 발견되는 문화의 정의만도 175가지나 된다고 한다(이광규, 1980). 우리는 인간사회의 거의 모든 활동에서 문화라는 용어를 만날 수 있다. 기본적인 의식주에 관련된 생활양식(의복문화, 놀이문화)과 전문적 지식이 요구되는 학술적 활동(문화인류학)에 이르기까지 문화라는 용어는 폭넓게 사용되고 있다. 이를 통하여 '문화'라는 용어가 협의적 의미로는 '생활의 에티켓(문화인)'에서부터 광의적 의미로는 '문명사회의 전체적 성격(문화사)'에 이르기까지 다양한 의미를 포괄할 수 있음을 알 수 있나.

(1) 어원적 의미

문화를 지칭하는 영어의 'Culture'나 독일어의 'Kultur'는 모두 라틴어의 'Cultus'에서 유래된 단어이다. 이 단어는 '밭을 갈아 경작한다'는 뜻을 가졌는데,

'자연에 노동을 가하여 수확하고 가치를 창조한다'는 원래의 의미가 확대되어 '자연에 인공(人工)을 가한 것으로서 인간에 의해 이룩된 모든 것'을 포함할 수 있는 광의의 의미를 가지게 되었다. 즉, 자연법 내지는 자연현상 그대로의 상태를 벗어나 인간에 의해 이루어진 모든 것은 문화와 관련되어 있다는 의미가 된다.

(2) 일반적 통념

문화라고 하면 사람들은 흔히 고상하고 좋은 취미, 예술, 교양, 예절 등을 머릿속에 떠올리게 되는데, '문화생활, 문화 활동, 문화인' 등에서 사용되는 경우가 이에 해당된다. 이러한 의미의 문화를 '고상하고 좋은 취미로서의 문화(culture-as-good-taste)'라고 할 수 있으며, 이는 일상생활에 관련된 구체적 개념이다. 반면 '동양문화'나 '서구문화'에서의 문화는 그 의미가 매우 넓은 포괄적 개념으로서 '사회와 관련된 모든 것으로서의 문화(culture-as-everything)'라 할 수 있다. 이 경우 문화는 가장 광범위한 의미를 가진 실체로서 '문명(civilization)'이라는 용어로 어느 정도는 대체가 가능하다(이희재, 1997).

(3) 관념론적 개념

관념론적 입장에서는 문화를 '인간의 구체적 행위를 규제하는 추상적 관념·가치·규칙의 체계'로 정의한다. 구드너(Goodenough)는 문화를 "한 사회구성원의 생활양식의 기초가 되는 관념체계 또는 개념체계"로 정의하였다. 인간의 생각과 행동의 근본원리를 탐구하기 위한 관념론적 정의에서는 겉으로 드러나는 구체적 행위나 생활양식을 문화의 개념에서 배제하고 있다. 이러한 학문적 개념을 통해 본다면 문화적 생활과는 거리가 멀다고 생각되었던 원시적 미개사회도 나름대로 그 사회만의 독특한 문화를 가지고 있으며, 인간사회에 있어서 문화란 매우 다양하고 보편적임을 알 수 있다. 우리가 말하는 문화적 혜택에서 문화란 용어는 매우 제한적 의미로 사용되고 있으며, 물질과 기술에 의한 혜택에 가깝기 때문이다.

이러한 두 가지 개념을 살펴보았을 때, 우리는 총체론적 관점에서 군대문화를 접근할 수 있을 것이다. 군대라는 사회는 개인의 개성보다는 조직성과 집단성을 통해 강조되는 만큼 그 문화에도 집단적 특성이 강하게 스며들어 있으므로, 인간 내면의 세계보다는 사회적 차원으로서의 문화에 관심을 둔다면 관념론적 개념보다는 총체론적 개념을 선택할 수 있을 것이다. 따라서 군대사회의 다양한 인적 구성과 방대한 조직, 이를 관리하기 위한 제도와 규범, 군인의 독특한 가치관과 사고방식 등에서 나타난 군의 문화를 포괄적 성격의 총체론적 개념을 바탕으로 이야기해 나갈 것이다.

2) 문화의 분류

(1) 계층적 분류

문화는 의도와 목적에 따라 다양하게 분류된다. 예를 들어 어떠한 큰 범주의 문화에 포함된 작은 단위의 문화는 하나의 하위문화라 할 수 있으며 하위문화를 포함하고 있는 범주는 상위문화로 규정될 것이다. 상위문화와 하위문화의 분류는 포함관계를 기준으로 삼는 방법이다. 하위문화는 상위문화를 구성하는 하나의 요소가 되고 상위문화는 둘 이상의 하위문화를 포함한다.

구성원의 공유성 정도에 따라 보편문화와 특수문화로 분류할 수도 있다. 보편문화는 사회의 모든 구성원에 의해 공유된다. 애국가, 징병제 등은 한국사회의 모든 구성원에 의해 공유되는 보편문화인 반면, 특수문화는 전체 사회구성원에 의해서 공유되지 않고 일부의 구성원에 의해 공유되는 문화이다. 한국사회의 기독교 문화나 군대문화는 특정 종교, 특수한 집단의 문화로서, 일부 사람에 의해서만 공유되는 한국사회의 특수문화라 할 수 있다.

(2) 수평적 분류

문화의 구성내용을 분류하는 방법으로는 정신문화와 물질문화의 이분법과 가치문화, 규범문화, 물질문화의 삼분법이 있다. 이러한 분류법은 문화의 총체론적 정의를 고려하여 문화를 구성하고 있는 제반 내용에 따라 두 가지 또는 세 가지로 구획하는 방법이다. 일반적으로는 구성원 행위의 인식기준을 제공하는 가치문화, 평가기준을 제공하는 규범문화, 생활양식과 수단을 제공하는 물질문화의 세 가지 측면으로 나누어 망라하는 삼분법이 많이 사용되고 있다. 이러한 분류기준을 통해 볼 때, '군대문화' 혹은 '병영문화'는 사회문화를 구성하는 하나의 하위문화이자, 군조직과 병영이라는 특수한 환경에 적용되는 특수문화로서 다시 가치문화, 규범문화, 물질문화의 세 측면으로 그 내용을 구분할 수 있다.

① 가치문화

'가치문화'는 평가기준의 인식적 토대로서의 사유문화(思惟文化)라 볼 수 있다. 다시 말하자면, 사람들이 어떠한 생각을 하거나 행동을 할 때, 무엇이 옳고 무엇이 그른지를 판단하는 기준을 제공한다. 사회적 존재로서의 각 구성원의 삶의 의미와 목표가 사회공동체가 지향하는 목표와 기준에 부합되고 충족될 수 있도록 합리화하고 정향화(定向化)하는 데 필요한 관념, 사상, 신념 등이 이에 해당된다. 전통적 대가족 제도가 핵가족 제도로 변하고 있음에도 불구하고 한국사회에서 여전히 부모님을 모셔야 한다는 의무감이 강하게 나타나는 이유는 '충·효 사상'이라는 전통적 가치문화에 기인한다. 사회의 구성원이 공유하는 일반적 가치기준에서 벗어난 개별자의 관념, 사상, 신념은 이단으로 배척되는 경우가 많다.

② 규범문화

규범문화는 사회의 질서유지를 위해 마련된 구성원 행동의 평가기준에 관한 준거(準據)의 문화로서, 전통적 관습과 관례, 규정과 규범, 법 등이 이에 해당되며 가치문화에 그 뿌리를 두는 경우가 많다.[3] 우리가 일상생활에서 무의식적으

3) 사회학자 W. G. Summer는 다양한 사회적 규범들을 크게 '민습(民習, folkways), 관습(慣習, mores), 법(法, laws)'으로 분류하였다.

로 따르게 되는 행위(하품을 할 때, 손으로 입을 가린다거나, 포크나 나이프 대신에 젓가락을 사용하는 것)와 같은 간단한 예절로부터 공식적으로 국가가 권위를 부여한 규범인 법에 이르기까지 우리는 일상의 사회생활에 동반되는 다양한 규범문화를 접하며 살아가고 있다. 규범에 따라 그 강도에 차이가 있으나 일반적으로 구성원이 그 사회의 규범을 따르지 않을 경우에는 도덕적·물리적 제재가 동반된다.

③ 물질문화

가치·규범문화가 정신적·추상적 문화라면 물질문화는 실생활에서 형성되는 물질적이고 구체적인 문화이다. 인간이 자연환경에 적응하는 직접적 수단으로서의 우리가 실생활에서 만들어 내고 사용하는 제반 용구 및 이를 운용하는 기술·기능 등이 이에 해당된다. 산업화 이후 기술의 급속한 발전에 힘입어 현대사회에서는 물질문화가 가치·규범문화보다 훨씬 빠르게 변화·발전하면서, 문화의 전체적 변화를 이끄는 경향이 나타나고 있다.

일례로 컴퓨터·통신기술의 발전에 따른 '정보화'는 단순한 편리함의 혜택을 넘어서 지역이나 국가 사이의 밀접한 연결을 가능케 하였으며, 미래사회를 결정짓는 가장 대표적인 경향으로서 사회 전반에 가장 강력한 영향을 미치고 있다. 또는 생명과학기술의 발전은 인류의 질병과 노쇠화를 해결할 수 있는 열쇠를 제공할 것이지만, 유전자와 같은 생명체의 본질을 다룸에 있어 여러 가지 윤리적·종교적·생태학적 문제를 야기할 가능성이 매우 높다(대통령자문 21세기위원회, 1994).

④ 세 가지 측면의 상호작용

총체론적 삼분법에 의해 분류되는 가치문화, 규범문화, 물질문화의 세 가지 측면은 따로 분리된 것이 아니라, 서로 관계를 맺고 영향을 주고받는다. 이에 따라 한 가지 측면의 변화는 다른 측면의 변화를 유발하므로, 새로운 가치의 확산으로 규범·물질문화의 변화가 초래되기도 하고, 반대로 물질문화의 발전을 토대로 새로운 규범과 가치가 형성되는 경우도 있다. 급격한 경제성장을 이룩한 1980년대 이후 물질 중심적 신세대 문화의 확산은 한국의 전통문화와 심각한 갈등 양상을 보이고 있어서 우리의 전통을 유지하면서도 시대적 변화를 올바르게 수용할 수 있는 새로운 가치·규범문화의 재정립 필요성이 강력히 제기되고 있는 실정이다.

문화의 세 측면은 서로 영향을 받으면서 조화를 이루고 보완해 줄 때 제 기능을 다하는 올바른 사회문화로 뿌리내릴 수 있다.

3) 군대문화

(1) 군대문화의 위상

군대문화는 국가안보의 중책을 담당하고 있는 군대라는 조직의 특수문화이다. 군대문화는 일반문화를 구성하는 하나의 하위문화이지만 군조직의 목적과 역할로 말미암아 사회의 여타 문화와는 매우 다른 특수한 성격을 지니며, 군이라는 특수한 조직의 범위 내에 적용될 때 그 가치가 올바르게 평가될 수 있다. 반면에 군대문화가 하나의 특수문화이자 하위문화인 것은 사실이지만, 징집에 의한 '국민개병제'라는 충원방식의 특수성, 조직의 독특한 특성과 재사회화 과정, 군생활기간 동안으로 한정되는 '기간의 제한성'으로 말미암아 군대문화는 사회의 문화형성에 직·간접적으로 지대한 영향을 주고받으며, 상호교류를 하고 있다(심상용, 1993).

군대문화를 이야기할 때 종종 '군사문화'란 용어와 비교되어 거론된다. 엄격히 말해서 '군사문화'란 용어는 군대식 사고(military mind), 군대식(military style) 내지는 군대 내에서 강조되는 권위적 방식(authoritative style)을 지칭하므로 '군대문화(military culture)'란 용어와 혼용될 수 없으며(양희완, 1998), 군사현상과 군조직 내의 문화현상을 넘어서는, 보다 포괄적인 개념이라 볼 수 있다(이영신, 1997).

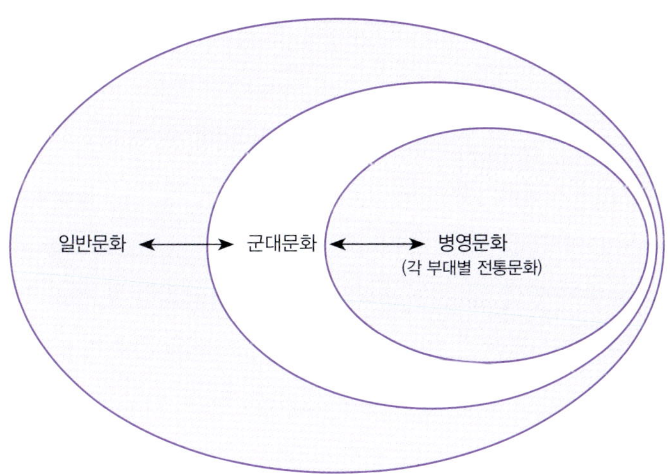

[그림 3-1] 군대 및 병영문화의 위상

그동안 사회에서는 군사문화에 대하여 과거 군이 정치에 개입했던 사실과 관련지어 군대문화의 영향으로 인해 일반사회에서 나타나는 부정적 문화현상으로 혹은 일반사회의 문화와 서로 대립되는 것으로 해석하거나, 극단적인 경우 민주주의적 가치와 대립되는 것으로 평가하는 경우까지 있었다. 물론 권위주의적이며, 규율과 통제를 중요시하고, 계급과 서열의 위계질서를 강조하는 군대식 사고가 인간의 존엄성을 존중하고 민주적 가치를 중시하는 시민문화와 대조되는 것은 사실이나 이는 어디까지나 군조직의 특성 내에서 이해되어야 한다.

군사문화 내지는 군대문화에 대한 편견은 어느 정도는 과거 군이 정치에 개입했던 사실에 기인하지만, 근본적으로는 군조직의 특수성과 그 속에서 형성되는 군대문화의 상관성을 이해하지 못한 결과이며 군대의 문화는 마땅히 그 임무와 기능 그리고 특징을 고려하여 평가되어야 한다. 군조직은 크게 두 가지 조직적 성격을 지니고 있는데, 첫 번째는 국방의 임무를 수행하는 전투조직으로서의 특징이며, 두 번째는 국민의 편익과 국민증진에 기여하는 공익조직으로서의 특징이다.

⑵ 군대문화의 영역별 특징

① 군대 가치문화

군대문화의 특징을 앞서 분류한 문화의 가치, 규범, 물질의 3대 영역으로 나누어 고찰해 보면 군대문화는 가치의 영역에 있어서 두 가지 특징을 가지고 있다.

첫째, 군에서는 국가에 대한 무한책임론에 기초한 고도의 충성 및 헌신을 요구한다. 군은 전쟁의 억제 및 전쟁에서의 승리를 책임지는 합법적 무력조직으로서 국가로부터 물리적 폭력의 합목적적 사용권, 지상전투에 필요한 자원의 배분 요구권, 전투목적달성을 위한 징집권과 동원권, 사유재산 행사의 제한권 등 강력하고도 광범위한 권한을 위임받아 행사한다. 따라서 군인에게는 국가방위의 중대한 목적과 광범위한 권한에 비례하는 고도의 충성과 헌신이 요구된다.

둘째, 군에서는 물질적 측면보다 정신적 가치가 매우 중시된다. 전투 시 군의 임무는 구성원의 생명을 담보로 수행되기 때문에 전투원들은 국가를 위하여 어떠한 물질로도 보상이 불가능한 인간의 가장 소중한 목숨을 걸고 임무를 수행한다는 긍지와 자부심을 갖게 된다. 구성원의 노력과 희생에 대한 보상을 금전적·물질적인 것보다는 정신적인 명예의 형태로 승화시킨다.

② 군대 규범문화

규범문화에 있어서 군대는 '명령과 복종의 계급적 권위구조'와 '조직목표달성을 위한 집단적 결속의 강조'라는 두 가지 특징을 지니고 있다. 조직을 구성하는 계급과 직책에 따라 권한과 책임의 한계가 명확히 구분되며, 여기에 기초한 명령에 구성원은 법적·규범적으로 절대 복종해야 한다. 개인적 이익이나 가치보다는 조직목표를 우선시하는 군대의 이념은 구성원의 행동, 태도, 정신 등 모든 측면에서 획일적으로 통일된 생활을 강조하게 되는데, 특히 태도나 정신적 측면에서는 조직 이념에 기초한 흑백논리의 이분법적 기준을 따를 것을 강요받는다. 따라서 개념의 합리성을 논하기 이전에 상부의 명령에 따라 적(敵)과 아(我), 선(善)과 악(惡) 등의 이분법적 기준을 따르게 된다.

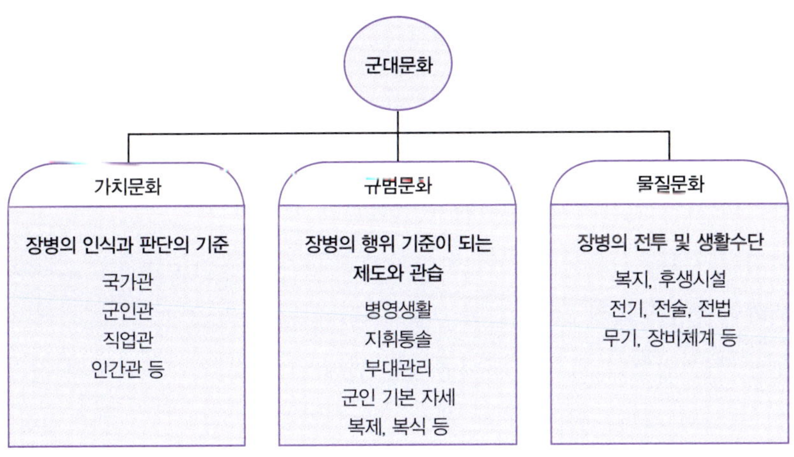

[그림 3-2] 군대문화의 구성요소

③ 군대 물질문화

군대문화의 특수성은 물질문화에서 더욱 두드러진다. 인마 살상과 적 장비와 시설의 파괴용 무기와 장비를 갖추고 끊임없는 훈련을 통하여 전투에 대비하는 과정은 군대에 있어서 가장 중요한 일이며, 이를 위해 통일된 의식주 생활이 강조된다. 군대는 저마다 성격과 출신이 다른 이질적 구성원들로 조직되어 있지만, 실제 전투에 있어서는 자신에게 주어진 과업을 신속하고 효율적으로 수행하고 고도로 발달된 정교하고 위험한 무기를 다루어야 하므로 계급과 직책에 따라 전투에서 승리할 수 있는 일정 수준을 유지하며 획일적이고 동질적인 생활양식을 갖는다. 특히 전투 시 임무수행을 위해 조직과 개인의 행동이 완전히 일체감을 갖도록 개인의 생활은 통제된다. 신병훈련에서부터 개인의 다양성은 억제되고 정신, 행복 등 생활 선반에서 획일회, 규격화, 규범화된 전체적 통일성이 강조된다.

이러한 생활양식으로 말미암아 구성원 사이에는 독특한 인간관계가 형성된다. 상이한 연령, 학력, 출신, 성격, 종교, 경제적 배경을 지닌 이질적 구성원들이 장교, 하사관, 병의 서로 다른 계급적 결합을 토대로 조직을 구성하며, 상급자에 대한 존경 여부를 떠나 명령에 대한 절대적 복종이 강요되고 자신의 의사와는 상관없이 통제된 생활관에서 함께 생활하면서 타인과의 관계를 형성하게 된다.

4) 병영문화

군대문화가 일반문화의 하위문화라면 군대문화를 구성하고 있는 가치문화, 규범문화, 물질문화에서 육군, 해군, 공군 등 각 군별로 상이한 문화와 각 제대별로 조직구성원이 만들어 온 독특한 병영생활과 양식이 있다. 즉, 병영 내에서의 조직구성원이 전통적으로 만들어 놓은 다양하고 특수한 규범문화를 군대문화의 하위문화인 병영문화라 할 수 있다.

병영문화는 병영의 기강과 질서유지를 위해 마련된 구성원 행동의 평가기준에 관한 준거(準據)의 상호존중과 배려하는 좋은 문화로부터 악·폐습 같은 나쁜 문화와 같이 부대의 전통적 관습과 관례, 규정과 규범 등이 이에 해당되며 군의 존재와 가치에 그 뿌리를 두게 된다.

오늘날 한국군에서는 과거에는 긍정적이고 당연하게 느꼈던 병영의 문화가 정보화, 신세대 장병의 증가, 인권중시, 국민의 인식변화 등으로 부정적으로 느껴지거나 변화되어야 하는 문화로 인식되고 있다. 특히 훈련소 인분사건, GP 총기사건, 구타 및 가혹행위, 병영 내에서 은밀히 증가하고 있는 성추행 사건 등으로 인하여 병영의 문화를 선진형으로 바꾸어 가려는 노력이 국방부를 중심으로 2005년부터 진행되어 오고 있다. 우리 군의 병영문화의 현상을 살펴보면 다음과 같다.

(1) 군의 각종 사건·사고에 대한 국민의 불신

군에서는 2000년대 초까지만 하더라도 군대라는 특수성과 병역의 의무에 따른 병사의 인권경시 현상과 병사들에 대한 비인격적 대우가 보편화되어 왔다. 또한 국민의 관심이 집중되는 사건과 사고에 대하여 군 내부의 발표와 의문사 진상규명위원회 등의 외부와 상반된 발표를 하는 등 파문과 논란을 가중시키기도 하였다. 따라서 군에서 발생한 사건사고의 조사 및 처리에 대한 부정적 인식이 팽배한 실태이다. 이러한 현상이 군을 바라보는 국민의 부정적 시각을 부추기고, 군의 위상을 실추시키는 원인이라 할 수 있다.

(2) 비합리적 의사소통

병영 내에서는 지휘관을 포함한 간부들의 권위주의, 실적주의, 획일주의 등의 조직문화가 합리적 의사소통을 방해하고 있다고 할 수 있다. 즉, 과정보다 결과를 중시하는 실적주의가 강조되는 문화, 권위주의에 근거하여 병사의 인권을 경시하는 경향과 불합리적 대우, 신세대 장병과 간부와의 세대 차가 의사소통을 단절시키는 문제를 발생시킨다. 또한 임무수행을 위한 Top-Down식의 업무를 처리, 형식과 격식을 중시하는 의례주의식 문화와 사적 인간관계를 중시하는 인정주의식 요소가 합리적 대화와 공존의식을 저해하고 상호불신을 갖도록 작용하는 경향이 있다.

(3) 민간 대비 열악한 병영시설과 통제형 부대 운영

한국군의 병영시설과 비품은 디자인과 편의성, 실용성 면에서 장병의 성장한 환경과 거리가 있고, 병영시설은 현대화 계획으로 많이 개선되어 가고는 있지만 아직도 사회의 수준에 비해서는 미흡하다고 할 수 있다. 또한 신세대 장병이 입대하여 군 내부의 폐쇄된 문화에 적응하지 못하여 발생하는 각종 사건과 사고 등의 문제를 사회 문제의 일부분으로 인식하지 못하고 있다. 아직까지 일부 부대와 지휘관들은 군에서는 부대와 장병이 편하면 사고가 난다는 의식을 가지고 있다. 반대로 신세대 병사는 부대의 일과들을 모두 자신들을 괴롭히는 통제로 인식하고 있는 실정이며, 일과 후에도 개인적 사색이나 자기계발을 위한 개인시간 보장이 제대로 되지 못하고 있다.

(4) 공직 윤리와 가치관의 결여

경제성장에 따른 과소비 풍조와 인터넷 중독과 성문화의 개방 등으로 장병의 적응력이 저하되고, 가족공동체의 해체로 인하여 청소년의 일탈행위가 증가되고 있다. 이에 따라 병사는 물론이고 장교와 부사관까지 윤리관의 파괴와 직업과 공직에 대한 가치관에 대한 결여현상으로 인해 군 내부적으로 성군기 문란 등이 심각해지는 추세에 있다. 따라서 이러한 사회의 불건전한 풍조 및 가치관이 군 내부로 유입되고, 군에 각종 사건과 사고의 증가가 예상되고 있는 실태이다.

(5) 일반문화와 병영(군대)문화의 마찰

한국군의 병영(군대)문화는 신세대 장병이 유입되면서 인적 자원의 순환 및 사회 환경과 군의 역할에 대한 사회적 요구의 변화에 따른 군 임무영역의 변화 및 조직의 생존을 위협하는 위기에 발전을 위한 조직의 문화변화와 군 구성원의 위기에 대한 인식 공감이 있음에도 불구하고 보수적 집단인 군의 문화는 사회의 일반적인 문화와 마찰을 빚고 있다.

2 선진병영문화와 군인의 인권

오늘날 한국군의 병영문화는 장병에게 인내와 단결심, 국가관을 배양하는 등 많은 장점이 있음에도 불구하고 적지 않은 문제점 역시 내포하고 있다. 그러나 더 큰 문제는 지금의 병영문화로는 한국사회의 변동을 포함한 군 내·외부의 급격한 변화에 점점 더 적응하기 어려워질 것이라는 군 내부와 외부 전문가의 진단과 우려이다. 하루가 다르게 변하고 있는 인권과 알 권리 등 사회적 여건이 매주 새로워지는 환경에 살고 있는 신세대 장병은 미래 전장 환경의 변동 등을 군의 조직적 특성 안에서 효과적으로 수용하지 못하고, 병영문화가 문화의 속성인 공유, 학습과 축적, 통합을 통한 변화의 수용능력을 지니지 못한 채 문화지체현상을 보인다면, 병영문화는 사회의 저급한 하나의 하부문화로 전락하고 말 것이다. 병영문화의 선진화는 바로 이런 시대상황적 불가피성을 원인으로 절박하게 요구되고 있는 것이다.

1) 선진병영문화의 개념

'선진'은 사전적으로 "발전의 단계나 진보의 정도가 다른 것보다 앞서거나 앞서 있는 것"으로 어느 한 분야에서 지위, 기량 등의 특정한 면이 다른 것과 비교하여 우월하거나 우월한 상태를 의미한다(이승희, 1992).

선진화란 "전체 구성원이 이상적이라고 생각하는 가치, 규범, 물질을 중심으로 현재의 문화를 점차 변화, 발전시켜 나감으로써 구성원이 문화가 지향하는 바에 보다 자발적이고 적극적으로 참여하게 하는 연속적 과정"이라고 정의할 수 있다. 따라서 병영문화의 선진화란 "장병이 공통적으로 생각하고 있는 이상적 가치, 규범, 물질을 중심으로 군의 문화를 새롭게 형성, 변화, 발전시켜 나감으로써, 장병이 군의 문화가 지향하는 바에 보다 자발적이고 적극적으로 참여토록 하는 연속적 과정"이다.

병영문화의 선진화란 한두 번의 집중적 시도나 몇 차례의 시범 등으로 효과를 기대할 수 있는 것이 아닌, 장병 모두의 '개혁'에 대한 공감과 '필요성' 인식, 그리고 개혁의 성과가 생활 속에서 자연스럽게 드러날 때까지 일관되게 지속할 수 있는 끈질긴 인내와 실천을 통해서만 얻을 수 있는 길고도 어려운 과제이다.

2) 선진병영문화의 비전

선진병영문화란 인간 존중과 국민의 신뢰를 바탕으로 싸워서 이길 수 있는 기반이 조성된 합리적이고 민주적인 병영생활의 총체를 말한다. 따라서 선진병영문화를 위해 군이 나아갈 방향은 다음과 같다.

① '평화와 번영'의 수호자 역할을 해야 한다. 이를 위해 한반도 평화체제 구축에 기여하고, 나아가 세계평화에 기여함으로써 궁극적으로 국가발전에 기여해야 한다.

② 작지만 강한 국방체제를 구축해 나가야 한다. 광복 이후 양적으로 성장한 거대 군의 국방개혁을 통한 효율적 국방체제를 확립하고 정예화, 경량화

및 합동성의 강화로 군 구조의 효율성을 달성해야 한다.

③ 국민이 참여하는 국민의 군대로 육성해야 한다. 국민의 알 권리 확대와 국민으로부터 지지를 받는 국방정책을 수립하고, 부모가 마음 놓고 보낼 수 있는 군대로 육성해 나가야 한다.

3) 선진병영과 군인의 인권

(1) 인권의 개념

인권에 관한 관념과 제도는 근대시민혁명을 계기로 하여 정립되었다. 인간과 시민을 권리의 주체인 인격으로 인정하여 모든 인간의 이름으로 인권을 선언, 제도화한 것은 근대시민사회에서 이룩된 위대한 진보이다.

근대 이전의 봉건적 체제 안에서는 자본주의가 발달함에 따라 구지배계급에 대립하는 시민계급이 대두하였다. 이 시민계급 중 상층시민은 일찍이 어용상인·특허상인으로서 전제군주와 야합하여 봉건세력인 귀족을 견제하면서 사회적·경제적 발전의 토대를 마련하였다. 그 뒤에 산업의 발전으로 시민계급은 독자적인 정치적 발언권과 경제적 권익의 보장을 요구하기에 이른다. 구체제가 사회발전의 질곡으로 위기증상을 띠게 됨에 따라 시민계급이 농노와 도시 하층계급과 연대하여 구체제에 도전, 정치적 주도권을 장악하기에 이른 것이 시민혁명이다.

그 전형적인 사건이 1789년의 프랑스혁명이며, 이 혁명의 이념과 목표를 천명한 것이 『인간과 시민의 권리선언』이다. 이 시민혁명의 사상은 한마디로 근세 자연법사상이다. 자연법이라고 하면 실정법이 있기 이전에, 그리고 실정법의 존재와 관계없이 존재하는 바른 질서의 법이라는 관념인데, 중세의 봉건적 자연법사상은 신의 이름으로 봉건적 신분질서를 정당화하고 있었기 때문에 시민계급의 이해를 대변하는 자연법은 이성의 이름으로 바른 질서를 제시하였다. 그 대표적인 자연법론이 영국의 명예혁명(1688)을 옹호한 로크(Locke, J)의 사상이다. 로크는 실정법이 제정되기 이전 상태, 다시 말해서 국가(정부)가 있기 이전의 자연 상태에서도 자연법이 있었으며, 그 자연법에 근거한 자연권의 내용은 생명·자유 및 재산의 권리라고 하였다. 자연법사상을 계승한 체제에서의 인권의 성질은 다음과 같다.

① 인권은 모든 사람이 누려야 하는 권리라는 점에서 보편성을 지니고 있다.
② 인권은 사람으로서 태어난 사람은 본디부터 가지고 있는 권리라고 하는 점에서 고유성을 지니고 있다.
③ 인권은 사람이 일시적으로 누리는 권리가 아니라 항구적으로 누리는 권리라는 점에서 항구성이 있다.
④ 인권은 정부권력 등 외부의 침해를 당하지 아니한다는 뜻에서 불가침성이 있다.

우리나라는 제헌(1948) 이후 지금까지 9차에 이르는 개헌이 주로 권력구조의 문제를 둘러싼 정치변동이었기 때문에 인권상황의 획기적 개선을 기대하기는 어려웠다. 현행 헌법의 인권규정을 보면 ① 행복추구권, ② 평등권, ③ 자유권, ④ 사회권, ⑤ 청구권, ⑥ 참정권 등이 있다.

행복추구권·평등권은 인간의 존엄과 가치존중, 그리고 행복을 추구하는 권리로 총칙적 규정으로 밝혀져 있다.

다음으로 자유권의 내용을 보면 다음과 같다.

① 신체의 자유로 적법절차의 보장, 영장 제도의 보장, 변호인의 조력을 받을 권리, 구속적부심청구권·자백강요 금지 등의 규정과 소급처벌 금지와 일사부재리의 원칙 등이 있다.
② 정신의 자유로 양심의 자유, 종교의 자유, 언론출판·집회결사의 자유, 학문과 예술의 자유가 있다.
③ 사회·경제적 자유로 거주 이전의 자유, 직업선택의 자유, 주거의 불가침보장, 사생활의 비밀과 자유, 재산권의 보장 등이 있다.

사회권(생활권)으로서는 교육을 받을 권리, 근로의 권리와 근로기준의 법정,

노동삼권, 사회보장을 받을 권리, 환경권, 혼인과 가족 및 모성 등의 보호를 받을 권리 등이 있다.

청구권적 기본권으로서는 청원권, 재판을 받을 권리, 형사보상청구권, 국가배상청구권, 범죄피해자급부청구권 등이 있다.

참정권(정치권)으로서는 선거권과 공무담임권이 있다.

끝으로, 이러한 권리에 대응하여 납세·국방·교육 및 근로의 의무가 부과된다.

현대 기술문명과 정보화 및 지구적 시장화의 추세 하에서 인권 문제는 개인의 사생활과 자기결정권의 문제, 정보 접근권, 노동자의 기본적 생존권과 노동 3권과 기업에 대한 관계에서 공정한 처우를 확보할 문제 특히 노사갈등의 실업문제를 노동권 차원에서 조정 해결할 필요성의 승인, 외국인 노동자의 입국과 그들의 인권 문제, 아동의 인권과 청소년의 정상적 교육·학습의 권리 보장, 고령화와 노인의 인권 문제, 생명권과 장기이식 문제 등 새로운 인권 문제가 쏟아져 나오고 있다. 원래 인권 문제란 특정한 시대와 사회적 조건에서 인간으로서 인간답게 살 자유와 권리의 문제이기 때문에 사회가 변천함에 따라 새로운 과제가 제기된다.

(2) 군인 인권의 개념

① 자유권적 기본권

군인도 일반 국민들과 마찬가지로 인간으로서 자유를 향유할 권리가 있다. 그러나 2000년대 초까지만 해도 군대라는 조직은 인권보다는 그 존재 특성상 군인의 기본권이라는 명분 아래 개인의 생명권, 자기결정권과 신체의 자유 등 자유를 근원적으로 침해하는 측면이 있다. 군인도 일반국민과 마찬가지로 자유권적 기본권은 보장되어야 한다. 그러나 대한민국 군대의 군인들은 의무적인 병역제도와 병영생활의 특수성에 따라 언어폭력을 포함한 구타 및 가혹행위에 노출되어 있고, 군인복무규율이라는 명령에 의해 자유권적 기본권이 제한되고 있다.

이런 무분별하고 비법률적 제한들은 군인의 기본권의 제한이 '기본'인 것처럼 군 지휘부의 자의적 판단 하에 표현의 자유, 양심의 자유, 종교의 자유, 성적 자기결정권 등 다른 기본권의 제한과 침해로도 이어지고 있다. 이는 마치 수감자의 신체의 자유가 제한되는 것이 다른 모든 자유 및 기본권 박탈의 상황으로 이어졌던 것과 유사하다.

② 존엄할 권리

인간으로서의 존엄성은 보편적인 가치이자 다른 모든 권리의 근거이다. 이런 인간으로서의 존엄성은 세계인권선언이 밝힌 바와 같이 인간이라면 누구나 향유할 수 있는 가치이다. 결국, 한 인간으로서의 군인은 다른 모든 시민과 마찬가지로 존엄한 인격의 주체라는 사실은 어느 누구도 부인할 수 없다. 그러나 지금껏 군에서는 병사를 하나의 병력 자원으로만 보는 시각이 지배적이었다는 지적이 있다.

③ 사회권적 기본권

병사들은 병역의 의무를 이행하기 위해 징집된 시민이다. 따라서 국가가 이들에게 사회권적 기본권을 보장해야 하며, 군 병력 유지 및 강화 차원에서 본다고 해도 생존에 필수적인 적절한 숙식과 의복의 제공, 의료의 보장은 건강한 병력에 필수 조건이라 할 수 있다. 그러나 현재 한국군은 막대한 예산이 투여되었음에도 불구하고 신형군복 사업, 불량 장화, 기준에 미달되는 전투특수 피복 및 장비, 비현실적인 병사 월급, 초등학생 급식보다 낮은 급식비, 긴급 의료 후송 체계 부실 등 사회권적 기본권을 온전히 보장하지 못하고 있는 실정이다. 한국군의 경우 국방비의 대부분이 전력정비에 투자되는 등 실질적인 장병 복지나 환경 개선 등에는 소홀하다. 사회권적 기본권의 경우 자유권적 기본권과는 달리 정부가 정책적으로 예산을 조정하지 않는다면 개선되기 어려운 측면이 있다. 따라서 국방비에서 차지하는 의료 및 복지예산의 비중을 늘려나갈 필요가 있다. 이는 군대 내 인권 상황의 개선이면서 곧 병력에 대한 투자이기도 하다(임태훈, 2013).

(3) 군인의 권리

군인은 '제복을 입은 시민'으로서 헌법상 국민의 기본권과 각종 국제인권규약, 그리고 군대라는 조직의 특수성을 함께 고려하여 제시할 수 있는 군인으로서의 특수한 권리가 있다. 군인도 인간으로서의 존엄권을 비롯하여, 폭력과 압제로부터의 자유, 징계처분에 있어서 적법절차의 권리, 불법적인 명령을 거부할 권리, 외부에 진정하고 고발하며, 외부의 조력을 받을 권리, 군인가족 및 관련자의 부대 접근권 등 다음과 같은 권리가 보장되어야 한다.

〈표 3-1〉 **군인의 권리**

· 존엄한 인간으로서 대우받을 권리
· 폭력, 가혹행위, 압제로부터의 자유
· 의식주, 건강, 휴식 등에서 인간다운 처우를 받을 권리
· 교양과 지식습득의 기회를 제공받을 권리
· 사회복귀에 필요한 교육과 지원을 받을 권리
· 군대 내의 직무 결정 과정에 참여할 권리
· 처벌과 징계처분에 있어서 적법한 절차와 법의 보호를 받을 권리
· 불법적인 명령을 거부할 권리
· 군 외부에 진정하고 고발하며, 외부의 조력을 받을 권리
· 군인가족 및 관련자가 군부대에 방문하고 접근할 권리
· 군인의 실체적·절차적 권리에 관한 교육받을 권리

출처: 이재승, 2005, 21~26

(4) 군 인권의 실태

한국군은 창군 70여년의 역사를 가지고 있으며 한국군의 전력지수는 주변 강국과 어깨를 겨눌 수 있을 만큼 군사 선진국에 도달해 있다는 평가다. 하지만 아직까지도 장병 기본권인 인권, 특히 사병의 인권 보장이라는 측면에서는 여전히 미흡한 부분이 많다는 지적을 받아 왔다. 2005년부터 2006년까지 국방부와 인권위원회 등 사회 각계에서는 '병영 내 인권실태'를 조사 연구한 바 있다. 연구자료에 의하면 아직도 병영에서 구타·가혹행위가 잔존하고 있는 것으로 드러났

으며, 병사 중 20~30%가 구타·가혹행위를 경험한 것으로 나타났다. 조사결과는 장병 인권과 이를 위한 법적·제도적 보안이 필요하다는 것을 보여 줬으며, 이에 따라 2004년부터 '장병기본권 확립방안'에 대한 본격 연구에 들어갔다. 그간 국민은 구타·가혹행위, 성폭력, 사망사고 등이 인권과 군의 의식·제도와 병영운영 시스템이 낙후되어 일어나는 군 내 대표적 인권침해 사례로 인식하고 있다. 또한 전문가들은 이런 문제들을 해소하기 위해 군이 군인을 관리하고 통제해야 할 전투력으로 인식하기보다 헌법에 보장된 기본권 주체로서 '군복 입은 시민'으로 인정하도록 장병의 법적 지위와 권리를 법으로 정하여 관련 제도나 운영이 방향을 제대로 잡아 나가도록 해야 한다고 주장해 왔다. 헌법에서는 군인의 인권과 관련하여 어떤 기본권을 어느 정도 제한할 것인가에 대하여 특별한 규정은 없다. 그러나 오늘날에는 헌법상 기본권 조항이 모든 공권력을 구속하므로 군인의 자유와 권리에 대한 제한은 법치주의 원칙에 따라야 한다는 입장이 지배적이다. 군인이 누려야 하는 자유와 권리가 일반 시민과 완전히 동일한 수준일 수는 없지만 그 제한의 범위와 방법에 있어서는 분명히 법치주의 원칙에 부합해야 한다(이재승, 2005).

그동안 군에서는 병영생활 전문 상담관의 운용 등 사고 예방과 인권 문제에 대하여 관심을 기울여 왔지만 2005년 훈련소 인분사건과 GP총기사고에 이어 10여 년이 지난 2014년에도 역시 육군 22사단 GOP(일반전초) 총기사건, 28사단 구타·가혹행위 사망사건 등이 재발되고 최근 군에서 성추행사건 증가 등 심각한 인권침해 사건이 끊이지 않고 있다. 신체적인 인권 침해 문제를 포함하여 군 내 전반적인 문제를 살펴보면 다음과 같다.

〈표 3-2〉 **군 인권 관련 쟁점**

과거(장병 기본권)	최근(장병의 삶의 질)
자유권적 기본권, 신체의 자유	휴식권, 사생활 자유, 월급, 의식주, 환경권, 의료권, 휴가 제도, 차별문제, 권리의식 등

다음은 성공회대학교 인권평화센터에서 '군대 내 인권상황 실태조사 및 개선 방안에 관한 연구(2005.10.31~11.24)'결과에 나타난 주요 결과로 10년이 지난 현 시점에서도 시사하는 바가 크며 이를 정리하면 다음과 같다.

① 월급

병사들의 월급 현실화 문제는 선거 때마다 정치권에서 가장 많이 거론된 현안이다. 그러나 군인들은 물론 국민 정서적으로 피부로 체감할 수 있는 정책적인 조치는 이루어지 않고 있다. 병사들의 월급 현실화는 사회권적 기본권 보장의 핵심적인 문제임에도 불구하고 여전히 선거 때 표를 얻기 위한 공약으로써만 잠시 이용될 뿐, 근본적인 개선은 현재까지 이루어지지 않고 있다. 월급의 용도순위 대한 우선순위 답변을 요구하는 질문에 대해 응답자들은 1순위로 '간식비'를 꼽았다. '휴가비용'이 그 다음을 차지했으며, '일상용품 구입비'가 3순위였다. 이를 볼 때 병의 월급의 상당부분은 개인적인 용도로 사용되고 있다. 그러나 '휴가비'가 2순위를 차지하고 있다는 점에서 휴가비로 지급되는 비용이 부족한 것으로 보인다.

② 통신의 자유

통신의 자유는 헌법이 보장하는 권리이다. 그럼에도 불구하고 군대 내에서는 병사들은 휴대전화를 반입하거나 휴대할 수 없다. 복무 중 휴대전화를 사용한 적이 있느냐는 질문에 2.0%만이 사용한 경험이 있다고 응답하였다. 그러나 이전에 비하여 공중전화 이용의 만족도는 전화 설치 장소 및 대수의 증가 등으로 높게 나타나고 있다. 반면에 간부들의 휴대전화의 사용은 자유로운 편이다. 최근 전역을 앞둔 병장들이 휴대전화를 휴가 중 몰래 반입해서 사용하다 적발되는 경우들이 빈번해지고 또 발견 시에는 징계와 함께 입참된 사례가 빈번해 지고 있다. 그러나 2016년부터는 생활관별로 휴대폰을 통하여 일과 이후 시간이나 휴일에 가족과 친지들과 수신전용 통화가 가능하도록 일부 개선되었다.

③ 진료권

진료 받을 권리문제에 대한 질문에서 응답자 중 72.8%가 잘 보장된다고 응답하였다. 하지만 27.2%는 보장받지 못하고 있다고 응답하였다. 군내의 전반적인 의료 서비스에 대해 만족도를 묻는 질문에서 전체 응답자 중 2.9%만이 만족한다는 반응을 보였고, 23.6%의 응답자들은 군 의료 서비스에 대해 불만족스럽다고 답변하였다(임태훈, 2013).

2005년 노충국 사망사건을 계기로 군은 국방의무발전 추진계획을 통해 진료 접근성 보완, 군 의료에 대한 신뢰도 확보, 민간의료시설 이용의 개선을 추진하고 있음에도 불구하고 하루 속히 개선되어야 할 것으로 나타났다.

④ 구타 및 가혹행위

병사들은 구타(평균 6%), 가혹행위(평균 9.6%), 언어폭력(평균 28.4%) 등을 당한 것으로 나타났다. 또한 언어폭력의 경우 병사와 간부 사이에서 발생하는 경우도 상당수 나타났으며, 이 경우 개선 가능성에 대해서도 병 상호간 언어폭력보다 낮게 인식하고 있었다.

⑤ 의식주 환경

가. 식사에 관한 만족도

군대 내 식사 불만족 사유 중 1위가 재료의 질이나 식사의 양이 아니라 46.3%를 차지한 '맛이 없어서'였다는 점은 높아진 사회적 기준에 비해 군대 내 식사가 그 수준을 따라오지 못하고 있다는 것을 반증하고 있다.

나. 피복과 보급품 지급의 만족도

피복 및 보급품의 충분한 지급 여부, 피복 및 보급품이 충분히 지급되고 있는지 묻는 질문에 대해서는 24.3%의 응답자가 충분하다고 대답했으며 30.5%의 응답자는 충분하지 않다는 답변을 했다. 군수품의 원활한 지급은 군의 사기와도 직결되어 있는 사안인데 보급품을 충분히 지급받지 못하고 있다고 느끼는 것은 문제라고 하겠다.

⑥ 일과 휴식의 권리

일과 휴식에 대한 조사에서는 자유시간의 보장 정도는 군이라는 조직적 특성상 독립된 공간의 부족에 대하여 절반 이상이 없다고 응답함으로써 여전히 제대별로 사생활 보장과 자유권 확보를 위해 노력해야 할 것으로 조사되었다.

⑦ 휴가 제도

연구결과 휴가 제도에서는 특히 포상휴가에 대한 차별을 느끼고 있는 경우가 20% 가까이 나타났으며, 포상휴가에 대한 차별은 주로 병사와 간부의 학연, 지연 등의 친분 정도에 의해서 결정되는 문제가 나타났다. 휴가비 사용을 위해 용돈을 받는 경우가 90%가 넘었으며, 월급만으로 휴가를 다녀온다는 응답은 6.0%에 불과했다.

⑧ 인권의식

군에서 인권에 대한 의식은 간부와 병사들 간에 차이가 있는 것으로 나타났다. 간부들은 10% 이상이 자신의 인권이 심각하다고 응답하였고, 병사들에 대해서는 5% 미만이 심각하게 생각한다고 응답하였다. 이는 의무복부 병사들보다 간부 자신의 인권이 더 심각하게 침해되고 있다고 생각하는 것으로 조사되었다. 주요 인권침해 유형으로는 업무 관련 부당행위 강요, 사생활 침해가 가장 높게 나타났고, 선임 간부(장교, 부사관)에게 가장 많은 인권침해를 받고 있다고 응답하였다.

〈표 3-3〉 **병사 인권에 대한 인식(현역 vs 예비역)**

구분	현역(%)	예비역(%)
군대의 특성상 어느 정도 제한은 불가피 하다.	52.6	82.5
군대도 사회와 마찬가지로 인권 문제에 동일한 기준을 가져야 한다.	45.2	16.5
기타	2.2	2.0

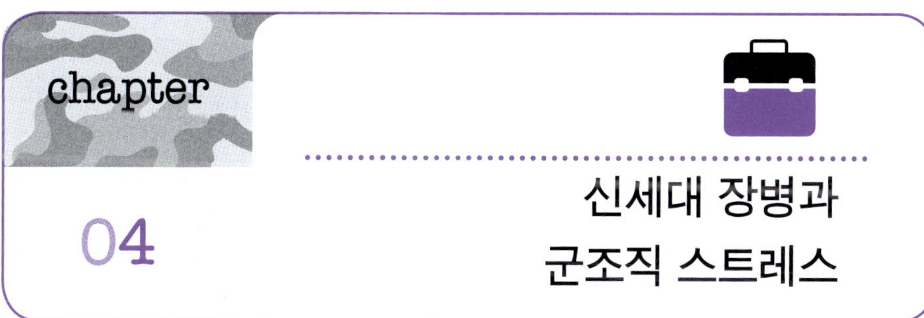

1 신세대 장병의 특성

1) 신세대의 성장배경

(1) 신세대 장병의 성장배경

① 경제적 배경

고도의 경제적 성장과 발전으로 풍요로운 환경에서 성장하였다. 물질 만능주의, 개인주의, 이기적, 자율성, 이탈성 등의 특징이 있다.

② 가정환경

핵가족 제도에 따른 개인주의적 사고와 생활태도에 익숙하며 부모의 지나친 애징과 애착으로 인한 잘못에 대한 질책을 힘들어한다.

③ 교육환경

입시위주의 교육에서 흑백논리 및 경쟁적 사고가 형성되어 있다.

④ 사회적 현상

정치·경제인의 부정부패, 성문화 등의 병리현상으로 인한 가치관 혼란을 겪고 있다.

⑤ 문화적 배경

컴퓨터, 인터넷 등 지식정보 문화 및 향락 문화 등으로 이성과 지성보다는 감각적·향락적·소비적인 문화에 익숙하다.

2) 신세대 장병의 특성

(1) 긍정적 특성

· 평균적인 교육 수준 향상으로 새로운 업무도 수행할 수 있는 지식과 능력을 소유하고 있다.

· 자신에 대한 강한 자부심으로 임무에 대한 합리성이 있으면 적극적이게 된다.

· 기존의 관습이나 관행에 머물지 않고 아이디어가 신선하고 창의적이다.

- 군의 발전과 부대 업무의 새로운 방법 제시 및 발전에 기대가 크다.

· 개방적이고 진취적이며 조직의 변화에 쉽게 적응한다.

· 컴퓨터 조작 능력이 우수하여 군 첨단무기 운용이 가능하다.

· 솔직하고 적극적인 성격으로 문제점을 즉각 건의하고 해결한다.

· 평등주의적인 사고방식으로 선후임병 간에도 대화를 통한 관계를 유지한다.

· 도전적, 적극적 사고로 주어진 임무 이외에 자발적인 주인의식 발휘한다.

(2) 부정적인 특성

· 이기적이고 개인주의적 성향이 있다.

- 군조직의 단결력, 소속감, 공동체 의식 약화되어 있다.

· 자신의 감정이나 의견을 솔직하게 나누는 데 익숙하다.

- 지나칠 경우 상급자에 대한 반발로 비쳐져서 상급자와 갈등을 유발한다.

· 평등의식은 군조직의 수직적 계급체계에 대한 불만과 거부감을 갖게 할 수 있다.

· 통제적인 병영생활을 기피하고 신체적인 근력부족으로 훈련을 힘들어한다.
· 절약정신의 부족으로 부대물품에 대한 애호심과 공동물품에 관한 관리의식이 부족하며, 보급품 망실과 파손 가능성이 있다.

〈표 4-1〉 **조직과 신세대 특성**

군	집단목표	단체주의	권위주의	복종	희생적	인내	통제
	↕	↕	↕	↕	↕	↕	↕
신세대	개인발전	개인주의	비권위적	도전	이기적	이탈	자율

출처: 유홍위(2006b, 25).

3) 신세대 장병과 군대조직의 적응문제

신세대 청년이 군에 입대하여 지휘관 및 군대조직과 많은 갈등을 겪고 있음은 여러 부대에서 나타나고 있다. 신세대는 군에 들어오기 전 기성세대와의 마찰이 있으며, 군에 입대하여서는 임무위주, 권위주의적인 군대조직에 적응하기가 대단히 어려운 특성을 지니고 있다. 군대조직의 특성과 문화적 차이점 때문에 긴장과 불안, 피해의식, 자기 퇴보적 심리를 지니는 충격과 함께 갈등을 유발할 수 있다.

〈표 4-2〉 **신세대 장병과 군대조직의 특성**

구 분	신세대 장병의 특징	군대조직의 특성
의사소통	자유로운 수평적 의사소통	상의하달식 의사소통
개인·단체관계	개인의 개성, 창의성, 다양성	개인보다 단체 강조, 획일적
인간관계	수평적 인간관계	위계적 인간관계
분위기	탈권위적, 자유분방	권위주의적, 경직성

(1) 사회생활과 군생활과의 차이로 인한 문제

군대는 국토방위를 목적으로 조직된 특수조직사회이다. 즉, 군은 사회적·경제적 배경을 달리하는 이질적 개개인이 집합된 곳이다. 이러한 개개인이 모여 있는 군조직은 그 목적을 실현하기 위하여 다른 어떤 단체보다는 엄격한 명령과 복종의 질서에 의하여 움직이지 않으면 안 된다. 우리나라는 징병제로 말미암아 20대 청년기에 군에 입대하여 육군병사 기준으로 21개월간 본인의 의사와 관계없이 의무복무를 하도록 되어 있다. 군 사회는 지휘관을 중심으로 수직적 계급구조를 이루고 있는 특수조직사회이며, 계급사회이다. 또한 군인은 군의 구성원이며 군법의 적용을 받는 피적용자이다. 이와 같이 군대는 사회와 여러 가지 면에서 판이하게 다른 차이가 있다. 설문조사에 의하면 장병 중 80%가 사회와 군은 차이점이 많다고 생각하는 것으로 나타나고 있다. 사회생활과 군생활의 차이점은 여러 가지가 있겠으나 중요한 사항은 다음과 같다.

① 형식적이며 융통성이 없다.
② 개인의 자유와 자율성이 제한된다.
③ 봉사와 희생정신의 요구가 높다.
④ 노력의 대가가 사회와 같이 금전으로 지불되지 않는다.
⑤ 규칙적이며 절도가 있다.
⑥ 개인보다 단체가 앞선다.
⑦ 인내와 책임과 질서가 요구된다.
⑧ 계급에 대한 대우가 있고 연령 대우는 없다.
⑨ 상명하복관계가 엄격하다.

이러한 사회와 다른 군의 특징에 대한 이해가 따르지 못할 때 부적응현상이 일어나는 것이다.

(2) 급격한 환경의 변화로 인한 문제

입대한 병사는 일반 사회생활과의 현저한 차이가 있는 환경의 변화, 즉 일반사회보다 엄격한 규율을 지켜야 하기 때문에 장병의 자율적 인간성이나 사회성은 많은 제약을 받게 된다. 그리고 새로운 군 환경에 적응하지 못함으로써 욕구불만이 마음 한구석에 쌓여 사고의 잠재성을 보유하게 된다. 모든 생물이 그 주위환경의 변화에 따라 자신의 생존을 위하여 적응한다는 것은 주지의 사실이다. 그러나 새로운 환경에 갑자기 적응하기란 힘든 일이며 조금씩 점차적으로 적응 능력을 향상시켜야 한다. 갑자기 환경이 변화될 때에는 생물도 적응하지 못하고 죽고 마는 것이다. 마찬가지로 자유로운 생활을 하고 있던 사람이 군에 입대하여 새로운 환경에 적응하지 못하고 사고를 야기하는 경우가 있게 되는 것이다. 이를 견디지 못하는 병사는 군무이탈을 할 것이며, 적응해 나가는 병사라 할지라도 마음속에는 욕구불만이 쌓여 있어 기회만 있으면 폭발할 위험성이 잠재해 있는 것이다.

예를 들면 사소한 잘못을 한 병사를 개인의 인격을 고려치 않고 여러 사람이 보는 앞에서 구타를 하거나 모욕적 언사로 망신을 주어 자극하였을 때와 고참병이 자기의 말을 안 듣는다고 구타를 가했을 때, 또는 피교육 생활 중 과격한 육체적 고통과 기억을 경험한 장교나 부사관이 부하들에게 자기가 받은 것과 똑같은 얼차려를 적용하였을 때 인내력이 부족한 병사들은 정신적·심리적 갈등으로 인해 참지 못하고, 군무이탈을 하거나 총기난동을 하거나 자살하는 등 각종 사고를 야기하는 것이다.

(3) 사회 활동의 정지로 인한 문제

사회 활동이 정지됨으로 인한 문제라 함은 입대함으로 말미암아 병사가 입대하기 전에 가졌던 제반 활동이 정지되는 것을 말한다. 즉, 사회에서 가졌던 인간관계가 단절되고 경제적 활동이 정지되며, 이성관계가 정지된다. 결혼생활을 하나가 입대하는 병사도 있으며, 부모와 친지간의 관계가 공간적 이유로 차단되기도 하며, 교제하고 있던 애인과 헤어져 있어야 하고 대부분의 병사들은 학업을 중단하고 입대하기도 한다.

대부분의 병사는 의무복무기간을 자신의 의지나 지휘관의 지속적 관찰이나 면담으로 어느 정도 극복할 수 있으나, 부모가 장애인이어서 가족의 생계를 책임져야 하는 병사라든지, 입대 후 갑작스런 이혼, 부도 등 가정 붕괴 상황에 처한 병사는 사회생활의 중요한 개인문제가 중단됨으로 인하여 심리적으로 욕구불만이 발생하고 정서적으로 불안하거나, 성욕이 충만하거나 신경과민 등의 심리적 갈등 현상을 나타내게 된다. 이와 같은 욕구불만이 충만 된 병사에게 구타 등의 자극이 가해지면 군무이탈행위나 하극상 사건 등 악성사고가 발생할 수 있다.

(4) 병영생활의 부적응 문제

초급 간부나 선임병이 강압적 악습이나 폭력으로 지휘를 한다든가 선임병의 사적 제재와 고질적 내무부조리는 욕구불만 등의 심리적 갈등상태에 있는 부하에게 불안과 긴장을 더하게 한다. 이때 정상 집단 병사, 즉 정상적으로 인격형성이 된 사람은 자제력으로 적응 행동이 가능하므로 폭력 지휘 등을 하더라도 그것을 이해하고 소화시키는 방향으로 승화시켜 목표를 달성할 수 있다. 그러나 비정상적 집단은 왜곡된 인격형성으로 인한 인격의 결함이 있기 때문에 부대의 근무조건이 몸에 배지 못하여 부대생활에 부적응을 낳게 된다. 이로 인하여 좌절감과 불만이 생기고 이를 방치할 경우 분노가 발생하여 정서적인 안정감을 잃게 된다.

국방부 조사연구 발표에 의하면 부대관계가 힘든 이유 중의 80%가 선임병과의 갈등이며, 특히 2006년부터 2014년까지 부대관계로 자살한 사건 중 41%가 선임병의 횡포가 직접적 자살원인이라고 밝히고 있다. 즉, 건전한 판단과 올바른 행동이 불가능할 때 과도한 기합을 주거나 사적 제재를 가하면 폭행사고, 상관에 대한 범죄, 총기강력사고, 군무이탈 등 각종 사고가 발생하게 되는 것이다.

(5) 군 복무에 대한 인식

군 장병은 시기적으로 청소년기에 입대하게 된다. 청소년은 영어로 'Adolescence'인데 이 말은 '성인으로 성장하는 모습(to grow up)' 또는 '성숙에로의 성장(to grow into maturity)'을 의미하고 '어른이 되기 시작한다' 또는 '성장에서 성숙으로 이른다'는 뜻이다.

이 시기는 아동에서 성인으로 발달되어 가는 과정 중의 한 과도기로서 신체적인 면은 물론 책임 있는 사회인으로서 인생관을 확립하는 과정이다. 청소년기는 자아정체감 대 역할혼미의 시기로서 '나는 누구인가?'라는 물음에 해답을 얻기 위해 심각하게 고뇌하고 갈등한다. 자신의 존재와 나아갈 가치에 대한 확신이 서면 정체감 획득이 이루어지고, 그렇지 않으면 정체감 혼란에 빠지게 되는 시기이다. 따라서 군 복무기간은 한창 성장하는 청소년에게는 매우 소중한 시기이다.

신세대 군 복무 청소년은 기성세대와 다르지만[4] 군대라는 체계는 이러한 신세대의 욕구를 만족하도록 충족시키지 못하고 있는 실정이다. 군대라는 조직은 지휘계통에 의해 통제되고 유지되며 전력지수를 향상시키고, 전투력을 향상시키는 기능을 최우선시할 수밖에 없는 집단이다. 그러나 청소년 시기는 생존과 보호를 위한 보호권 및 복지권뿐만 아니라 자아실현을 위한 자기결정권, 자유권, 참여권 등이 함께 보장되어야 한다. 나아가 행복을 추구할 수 있는 권리가 주어졌을 때 미래사회의 발전과 평화에 중추적 역할을 하는 건전한 시민으로 성장하게 되는 것으로 병역의 의무와 군에 대한 바른 인식을 심어 주어야 된다.

(6) 신세대의 특성이 군에 미치는 영향

다양한 사고방식과 행동패턴을 가진 신세대가 군에 충원됨으로써 병영문화에 다양한 영향을 미치고 있다. 대체로 신세대의 부정적 특성은 역기능적 역할을, 긍정적 특성은 순기능적 역할을 하는 것으로 분석되고 있으나 군에 미치는 부정적 영향 위주로 살펴보면 다음과 같다.

첫째, 세대 간의 갈등이 심화되었다. 즉, 현실적으로 볼 때 40~50대의 직업군인인 장교 및 부사관은 과거 명령과 복종에 의한 일사불란한 지휘체계 하에서 군의 군율이 유지되었던 시기의 군과 신세대 장병이 80~90%를 차지하는 요즈음의 군에 대한 못마땅한 표현이 부하 장병의 호응을 얻기에는 사회의 변화와 함

4) Broad network(관심사와 인간관계가 넓고), Reward-sensitive(평가와 보상에 민감하며), Adaptable(새로운 것에 적응력이 높고), Voice(솔직하고 명확한 의사표현을 선호), oriented to myself(조직보다 개인생활을 중시), 삼성경제연구소, 2009.

께 군도 많은 변화를 가져왔다고 볼 수 있다.

30대의 중견 간부는 40~50대의 장교 및 부사관의 지시일변도 통제와 군에 대하여 보다 많은 요구를 하는 신세대 장병 사이에서 갈등하며 적응하려는 경향을 나타내고 있다. 반면에 자유분방하게 자라고 가정과 학교에서 생활하다 군에 들어온 신세대 장병은 지휘관 및 상급자의 정당한 지시에도 힘들어하거나, 부대의 임무보다는 개인의 복지를 우선적으로 생각함으로써 군생활적응기간이 길어지고 군생활 자체에 대한 염증으로 인하여 부대지휘 및 통솔이 과거에 비하여 더욱 어려워지고 있는 실정이다.

둘째, 부모의 과잉보호 하에서 자라 온 세대들로서 외적인 신체조건은 과거에 비하여 발달했으나 인내력이 부족하고 기초체력이나 정신력이 미약하다. 또한 부모의 지원을 요구하거나 부적응을 자신의 탓이 아닌 부대의 모순된 제도로 생각한다. 최근에는 전방 ㅇㅇ단 윤일병 사건과 GOP 총기사고 등 극단적인 행동을 하고 보는 경향이 늘어나고 있는 실태이다.

또한 과거에 비하여 정신적으로 허약하므로 정신병동에 입원하는 경우가 증가하고 군생활적응 자체에 대한 불안감으로 히스테리적 증상을 보이는 경향이 증가하고 있다. 동료나 간부에게 많은 부담감을 안겨 줄 뿐만 아니라 내무생활에 있어서 동료 간에 상호갈등을 야기하고 있다.

셋째, 핵가족 시대에서 나타나기 시작한 신세대의 개인주의 성향과 강한 자기표현은 군의 특성인 단체정신이나 상·하급자 간의 계급을 통한 부대의 임무수행에 악영향을 미칠 수 있다. 또한 그들의 자유분방한 사고는 군의 계급의식이나 조직체계에 대한 강한 거부감을 갖고 있기 때문에 권위적 지휘관의 경우 그 지휘에 대해 반발하는 병사들이 늘어나고 있다.

넷째, 군에 입대하기 전에 향락과 쾌락에 물들어 있던 일부 인원이 군에 들어와서 본드 혹은 부탄가스 흡입과 음란물 및 음란서적을 반입하여 동료들과 돌려보는 등 불건전한 생활과 사회에서 점차 확산되어 가고 있는 동성애와 하급자를 대상으로 한 성추행 현상이 군에서도 발생하고 있다. 최근에는 휴가, 외출 및 외박 시 부녀자를 성추행하거나 강도행각으로 인하여 구속되는 수가 늘어 가고 있다(최근에는 신세대 장교 및 하사관에서도 나타나는 경향을 보임).

다섯째, 군대에서 힘든 보직을 부여 받았거나, 격오지 부대로 보직이 결정되었을 때 탈영을 하거나 보직에 대한 거부감으로 강한 정신적 이상 증세를 보임으로써 정신병동에 입원하는 사례까지 나타나고 있다.

여섯째, 사회일각에서 나타나고 있는 3D 기피현상과 청소년 위주의 소비 지향적 문화에 물들어 있는 신세대 장병들은 부모로부터의 금전적 지원을 통하여 신분에 맞지 않는 소비생활과 주특기에 따라 부여되는 적재적소의 보직에 대한 불만으로 군에 입대하여 보직을 조정해 줄 것을 요청하는 상황이 발생하고 있다. 부대의 환경정리나 힘든 일에 대하여 거부하고 기피하는 사례와 심지어는 "우리가 힘든 일 하러 군대 왔느냐?"고 하면서 초급 장교에게 강하게 반발하거나 소대장 길들이기 등의 파행된 행태의 모습을 보이기도 하는 등 군에 있어서 큰 고민거리로 부각되고 있다.

일곱째, 정보화 시대에 발맞추어 군에도 인터넷의 보급과 화상 면회소 등의 설치로 인하여 부대 자체적으로 해결할 수 있는 문제까지도 인터넷상에서 문제 제기를 하는 등의 행동으로 인해 사회 문제로 부각되고 있다. 때로는 있지도 않는 사항을 무기명으로 유포하는 등 부대의 단결을 저해하는 행동을 하고 있다.

2 상담 장면에서 신세대 병사들의 특성 이해

① 상담 받고자 하는 병사가 어떤 문제가 있는지 정확하게 파악해야 한다.

② 내담 병사는 심리적으로 긴장상태에서 불안과 초조를 느끼게 된다.

③ 내담 병사는 자신이 처한 병영 환경에 상호작용을 한다.

- 소속 부대의 분위기, 수행 업무, 동료, 선후배, 지휘관 등

④ 상담 및 상담자에 대하여 욕구 문제 해결에 대한 기대를 하고 있다.

⑤ 사회의 학력과 경력 등이 다양하다.

⑥ 자신이 기대하는 바와 실제의 수행 업무 사이에서 불일치를 경험한다.

3 병사들의 대표적인 문제유형

① 불안

위협, 갈등, 두려움, 충족되지 않은 욕구, 생리적인 원인, 개인적인 차이 등으로 인하여 발생

② 분노 및 스트레스

인간적인 관계, 병영 환경적인 요인, 부여된 임무와 직책, 자신의 신상 문제 등 욕구의 불일치

③ 자살

가족, 친지의 죽음, 환경 부적응, 따돌림, 구타 및 가혹행위 등

④ 군무이탈

개인성격, 가정 문제, 이성 문제, 복무 부적응, 선임병 횡포 등

⑤ 갈등

의사소통 문제, 가치관 및 이해 수준 불일치, 스트레스, 공평하지 못한 리더십 등으로 발생

⑥ 구타 및 가혹행위

선임병의 보상심리, 선임병의 성격적 특성 문제, 후임병의 잘못된 언행, 간부의 질타 등으로 발생

⑦ 성 문제

혈기 왕성한 성적 에너지, 성적 억압 등으로 발생

⑧ 집단 따돌림

신체적 문제, 병영문화의 악폐습 등으로 발생

4 군조직에서의 스트레스

군에서 근무하는 장병은 군대문화의 획일성, 폐쇄성과 신세대 병사의 민주적·개방적 문화와의 상충으로 갈등을 겪고 있다. 내재된 갈등구조는 군조직을 이완시키고 군 기강을 문란케 하여 전투력의 약화는 물론, 사고유발요인으로 작용하고 있다. 따라서 스트레스가 특정의 조직 가운데 양산되고 확장된다는 측면에서 군이라는 조직 속에서 스트레스를 연구하고 이에 대한 대책을 강구해야 할 필요성이 있다.

군조직은 사회와 인권적인 측면에서만 본다면 아직도 부정적 요인이 남아 있음을 볼 수 있는데 비민주적 요소, 권위주의적 요소, 획일주의와 형식주의가 그 부정적 요인이다. 사고방식의 변화와 개선 등으로 군대생활 속에서 비민주적 요소들이 많이 사라졌으나 아직까지 고압적 폭언과 얼차려 등의 구시대적 관행이 직접적으로 장병의 스트레스를 가중시키는 한편, 각종 군기문란사고의 원인이 되기도 한다.

또한 군의 권위적 요소로 말미암아 장병은 창의적이고 소신 있는 업무처리보다는 일방적으로 상급자의 지시에 의존하는 업무추진방식을 따르게 되며, 상급자의 지시에 따른 임기응변식의 업무수행은 능동적 복무의식의 상실과 우발적 충동사고의 동기를 제공하고 있다. 획일주의는 개성을 무시하고 개인의 심리, 사고, 행동양식을 인위적으로 통일하여 규격화하는 것으로 군조직의 획일주의는 부여된 임무수행을 위한 작전명령 등의 의사소통의 통일, 전투 행동의 통일을 강조함으로써 개인의 개성보다는 조직의 조직적 일체감과 강한 연대의식이 강조되는 경향을 보이고 있다. 이와 같이 군의 획일주의는 의사결정 과정에서 반대와 비판, 의견의 다양성을 기대하기 곤란하게 만들며, 지나치게 통일적 사고를 지향하여 무사 안일주의나 요령주의와 같은 소극적 행동방식을 낳고, 업무수행의 과정이나 절차보다는 형식과 결과를 중시하는 경향이 커 실적 위주의 부대관리에 치중함으로써 내실을 소홀히 할 우려가 있다.

또한 병영생활 스트레스는 장병이 군생활 중 겪는 스트레스를 의미하는 것으로 심리관련 스트레스 요인(낮은 자존감, 적대감, 완전주의적 사고, 우울증적 감정), 환경 관련 스트레스 요인(조명, 소음, 온도, 공간설계), 조직 및 업무 관련 스트레스 요인(직업요건, 역할경계설정, 경력, 지시사항과 이행), 부대원 신상 관련 스트레스 요인(능력 및 경험, 욕구 및 가치관, 자기통제성, 생활사건), 군대조직 외부의 스트레스 요인(가족, 경제 문제, 외부 인간관계)에서 발생하게 된다. 군조직 내에서 장병은 자신의 계급, 직책, 업무, 동료 및 상하 관계, 진급 등에 따라 스트레스의 강도와 종류 및 지속기간이 달라질 수 있다.

스트레스는 군 내부의 스트레스 원과 군 외부의 개인 스트레스 원으로 구분하는 경우가 있다. 먼저 군 내부의 스트레스 원으로는 직무요인, 역할요인, 구성원 상호간 관계요인 등을 들 수 있다. 직무요인으로는 양적인 업무과다, 질적인 업무과다, 육체적 위험을 제시했고, 역할요인으로는 역할모호성, 역할갈등, 역할과다 등을 들었으며 구성원 관계요인으로는 낮은 사회적 지지체계 요인, 무관심한 상하관계 및 동료관계, 관리체계의 빈약성 등이 있다. 군 외부의 스트레스 원으로는 본인과 관련된 가족, 친척, 친구, 애인 등으로부터 발생하는 요인이다. 특히 병사들은 24개월간 병영 내에서 외부와 격리되어 생활을 하여야 하며, 외부의 요인으로 발생한 스트레스를 부대 안에서 즉시 해결하기 어려운 문제를 가지고 있다.

1) 조직 및 업무 관련 스트레스

(1) 직업조건

어느 직업이나 그 조직의 구성원은 여러 가지 스트레스를 가지고 생활하고 있다. 그러나 다른 직업에 비하여 군대라는 조직사회에 속한 장병은 자신의 계급, 보직, 근무지, 인간관계와 진급, 그리고 전직에 대한 문제 등에 따라 개인의 스트레스의 강도와 종류가 달라진다. 즉, 자신이 근무하고자 하는 부대에서 어떤 보직과 어떤 종류의 업무를 하며 차후에 어떤 보직을 부여 받고 진급을 하며 소속된 조직원과 어떻게 근무하느냐 하는 것은 조직 스트레스를 결정하는 가장 근본적인 걸림돌이 되고 있다.

(2) 조직구조

군조직의 특성상 수직적 위계질서를 유지하고, 절대명령에 복종함으로써, 단기적 업무의 성취나 편의성은 높아질 수 있으나, 반면에 하위계급, 부대로 갈수록 그 구성원의 직무만족도는 낮아지고 스트레스 수준도 현저하게 증가하게 된다고 볼 수 있다. 그러므로 군대조직은 자칫 부대원의 직무만족도 격감과 스트레스 수준 증가를 불러올 소지가 높다. 지휘관의 지시에 대하여 자신의 의사가 반영되지 않는 가운데, 담당할 업무량, 책임, 지시와 간섭만 늘어 가는 것은 스트레스의 주요원천이 된다.

특히 시간제약을 받고 제한된 공간에서 행동의 자유가 거의 없으며, 계속해서 상급자의 의사결정사항을 시행해야 하는 요구를 받게 되고, 끊임없이 업무가 부여되는 때일수록 더 많은 스트레스를 느끼게 된다.

(3) 역할 모호

부대원 각자의 임무와 역할이 불명확하거나 모호한 경우 발생하는 애로사항이 스트레스의 원인이 된다. 즉, 어떤 일을 누가, 어떻게 해야 할지 모르는 상태가 역할경계에서의 문제가 생기는 경우이며 이런 상황의 결과는 대개 임무방치,

나태 및 게으름, 핑계 대기, 책임전가, 부대 이기주의, 관리 사각지대 발생 등의 문제를 야기하는 등 군대 내에서 또 다른 사회적 악습을 불러들이는 역기능적 효과를 가져온다.

(4) 지식 및 경력 수준

병사가 입대하여 군대사회로 진입하게 되는 신병훈련기간은 그들에게 엄청난 문화적 충격을 가져다준다. 그러다가 점점 군생활을 익히고 전역을 앞두게 되면 군에서 '요구하는 발달 과정'은 이미 다 마치게 된다. 즉, 군생활의 말미에 이를수록 점점 더 적응되고 요령을 터득하게 되면서 병사의 발달은 더 이상의 진전을 보이지 않게 되는 것이다. 이러한 자극부재와 성장기회 부족은 역기능적 스트레스로 작용할 수 있다.

(5) 역할 애로

역할이란 기존의 규범에 의하여 요구되는 기대를 가지고 있는 지위라고 할 수 있는데, 이는 행동과학에 있어서 하나의 기본적 분석단위가 된다. 조직 내에서 발생하는 주요 역할갈등을 살펴보면 역할 내 갈등(intra role conflict)과 역할 간 갈등(inter role conflict)이 있다(이창원·최창현, 1996).

이러한 역할갈등은 개인에게 복합적 역할이 주어질 경우와 부여된 역할과 자신의 역할과의 괴리가 있을 경우에도 발생한다. 개인이 갖는 역할은 그 요구와 기대가 각기 다르기 때문에 갈등이 일어난다. 군조직 내 병사가 갖는 역할갈등은 더욱 복잡하다. 입대 전 자신의 집에서 가족생계의 큰 몫을 담당하였던 사람이 입대하여 그렇게 하지 못하는 현실에서 느끼는 갈등, 자신의 의지와는 상관없이 정해진 주특기, 직책, 부여된 임무가 자신의 체력, 적성, 전공이나 능력과 상충될 때 야기되는 갈등, 또한 서로 다른 사람으로부터 동시에 둘 이상의 역할을 부여 받을 때 느끼는 갈등, 부당한 일이나 비합리적인 일의 이행을 지시받았을 때 느끼는 갈등, 이 모든 갈등이 스트레스의 원천이 된다(정효원, 2002).

2) 부대원 신상 관련 스트레스

(1) 능력 및 경험

입대 후 자신의 경험을 통하여 터득하였거나, 입대 전 학문이나 사회생활 등을 통하여 익힌 기술과 지식은 개인에게 대단한 자신감을 줌은 물론 부대에서 실질적 업무에도 상당한 정도의 영향을 미치게 된다. 이러한 능력과 경험에서 나오는 업무역량 및 업무자신감은 학력이 높고 연령이 높을수록 더 뚜렷하게 나타나고, 군생활을 오래 한 사람일수록 능숙하고 노련한 면모를 드러내게 된다. 반대로 능력과 경험이 부족한 사람은 그로 인하여 스트레스를 받게 된다.

(2) 욕구 좌절

군인은 국가 예산의 범위 내에서 의식주를 해결하여야 한다. 또한 병사는 내무생활의 통제로 말미암아, 자신이 원하는 집단에 소속하고 싶어 하는 사회적 욕구와 다른 사람으로부터 인정과 존경을 받고 싶어 하는 존경의 욕구, 자신의 잠재력을 극대화하여 자기가 그렇게 되고 싶다는 자아실현의 욕구가 타 조직에 비해 충족되기 어렵다. 뿐만 아니라 군은 전투를 하는 조직이므로 그 수단인 총기, 폭발물 등 무기를 취급하여야 하며 최악의 상황에서도 임무를 완수하여야 하는데 이에 수반되는 신체적 위험도 또한 타 조직에 비하여 높다. 따라서 병사는 인간의 욕구라는 측면에서 많은 좌절감을 느끼게 된다. 또한 왕성한 성적 욕구를 해소하기가 힘들다(정효현, 2002).

3) 자기 통제성

자신의 일과 사생활에 다른 사람의 간섭과 통제력이 가해진다는 것은 용인하기가 어려운 것으로 이에 대해서 사람들은 강한 거부반응을 보이게 된다. 이와 같은 인간의 본성을 간파한 여러 가지의 연구결과가 스트레스와 관련하여 공통적으로 밝혀낸 사실은 바로 어렵고 힘든 일이 있더라도 그것을 자신이 직접 조절하고 통제할 수 있는 권한과 여건만 주어진다면 그렇지 못한 사람에 비해 스트레스를 현저히 덜 느끼게 된다는 것이다.

(4) 생활 사건

생활사건(life events)이란 생활 속에서 일어나는 '특별한 일'을 말한다. 예를 들면, 군생활 중 발생하는 각종 인사명령, 주요훈련, 검열 등이 있다. 이러한 특별한 일은 해당 개인에게 충격을 가져다주기도 하고, 새로운 적응을 요구하기 때문에 스트레스 유발요인이 된다.

(5) 건강 및 체력

'건전한 정신은 건강한 신체에서 깃든다'는 말도 있듯이 건강에 이상이 있는 자는 사회생활상 건강한 사람보다 규범이 요구하고 있는 가치결정을 하는 과정에서 비정상적으로 반응하기 쉽다. 또한 건강에 문제가 있는 자는 건강한 사람에 비해 환경에 의한 자극을 받기 쉽다. 이로 인하여 사회생활이나 경제생활에 있어서 많은 제약을 받게 되며, 특히 많은 육체적 활동이 요구되는 군에서는 애로를 크게 느끼게 된다.이러한 건강상의 문제는 근본적으로 허약한 체질, 입대 후 문제의 발생, 기왕의 지병이 도지거나 악화되는 경우가 있겠다. 이로 말미암아 고통 받고 있거나 치료를 받지 못하는 경우, 신체적 질환으로 주어진 임무를 제대로 수행하지 못하는 경우, 건강상의 이유로 동료들과 어울리지 못하고 소외감을 느끼기는 경우 스트레스를 받는다.

3) 병영생활 및 심리 관련 스트레스

(1) 적대감

적대란 적으로 대하는 것, 또는 적과 같이 대하는 것을 의미한다. 적대감에 의한 스트레스는 상급자의 가혹행위, 욕설 또는 정신적·물리적 압박에서 비롯된 개인적 분노와 이에 한 걸음 더 나아간 앙심에 의한 결과로서 발생하는 스트레스이다. 이는 다른 사람과의 관계를 소원하게 함으로써 사회관계와 인간관계에 있어서 소외되거나 배척받기 쉽고, 과식, 과음, 흡연 등 부적절한 행동양식을 익힐 우려가 있으며, 심혈관 질환, 콜레스테롤 증가 등 생물학적 부작용을 초래하기도 한다.

(2) 자존감

자존감은 자기 자신에 대해 스스로가 느끼거나 부여하는 감정 또는 평가로서 스스로 안정감과 존중감을 획득하고 인정하는 능력을 말한다. 자존감 스트레스는 사회에서 능력을 인정받고, 자기 자신의 신념에 의해 움직이던 사람, 즉 자존심이 강하거나 고집이 센 사람이 군이라는 특수한 환경하에서 단지 입대일자가 빠르거나 계급이 높다는 이유만으로 자기에게 여러 가지를 요구하는 것을 그냥 당할 수밖에 없음을 느낄 때 겪는 스트레스이다.

(3) 완전주의적 사고

완전주의적 사고란 '언제든지 자신이 세워 놓은 기준에 절대로 도달하지 못하며 자신이나 자신의 행동이 누구를 절대로 만족시키지 못한다는 감정으로 가득 차 있는 것'으로서 끊임없이 요구하는 '만족하지 못하는 상급자', '실수를 용납하지 않는 자신 또는 상급자의 성격', 자신의 개인적 부분까지도 엄정한 규정으로 통제하는 부대 분위기 등에 기인하는 스트레스이다.

(4) 우울증적 감정

군대는 임무를 수행하기 위하여 개인의 사생활을 통제하는 경우가 많을 수밖에 없는 조직이다. 가끔 아무것도 하기 싫은 무기력한 상태가 되기도 하고, 밥을 먹기 싫기도 하며, 가족과 친지의 소식 등으로 마음이 불편하여 건전한 판단이나 결정을 하기가 쉽지 않고 잠을 이룰 수 없는 경우, 또한 군생활을 하면서 사는 것이 재미가 없고 무의미하게 느껴지고 기분이 침울하고 의욕이 떨어지며 깊은 우울증에 빠지는 경우가 있다. 이러한 상태에서는 주의집중력과 사고력 및 판단력이 저하되어 훈련이나 업무에 차질을 빚게 된다. 이러한 우울증은 자존감을 떨어뜨리고 부정적 감정으로 몰고 갈 때 스트레스가 유발되며 군에서는 총기 등 강력 및 악성사고를 유발하는 원인이 되고 있다.

(5) 군생활 스트레스의 원인

군에 입대한 병사들의 경우 인간의 생애 발달 단계 가운데서 청소년 후기에서 성인으로 전환하는 과도기로 자아의식의 발달과 부모로부터의 독립, 통제된 환경으로부터 이탈하고자 하는 심리적 특성을 가지고 있다. 또한 이 시기의 병사들은 이성 문제, 외로움, 친구와 동료관계 등으로부터 영향을 민감하게 받으므로 심리적 갈등이 쉽사리 유발되기도 한다(통계청, 2008). 이처럼 심리적으로 불안정한 시기의 병사들이 입대와 동시에 일반사회에서는 거의 경험할 수 없을 정도의 강도 높은 통제, 공동생활, 엄격한 위계질서와 규율, 단순하고 반복적인 일상 업무, 훈련시의 육체적 고통과 위험이 내재된 급격한 환경변화와 역할변화 등을 경험하는 과정은 군생활 적응을 방해하는 스트레스 요인이 될 수가 있다(고기숙·정미경, 2011).

또한, 자신의 선택과 무관하게 비자발적 의사에 의한 의무를 수행하는 피동원자들에게 있어 군 복무를 위해 가족을 떠난다는 것은 익숙한 환경으로부터 유리되어 새로운 환경으로 진입해야 하는 스트레스이며, 자신이 자라온 성장배경과는 전혀 다른 조직에 적응해야 하는 문제로 인식함으로써 상당한 수준의 심적 부담의 원인이 되고 있다(구승신, 2004). 이와 함께 군은 외부사회와 다르게 위계와 단체성 등에 의해 감정이나 생각을 표현하는데 제한을 두고 억제시키므로, 가치관 및 심리적 갈등이 발생하는 입대 초기 장병들은 복무기간이 긴 병사들보다 더 높은 불안과 심리적 스트레스를 느끼게 된다(이상록, 2012). 이와 같은 특성을 바탕으로 군생활 적응에 영향을 미치는 군생활 스트레스의 원인과 유형을 군조직 내적측면, 군조직 외적측면, 개인 외적측면, 개인 내적측면의 네 가지로 구분할 수 있다.

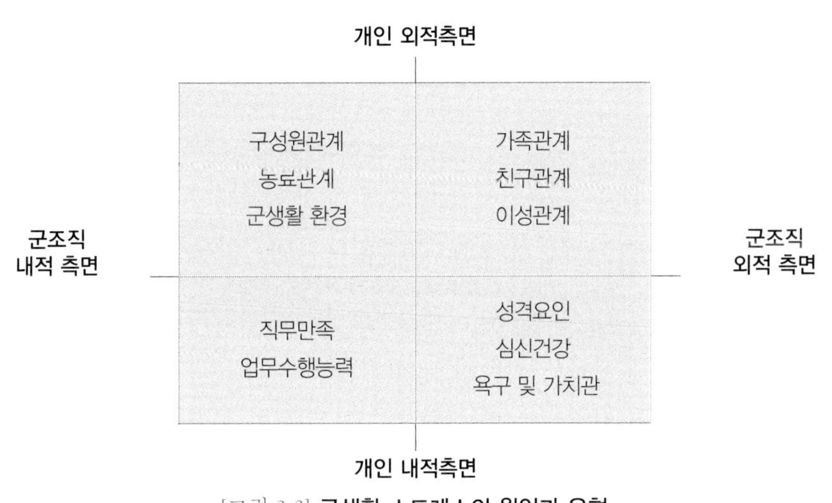

[그림 3-3] **군생활 스트레스의 원인과 유형**

위의 그림과 같이 군조직의 특성상 겪게 되는 상급자와의 관계, 동료와의 관계, 군생활 환경 등 사회생활과는 다른 기준이 적용되는 인간관계 속에서의 스트레스가 있고 반대로 사회에 두고 온 가족, 친구, 연인 등과 입대 전 같은 사회관계망을 이어가기 어려운 현실 때문에 겪게 되는 어려움과 그로 인한 스트레스가 있다. 또한 군대 업무의 특성상 짧은 시간에 생소한 업무를 하거나 과다한 업무를 하는 경우가 있어 업무수행능력이나 직무만족감에 있어서 많은 스트레스를 받기도 하고 성격이나 욕구, 가치관 등 자기내면의 문제와 더불어 질병, 체력의 문제 등 지극히 개인적인 문제로 인한 스트레스도 많다. 이러한 스트레스들이 잘 해소되지 않을 때 장병들은 군생활에 어려움을 겪고, 이로 인해 크고 작은 군 사고가 발생할 가능성이 높은 환경에서 늘 긴장감을 가지고 생활하고 있다. 스트레스는 분노와도 밀접한 관련이 있기 때문에 스트레스를 적절히 해소하게 하며, 분노감을 완화시키는 것이 군 사고를 예방하는 데 도움이 될 것이다.

군과 상담

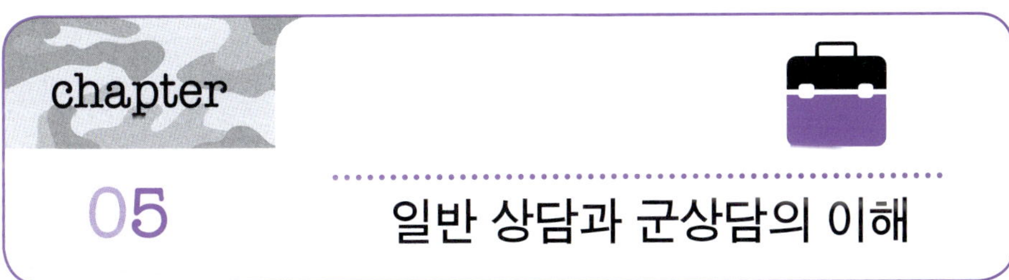

일반 상담과 군상담의 이해

1 일반 상담

상담(相談)이란 사전적 의미에는 '문제를 해결하고 궁금증을 풀기 위해 서로 의논 함'으로 정의되어 있다. 영어로는 counseling이며, 이는 라틴어 counsulere에서 유래된 것으로 '고려하다', '자문하다', '조언을 구하다' 등의 의미를 지니고 있다. 이러한 뜻은 광의의 의미에서 상담을 대변해 주는 말이라고 할 수 있다. 이처럼 광의의 의미로써 상담은 인류역사와 더불어 시작되었다고 볼 수 있으나 오늘날 전문적 상담은 다른 영역에 비해 비교적 짧은 역사를 가지고 있다. 최근에는 상담이라는 용어가 각 분야에서 너무 무분별하게 남용되고 있는 실정이다 보니 상담에 대한 인식이 왜곡되는 경우도 있어 이에 대한 정확한 이해가 요구된다. 전문적인 상담에 대한 정의는 인간을 보는 관점에 따라 학자들마다 다양하다. 몇몇 학자들의 정의를 소개하면 다음과 같다.

(1) 칼 로저스(Carl Rogers)

칼 로저스(1952)는 "상담이란 치료자와의 안전한 관계에서 자아의 구조가 이완되어 과거에는 부정했던 경험을 자각해서 새로운 자아로 통합하는 과정"이라고 정의하여 상담의 과정적 측면을 강조하였다.

(2) 쉐르쳐와 스톤(Shertzer & Stone)

쉐르쳐와 스톤(1980)은 상담을 자기와 환경에 대한 의미 있는 이해를 촉진시키고 장래 행동의 목표나 가치관을 확립해서 명료화하도록 하는 상호작용의 과정이라고 하여 자신과 환경에 대한 학습을 강조하고 있다.

(3) 이재창

이재창은(1988)도 "상담은 전문적인 훈련을 받은 상담자가 도움을 필요로 하는 내담자에게 자신과 주위 환경에 대한 이해를 촉진시킴으로써 적응과 발달을 위한 행동의 변화 즉 개인의 성장을 가져오게 하는 상호작용의 학습 과정"이라고 정의하여 상담의 학습 과정을 강조하고 있다.

(4) 이장호

이장호(1995)는 상담을 "도움을 필요로 하는 사람이, 전문적 훈련을 받은 사람과의 대면관계에서 생활과제의 해결과 사고· 행동 및 감정 측면의 인간성장을 위해 노력하는 학습 과정이다"라고 정의하였다.

(5) 버크와 스트레플러(Burk & Strefflre)

버크와 스트레플러(1979) 또한 상담을 훈련 받은 전문가와 내담자간의 전문적 관계로써 이러한 관계는 간혹 두 사람 이상을 포함하지만 대체로 1:1의 관계이며 상담 과정에서는 내담자들이 자신들의 생활공간에 대한 관점을 잘 이해하고 명료화하며, 의미 있고 현명한 선택, 정서적 문제나 대인관계 문제 해결을 통해 스스로 결정한 목표에 도달하도록 도움을 주게 된다고 정의 하였다.

(6) 정원식과 박성수

정원식과 박성수(1978)는 "상담이란 도움을 필요로 하는 사람과 도움을 줄 수 있는 사람사이의 개별적 관계를 통하여 새로운 학습이 이루어지는 과정"으로 박성수(2000)는 상담을 내담자와 상담자간의 수용적이고 구조화된 관계를 형성하고 이 관계 속에서 내담자가 자기 자신과 환경에 대해 의미 있는 이해를 증진하도록 함으로써 내담자 스스로가 효율적으로 의사결정을 하고 여러 심리적 특성을 긍정적 방향으로 변화시키도록 원조하여 결과적으로 내담자의 성장과 발전을 촉진하는 심리적 조력 과정이라 하였다.

이를 종합하면, ① 비교적 정상범위에 속하는 사람들이, ② 전문적인 지식을 갖춘 상담자와 함께, ③ 신뢰되고 허용적인 분위기 속에서, ④ 자기 이해와 수용을 촉진시키도록, ⑤ 상담자와 내담자간에 상호작용하여, ⑥ 개인의 태도와 행동의 변화를 통한 문제 해결과 더 나아가 잠재능력의 개발을 꾀하는 것이라고 정의 될 수 있으며 중추적 개념은 다음과 같다.

첫째, 상담은 정상범위에서 심각하게 일탈하지 않는 사람들을 대상으로 개인의 정상적인 발달과업의 문제나 적응문제를 주로 다루게 된다. 그러므로 강조점이 본격적인 치료보다는 성장과 적응에 주어진다.

둘째, 상담은 도움을 필요로 하는 사람과 도움을 줄 수 있는 사람의 관계이다. 상담은 내담자와 상담자가 동시에 존재할 때 성립된다.

셋째, 상담은 상담에 관하여 전문적 훈련을 받은 사람이 도움을 주는 관계로써 상담자는 인간적 자질과 더불어 전문적 지식을 소유한 사람이어야 한다.

넷째, 상담은 내담자 스스로 자신의 문제를 해결하도록 조력하는 관계이다. 상담은 내담자의 문제를 상담자가 해결해 주는 과정이 아니라 내담자 스스로가 자신의 문제를 통찰하여 현명하게 선택하고 결정해 나가는 과정으로 이루어진다.

다섯째, 상담은 일방적관계가 아니라 상호작용의 역동적 관계이다. 내담자와 상담자는 상호 협력관계로써 상담자는 효과적 상담을 통해 내담자가 객관적인 자기 자각을 하도록 돕는다.

여섯째, 상담은 사적이고 비밀이 보장되는 관계이다. 상담에서 내담자는 무엇이든 자유롭게 말할 수 있는 권리가 있고 상담자는 내담자에게 털어놓은 사적 정보를 내담자의 허락 없이 제 3자에게 알려서는 안 되는 의무가 있는 신뢰롭고 수용적인 관계여야 한다.

일곱째, 상담은 궁극적으로 내담자의 성장과 발전을 안내하는 관계이다. 즉 상담은 오직 내담자의 복리만을 위해서 이루어져야 한다.

여덟째, 상담은 내담자의 현명한 선택과 결정을 돕는 관계이다. 상담 과정에서는 반드시 내담자가 선택하고 결정하게 되는 과정이 있게 마련인데, 상담자는 이러한 선택과 결정을 합리적으로 하도록 안내하는 역할을 한다.

1) 상담의 종류

(1) 개인 상담

내담자 1인을 상대로 하는 상담 방법으로 주로 정신건강 문제, 성격문제 등에 대하여 상담한다.

(2) 집단 상담

10명 내외의 집단을 상대로 하는 상담 방법으로 집단 구성원과 리더가 자신의 생각과 느낌, 감정을 다양한 상호작용을 통해 원활한 의사소통 방식을 배우고 대인관계의 어려움을 해결하는 역동적, 집단적 접근법이다.

(3) 부부 및 커플상담

결혼한 부부, 결혼 예정자, 이혼한 부부, 연애중인 자 등 2인을 동시에 상담하는 방법으로 커플 혹은 부부간의 갈등 문제를 상담한다.

(4) 서신상담

편지를 써서 자신의 어려움을 전문가에게 전하고 전문가가 다시 편지를 통하여 상담해주는 형태로 우편, 팩스 등의 수단을 이용한다.

(5) 사이버상담

가상공간에서 이루어지는 상담으로 컴퓨터를 매개로 한 통신수단(E-mail, 블로그, 홈페이지 등)을 이용한다.

(6) 그외

교육상담, 산업 및 근로상담, 부부상담, 이혼상담, 직업상담 등이 있다.

(7) 전화상담

장 점		단 점
① 접근, 간편성	② 응급, 신속성	① 단회성
③ 편의성	④ 익명성	② 신뢰성과 일관성 결여
⑤ 자율선택권	⑥ 친밀성	③ 전화 공해 우려(수시, 반복적)
⑦ 내담자의 주도성		④ 효율성과 생산성의 결여

2) 상담의 기본원리

전문 상담가라면 상담을 할 때 반드시 일정한 원리에 따라 상담을 하여야 한다. 상담의 기본원리는 다음과 같다.

〈표 5-1〉 상담의 기본원리

1. 개별화의 원리, 2. 감정표현의 원리, 3. 통제된 정서 관여의 원리, 4. 수용의 원리, 5. 비심판적 태도의 원리, 6. 자기결정의 원리, 7. 비밀보장의 원리

(1) 개별화의 원리

사례나 유형 또는 범주로서보다는 오히려 개인으로 대접받고 싶은 욕구가 있다. 즉, 내담자의 독특성을 이해하고 보다 나은 적응을 위해 노력해야 한다.

※ 개별화: 내담자의 독특한 성질을 알고 이해하는 일이며 보다 나은 적응을 할 수 있도록 각 개인을 원조함에 있어서 상이한 원리나 방법을 활용하는 것이

다. 내담자는 개별적 차이를 지닌 특정한 인간으로 취급되어야 한다.

① 전제조건

첫째, 상담자는 내담자에 대한 편견이나 선입관을 갖지 말아야 한다.

둘째, 인간 행동 유형과 원리에 대해 전문적으로 이해한다.

셋째, 내담자 말을 경청하고 세밀히 관찰한다.

넷째, 내담자의 보조에 맞추어 진행한다.

다섯째, 내담자의 감정변화를 민감하게 포착한다.

여섯째, 내담자의 견해차가 있을 때 내담자의 말에 내포된 의도가 무엇인지 파악하여 적절하게 선택 · 대처한다.

② 개별화의 구체적인 방법

첫째, 상담시간이나 환경 분위기에 세심한 배려를 받고 있다는 인식을 심어 준다.

둘째, 전용 상담실을 이용, 비밀존중과 신뢰감을 의식한다.

셋째, 약속시간을 엄수하되 만약 어겼을 때는 납득할 수 있는 이유를 제시하고 설명한다.

넷째, 내담자와 관련된 자료들을 수집하고 사전준비를 철저히 한다.

다섯째, 내담자 활동을 적극 권장시키고 적용 방법에 융통성을 갖도록 지도한다.

(2) 감정표현의 원리

의도적 감정표현의 원리라고도 하며 내담자의 감정을 솔직하게 표현하도록 상담자가 모든 노력을 기울여야 한다는 것을 의미한다. 부정적, 긍정적 양면의 감정을 표명하고 싶어 하는 욕구에 대한 인식으로 의도적 감정 표현은 내담자가 그의 감정, 특히 부정적 감정을 자유로이 표명하려는 그의 욕심에 대한 인식이다.

① 내담자가 의도적으로 감정표현을 하는 이유

첫째, 수용을 받고 싶은 욕구

둘째, 개인적 존재로 대우 받으려는 욕구

셋째, 외부로부터 원조 받으려는 욕구

넷째, 상담자와의 친밀한 관계를 수립하려는 욕구

다섯째, 제기된 자기 문제를 해결하고자 하는 욕구

② 내담자에게 주어지는 효과

첫째, 압력이나 긴장으로부터 내담자를 완화할 수 있다.

둘째, 문제나 내담자 개인을 이해할 수 있다.

셋째, 심리 사회적인 지지의 형태인 동시에 그의 부정적인 감정 및 정서를 완화한다.

③ 상담 시 의도적 감정표현의 원리

첫째, 내담자가 상담 시 긴장을 풀도록 제반조치를 강구한다.

둘째, 허용적 태도를 위하여 내담자의 감정표현을 경청한다.

셋째, 내담자의 감정표현을 적극적으로 자극하고 격려한다.

넷째, 적절한 속도의 상담진행을 유도한다.

다섯째, 비현실적 보장이나 너무 빠른 초기해석을 금지한다.

(3) 통제된 정서 관여의 원리

내담자 정서에 관여한다는 말은 내담자가 표현한 감정에 민감하고 의도적이고 적절하게 반응하여야 한다는 것을 의미한다. 상담자는 내담자의 정서 변화를 이해하고 적절하게 반응하는 등 내담자의 정서에 적극적으로 관여하는 것이 필요하다. 통제된 정서 관여의 원리보장 방법은 다음과 같다.

첫째, 내담자의 감정에 대한 상담자의 민감성과 감정이 의미하는 것에 대한 이해가 필요하다.

둘째, 내담자의 감정에 대한 의도적이고 적절한 반응이 필요하다.

(4) 수용의 원리

수용이란 내담자를 인격체로 존중한다는 의미로서 내담자의 장 · 단점, 바람직한 성격과 그렇지 못한 성격, 긍정적인 감정과 부정적인 감정, 건설적, 파괴적 태도나 행동 등을 있는 그대로 이해하여 그의 존엄성과 그 인격의 가치에 대한 관념을 유지해 나가는 행동상의 원칙을 말한다. 수용대상은 선한 것만이 아니고, 진정한 있는 그대로의 현실이어야 한다.

① 수용의 대상

첫째, 상담 면접은 내담자 중심으로 진행한다.

둘째, 내담자의 욕구와 권리를 존중한다.

셋째, 상담자는 자기 행동을 관찰하여 직접적인 이해와 책임에 비추어 평가,즉, 상담자가 내담자에게 정서적으로 반응할 수 있도록 먼저 자기의 감정이나 태도를 이해한다.

넷째, 상담자의 반응은 상담실의 기능 한계 내에서 실시한다.

② 수용원리의 장애요인

첫째, 인간의 행동 양식에 관한 불충분한 소양

둘째, 상담자의 생활 속에 현실적으로 처리할 수 없는 갈등이 있으면 내담자의 현실적 갈등도 처리할 수 없음. 즉 어떤 요소를 수용할 수 없는 것이 수용의 원리에 부정적인 요인이 됨

셋째, 상담자의 감정을 내담자에게 전이하는 것

넷째, 상담자의 편견과 선입관

다섯째, 보장할 수 있는 능력도 없으면서 보장을 약속하여 안심시키는 것

여섯째, 수용과 시인과의 혼동

일곱째, 내담자에 대한 상담자의 경멸적 태도와 과잉, 동일시 등

(5) 비심판적 태도의 원리

내담자의 행위에 대하여 상담자가 판단이나 비판을 하지 않는다는 것을 의미한다. 상담은 상담자가 내담자에게 이래라 저래라 하는 것이 아니라 내담자 스스로 자신의 문제에 대하여 새로운 통찰을 얻어 결정하도록 하는 것이기 때문에 상담자가 내담자의 행위에 대하여 심판자와 같은 행동을 하는 것은 옳지 않다. 상담자가 내담자의 행위에 대해 심판자와 같은 행동을 하는 것은 상담의 기본취지에도 어긋난다. 내담자 자신이 직면하고 있는 문제에 대해 누구의 판단이나 질책도 받고 싶지 않은 욕구가 있다. 즉, "너는 유죄다, 또 네가 책임져야 한다"라는 식의 말이나 행동을 삼가야 한다. 이런 비심판적 태도의 원리가 지켜지려면 다음 네 가지 사항에 주목해야 한다.

첫째, 상담자가 선입관의 지배를 받아서는 안 된다.

→ 상담자도 인간인 이상 어떤 스타일의 사람을 좋아하고 싫어할 자유가 있으며, 모두에게 호의적으로 대하는 일은 쉬운 일이 아니나 상담자는 선입관을 버리고 내담자를 주관적으로 보지 말아야 한다.

둘째, 내담자의 보조에 맞추어 상담을 하지 않고 내담자의 발언을 자주 가로막고 성급한 결론으로 이끌려는 상담자의 태도가 내담자에게는 "무례한 사람"이라는 인상을 갖게 되어 상담의 실패를 맛보게 된다.

셋째, 분류화 시키려는 자세를 취해서는 안 된다.

→ 내담자로 하여금 자기를 어떤 틀 속에 집어넣으려는 인상, 즉 심판적인 태도로 오해하기 쉽다. 이는 거부적이고 자기방어적인 행동을 취하게 되며 상담이 실패된다.

넷째, 상담자에 대하여 적의와 같은 부정적 감정 표현을 내담자가 가질 수 있다는 것을 상담자는 알고 있어야 한다.

※ 내담자가 어느 특정인에게 과거에 품었던 감정을 상담자에게 전이 시키려는 현상을 이해하고 케이스를 해결하는 데 도움이 된다는 자세를 가지고 여유있게 내담자의 문제에 대해 객관적으로 바라볼 수 있어야 한다.

(6) 자기 결정의 원리

내담자 스스로가 자기 문제에 대한 의사결정을 할 수 있도록 존중하며 그 같은 욕구를 결정, 그 잠재적 힘을 자극하여 활동케 할 수 있도록 지도해야 한다. 내담자는 스스로의 가치와 존엄성을 지니고 있으며 스스로 문제를 해결할 수 있고 성장할 수 있다는 신념을 가져야 한다. 이를 위해 상담자는 다음을 지원한다.

첫째, 자기를 수용할 수 있도록 지원

둘째, 내담자의 잠재능력, 장점과 능력을 발견, 활용함으로써 인격적 발전을 도모할 수 있게 자극 부여

셋째, 광범위한 사회적 자원(법률, 제도, 사회, 시설 등)을 알게 함으로써 자기 선택, 자기결정의 참고자료로 삼도록 조치

넷째, 내담자 자신이 결정할 수 있도록 상담자는 분위기 조성(수용적 태도나 심리적 지지를 보내는 것도 한 가지 방법)

다섯째, 내담자 스스로 문제 해결을 할 수 있도록 상담자는 분위기 조성(수용적 태도나 심리적 지지전달)

여섯째, 내담자의 사회적, 정서적 생활에 대한 세심한 내용까지도 감행하려는 자세는 금물

일곱째, 내담자를 직접, 간접으로 조정하려는 자세는 삼가며 강제적 설득 금지

(7) 비밀보장의 원리

상담의 내용은 물론 상담을 받았다는 사실도 비밀로 해야 하는 것이다. 비밀을 보장한다는 것은 내담자에게 자기 존중감의 체험이며 내담자의 인간관계의 성립을 뜻하지만, 상담자에게 있어서는 직업적, 윤리적 의무라고 할 수 있다(자신에 관한 비밀은 오직 자기만의 비밀로 간직하고 싶은 욕구 보유).

2 군에서의 상담

군에서의 상담은 일반사회의 상담과는 차이가 있다. 군에서는 상담자 및 내담자, 상담시간, 장소 및 환경적 여건 등을 고려하여 상담을 진행해야 한다. 군에서 실시되고 있는 상담을 살펴보면 공식적인 상담(장교, 부사관 등에 의한 부대관리적인 비전문적 상담과 병영생활 전문 상담관에 의한 전문적인 상담)과 지역사회의 지원을 통한 비공식적 상담(지역 전문 상담사 및 자원봉사자에 의한 상담) 등 두 가지 유형으로 구분하여 볼 수가 있다.

1) 군상담의 목표

(1) 1차적 목표: 문제 해결의 목표

내담자의 호소하는 문제나 증상을 경감시키는데 주력

(2) 2차적 목표: 성장 촉진의 목표

내담자의 가능성과 잠재력을 발휘하여 조직에 기여하고 성장에 주력

* 군에서의 상담은 1차적 목표와 2차적 목표를 통하여 궁극적으로 내담자가 군조직의 일원으로서 안정적인 군의 임무수행이 가능하도록 하는 데 있다.

2) 군상담의 특징

(1) 상담자와 내담자간의 인격적인 관계 형성이 어렵다

군에서 병사들은 간부들이 자신들의 세계를 이해하기 어렵다는 인식이 뿌리 깊어서 솔직한 대화 자체를 기피하는 현상과 비밀보장에 대한 불신으로 신뢰관계 형성이 어렵다.

(2) 상담자가 내담자의 문제를 해소해 줄 수 있는 범위와 정도에 한계

내담자에게 유익한 해결 방법이 있더라도 적용하기 곤란한 경우로 인하여 병사들이 상담을 통해서도 해결할 수 없을 것이라는 부정적인 생각을 가질 수 있다.

(3) 문제 해결을 할 때 제한된 경험에 집착하거나 감정에 치우칠 가능성

대부분의 내담자들은 20대 초반으로 육체적으로는 성인이지만 청소년기의 특성을 지니고 있다.

(4) 급격한 환경 변화와 역할 변화에 따라 정서적, 사회적 적응상에 문제 발생

24시간 병영에서 공동생활 및 특수 임무를 수행하는 등 부적응 문제가 발생할 소지가 있다.

(5) 부하들은 개인의 편리와 이익을 위해 거짓으로 문제를 호소할 가능성

선호보직, 휴가 및 외출·외박에 대한 마음에 거짓호소 등을 하게 된다.

(6) 형식적인 상담 진행과 면담수준의 일반적인 상담 상존

일반간부들은 과도한 업무와 상담기법의 교육부재로 인한 전문 상담능력의 부족이 발생하는 반면, 병영생활 전문 상담관은 상담하게 될 병사의 수가 많아 형식적으로 상담을 하게 되는 문제가 발생한다.

3) 군상담의 구성요소

(1) 상담자	(2) 내담자	(3) 상담방법

(1) 상담자

① 상담자의 자질

가. 전문적 자질

· 상담 이론에 대한 이해

상담 이론에 대해 이해를 하고 있는 상담자는 내담자의 문제를 정확하게 파악하는 '진단'이 가능하며 내담자의 문제를 해결하는 방법에 대한 적절한 '조치'를 할 수 있다.

· 상담 방법에 대한 숙달

상담자는 효율적이고 다양한 상담 방법을 체득함으로써 내담자가 호소하는 증상에 맞는 상담과 바람직한 변화가 일어나도록 상담을 진행해 나갈 수 있다.

· 상담 경험 및 훈련

훌륭한 상담자가 되기 위해서는 충분한 상담 실습 및 상담전문가(superviser)에 의한 훈련 지도가 필요하다.

나. 인간적 자질

· 자신에 대한 이해와 수용: 자신의 문제에 대한 정확한 인식과 이해

· 타인에 대한 관심과 존중: 타인에 대한 진정한 관심과 애정의 소유

· 원만한 성격과 인내심: 정신적 건강과 인내심으로 내담자의 말 경청

· 자신의 삶에 대한 충실하고 정직하며 열정과 부단한 노력 경주

② 군상담자

가. 일반적인 상담자

군 간부(주임 원사, 소대장, 중대장 등)

나. 전문적인 상담사

병영생활 전문 상담관, 군종장교, 군의관 등

다. 기본적인 상담교육 필요

상담의 목표를 달성하기 위하여 군 간부에게 상담이론 및 방법에 대한 교육과 적절한 훈련을 실시하여 부하의 문제 해결을 위한 상담교육 선행이 필요하다.

〈표 5-2〉 군상담실무자 비교

일반적인 상담 실무자(간부)	전문적인 상담사
· 면담 및 코칭 수준 - 상담교육 수준에 따라 수준 차 - 내담자의 심리적 문제 해결보다 조언, 충고, 공감, 지휘조치에 비중을 두고 있음	· 장병의 심리치료 중점 · 심리적 문제 해결 · 복무 부적응 문제 개선 · 집단 상담을 통한 부대 적응력 유지 · 개인의 문제 해결에 중점

(2) 내담자(군상담을 받는 장병): chapter14 참조

(3) 상담 방법: chapter14의 군상담 과정 및 상담 방법 참조

4) 군상담의 유형

(1) 공식적 상담

군에서의 공식적인 상담은 군 간부가 상담자가 되어 부하 병사들에게 하는 상담으로서 지휘관(자)이 병사의 면담을 하는 형태와 상담교육을 일정기간 이수한 간부들에 의한 상담으로 나누어 볼 수가 있다. 군상담실무자는 주임원사, 행정보급관, 반장 팀장, 여성 고충 상담관 등이 군상담 교육을 이수한 후에 군상담실무자로 활동하게 된다. 따라서 군에서의 공식적인 상담자는 '전문적인 상담교육을 받은 군상담전문가, 군상담실무자에 의해 내담자의 심리적, 정서적, 정신적, 신체적인 호소 문제 등을 해결하고 자아의 발견과 성장에 도움을 주며, 촉진하는 전문가'라고 할 수 있다. 특히 군에서는 2006년부터 병영생활 전문 상담관이 보직되어 연대급에서 병영생활에 대한 상담을 하는 병영생활 전문 상담관, 생명의 전화 전문 상담관, 성고충 전문 상담관 등으로 나누어 활동하고 있다.

〈표 5-3〉 **군상담의 유형**

구분	유 형	
공식적	간부에 의한 상담	· 상담자: 장교 및 부사관 · 방법: 면담형태의 일반적 상담 · 기간: 연중 지속
	전문 상담관에 의한 상담	· 상담자: 병영생활 전문 상담관 · 방법: 전문 상담기법에 의한 장병들의 호소문제 상담 · 기간: 연중 지속
비공식적	전문 상담사에 의한 상담	· 상담자: 지역사회 전문 상담사 · 방법: 장병들의 집단 상담, 호소문제 · 기간: 단기간
	자원봉사자에 의한 상담	· 상담자: 지역사회 상담사, 수련생 · 방법: 장병들의 집단 상담, 부대 적응 지원 · 기간: 단기간, 일회성

(2) 비공식적 상담

비공식적인 상담은 '군이 주둔하고 있는 지역의 전문 상담기관(건강가정지원센터, 사회복지관 등) 또는 상담 관련 전문가(심리치료사, 종교관계자 등)들이 부내와 협의 하에 장병들의 부대 적응 및 심리안정 등을 위해 지자체 및 자체기관의 예산으로 하는 상담 활동과 자원봉사 방법' 등으로 나누어 볼 수 있다.

5) 일반 상담과 군상담의 차이

일반적인 상담은 상담전문가에 의해서 현대인이 생활하는 데 있어 가정생활, 심리적, 정신적인 각종 호소문제가 있는 내담자(노인, 아동, 여성, 장애인, 가족, 근로자 등)를 대상으로 전문적인 상담센터(상담실) 등에서 진행되고 있다. 반면에 군상담은 군조직의 유지와 발전을 위해 실시되는 임무수행의 1차적인 현장에서 부적응하거나 개인의 각종호소 문제를 해결하기 위해 실시되는 2차적 과업수행이라는 특징을 지니고 있다. 상담의 윤리적인 측면에서 보면 내담자의 비밀보장이 매우 주요한 요소인데 군에서의 상담은 병영이라는 제한된 공간에서 단체 생활을 한다는 측면에서 상담 장소의 비밀보장의 어려움, 상담시간의 제약성으로 인하여 비밀보장의 문제가 있다.

〈표 5-4〉 군상담과 일반 상담의 차이

군상담		일반 상담
조직 임무와 단체성 중시	상담주안	개인의 호소문제 해결
수직적 관계 및 이중역할 (군 간부 + 상담자) 간부로서 부대 임무중시	내담자와의 관계	수평적 관계 상담자로서의 역할 충실
비밀보장 및 문제 해결 범위에 제한	비밀보장	비밀보장 및 문제 해결 한계 없음
허위 상담자 발생	기타	허위 상담자 거의 없음

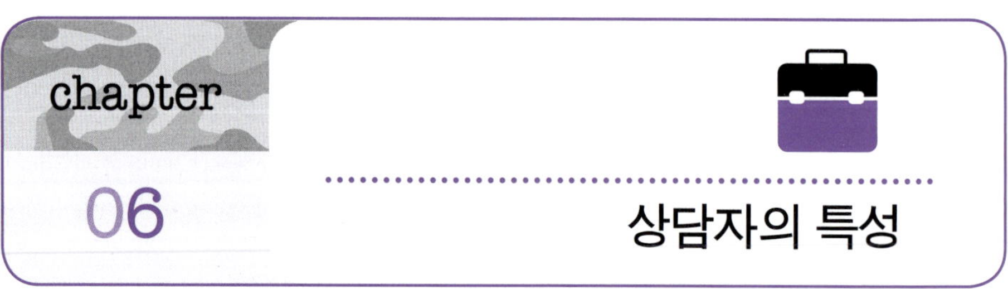

상담자의 특성

1 개요

상담자는 상담을 위한 준비 과정으로 성격과 심리치료 이론, 진단법과 중재법, 인간 행동의 역동을 공부할 수도 있다. 상담에 관한 지식과 기술도 반드시 필요한 것이지만, 그것으로 효과적인 치료관계를 만들도록 유지할 수 있다고 할 수는 없으며 우리의 경험들과 우리의 인간적 자질이 상담에 영향을 미친다. 내담자와의 치료적 만남을 결정하는 가장 강력한 결정인자가 바로 이런 부분이다. 우리가 내담자의 성장과 변화를 촉진하려고 하면 우리도 우리 자신의 성장을 추구하여야 한다. 내담자에게 긍정적인 방향으로 가장 큰 영향을 주는 것은 우리의 됨됨이를, 잠재력을 현실화시키기 위한 우리 자신의 지속적 노력을 보여 주는 것이다. 상담자로서의 특성을 이해하여 개방적인 자기평가를 통해 자신에 대한 인식도 확장시키고 전문인으로서의 능력도 계발할 수 있을 것이다.

2 군상담자의 인간적 특성

오늘날에는 상담자의 신념과 행동을 강조하는 경향이 있다. 즉, 내담자를 관찰하는 것뿐만 아니라 자신을 관찰하고 이해하고 수용하는 상담자의 능력을 강조한다. 즉, 자신의 문제를 먼저 해결하는 것이 필요하며, 내담자와 상담자 관계의 질이 상담에 있어서 양쪽 모두의 성장을 촉진시키는 가장 중요한 요인이다. 콤스(Combs, 1986)는 효율적 조력자와 비효율적 조력자의 특징에서 분명한 차이점을 발견했다. 그 차이는 공감, 자기, 인간본성, 자신의 목표 등에 대한 생각의 차이에서 온다. 콤스는 아래의 신념들이 성공의 열쇠라 한다. 효율적 상담은 첫째, 세상이 내담자의 주관적 세계에 어떻게 비춰지는가에 가장 관심을 기울인다. 그들은 인간을 신뢰할 수 있고, 능력이 있고, 믿을 수 있으며 친절하다고 봄으로써 인간에 대한 긍정적 관점을 가지고 있다. 자신을 긍정적으로 보며, 자신의 능력을 믿는다. 그들의 중재는 이러한 자신의 가치관에 바탕을 두고 있다.

1) 상담자의 진실성

치료는 개인적이고 친밀한 관계에서 일어나는 학습이므로 상담자들은 상담자라는 고정된 역할에 국한되지 않고 진정한 인간이 되어야 한다. 내담자를 성장하게 하는 것은 인간관계이다. 상담자라는 역할에 안주하여 자신을 숨겨버린 내담자들도 자신을 상담자에게 드러내 보이지 않을 것이다. 상담자가 단순히 기술 전문가 역할만 하고 상담자의 반응, 가치관을 상담에 내어놓지 않으면 무미건조한 상담이 될 것이다. 상담자의 진실된 모습과 생기를 통해서만 내담자에게 의미 있는 영향을 끼칠 수 있다. 상담자가 생명 지향적 선택을 하고, 삶에 대한 열정을 풍기며, 내담자와의 관계가 진실하며, 상담자가 자신을 내담자에게 내보일 때, 내담자들에게 감동을 주고 가르칠 수 있게 될 것이다. 그러나 상담자가 이미 자기실현이 되어 있거나 문제가 하나도 없는 사람이어야 한다는 의미는 아니다. 상담자는 자신의 삶을 항상 살피고, 변화를 위해서 필요한 것을 행한다는 의미이다. 모험과 노력을 투자할 만큼 상담자의 변화가 가치 있을 것이라 믿을 때, 내담자도 진정한 자기 자신이 되고, 변화되어 가는 자신을 좋아할 수 있을 것이라 믿을 것이다.

상담자는 내담자에게 본보기를 보인다. 상담자가 모험을 하지 않고 부조화된 행동을 하고, 자신을 숨기고, 모호한 태도를 보이면, 내담자도 상담자를 믿지 않고, 그런 행동을 모방할 것이다. 적절한 자기노출을 통해서 상담자가 자신의 진실된 모습을 보여 주어야 내담자도 그러한 특성을 가질 수 있게 되고, 상담자와의 관계에서 진솔해질 수 있을 것이다. 확실한 것은 상담은 좋아지게 할 수도 있고, 나빠지게 할 수도 있다는 것이다. 내담자들은 상담을 통해 자기실현이 더 잘될 수도 있고 오히려 더 더디어질 수도 있다.

상담자의 생기와 심리적 건강이 상담결과를 결정하는 핵심적 요인이라고 생각한다. 생동감 있는 상담자라 하더라도 지식과 기법사용 능력, 윤리적 감각도 갖추어야 한다. 단순히 '좋은 사람이 되는 것'만으로 효율적인 상담자가 될 수 있는 것은 아니다.

2) 치료적 인간으로서의 상담자

치료적 인간이며, 내담자에게 인식과 성장의 본보기가 되는 방법은 무엇인가? 아래에서 기술한 치료적 인간의 자질을 모두 갖춘 인간은 없을 것이며, 완벽한 모델을 제시한 것이라 볼 수는 없다. 그러나 가장 중요한 특성은 보다 더 치료적인 인간이 되기 위해서 끊임없는 노력을 하는 것이라고 본다. 당신이 '다른 사람의 생활에 의미 있는 변화를 줄 수 있는 인간은 어떤 인간인가'에 대해서 당신 자신의 생각을 검토해 볼 수 있도록 제시하는 것이다.

(1) 정체감을 가지고 있다

그들은 자신이 현재 어떤 사람이며, 미래에 어떤 사람이 될 수 있을 것이며,

무엇을 원하며, 무엇이 중요한지를 잘 알고 있다. 무엇이 더 중요한지에 대한 생각이 정립되어 있다. 동시에 자신의 가치관이나 목표를 재검토할 수 있는 마음의 준비도 되어 있다. 그들은 단순히 타인들의 기대나 희망의 반영이 아니라 자신의 내적 기준에 따라 살아가려고 노력한다.

(2) 자신을 존중하고, 자기의 가치를 높이 평가한다

자신이 가치 있고, 장점이 많다는 사실을 바탕으로 남에게 도움과 사랑을 줄 수 있다. 타인들에게 부탁도 하고, 주기도 하고 받기도 한다. 위선적으로 강한 체하지 않음으로 타인들과 더불어 살아간다.

(3) 자신의 힘을 인식하고 수용할 수 있다

남들과 같이 있기를 좋아하며, 다른 사람이 그들과 있을 때 힘이 나게 만든다. 남을 깎아내려서 상대적 우위를 점하려고도 하지 않는다. 자신의 힘을 남용하지 않으며, 자신의 힘을 건전한 방향으로 사용하며 힘을 잘 사용하는 방법을 내담자들에게 보여 준다.

(4) 변화에 개방적이다

작은 것에 안주하지 않고, 더 나아지기 위하여 자신을 확장시킨다. 현재의 지식에 만족하지 않을 때는 현재의 지식을 기꺼이 버릴 수 있는 의지와 용기가 있다.

(5) 자신과 타인에 대한 인식을 넓히려 한다

인식이 제한되면 자유도 제한된다는 것을 안다. 경험을 차단시키는 방어적 행동에 에너지를 투입하지 않고, 현실 지향과 과제에 에너지를 투입한다.

(6) 불확실성을 잘 견디어 낸다

우리 대부분은 명확하지 않은 일을 잘 견디지 못한다. 그러나 성장하기 위해서는 친숙한 것을 떠나 미지의 영역으로 들어가야 하며 발달하고자 하는 사람은 어느 정도의 불확실성은 감수할 수 있어야 한다. 자아 강도가 강해질수록, 자아 신뢰가 발달되며, 자아신뢰란 자신의 직관이나 판단을 신뢰하고 기꺼이 새로운 행동을 시도하는 것을 말한다. 결국 자신이 믿을 만한 가치가 있는 인간이라는 사실을 인식하게 된다.

(7) 자신의 독특한 상담양식을 개발한다

상담은 생활경험에서 나오며, 생활철학의 표현이다. 여러 상담자들로부터 아이디어와 기법들을 빌려 오기는 하지만, 단순히 기계적으로 모방하는 것은 아니다.

(8) 내담자의 세계를 경험하고 이해하지만 비소유적으로 공감한다

자신의 투쟁과 고통을 인식하고 있으며, 타인과 지나치게 동일시하여 자신의 정체감을 상실하지 않으면서도 타인과 동일시할 수 있는 참조 준거를 가지고 있다.

(9) 활기가 있으며, 생명 지향적 선택을 한다

단순히 존재하는 데 안주하지 않고 충만하게 생활한다. 주변에 의해 수동적으로 만들어지기보다는 삶을 능동적으로 만들어 나간다.

(10) 진실하고, 성실하고, 정직하다

가면을 쓰지 않고 생각하고 느끼는 대로, 있는 그대로의 인간으로 살아가려고 한다. 몇몇 사람에게는 상당 수준까지 자신을 노출시킨다. 가면, 방어, 헛된 역할, 허울 속에 숨지 않는다.

(11) 유머를 쓸 줄 안다

생활의 일들을 관조할 줄 알며 자신의 약점과 모순에 대해서조차도 웃을 줄 안다. 유머감은 자신의 문제점이나 부족한 점을 관조할 수 있게 해 준다.

(12) 실수를 기꺼이 수용한다

더 잘할 수도 있었던 일 또는 더 잘했어야 했던 일로 인해 지나친 죄책감을 가지지는 않지만, 자신의 실수를 반성하여 지혜를 얻는다. 자신의 과오를 가볍게 넘겨버리지 않지만 그 과오 때문에 괴로움에 빠져 들지는 않는다.

(13) 주로 현재에 산다

과거에 집착하지 않으며 미래에 매달리지 않는다. '현재'를 경험하고 현재에 살며, 현재의 사람들과 함께한다. 자신의 감정을 충분히 경험하고 있으며 타인의 고통과 즐거움을 함께할 수 있다.

(14) 문화의 영향을 인식하고 있다

자신의 문화가 자신에게 미친 영향을 인식하고 여러 문화의 다양한 가치관을 존중한다. 또한 사회계층, 인종, 성(性)에 따른 차이에 대해서도 알고 있다.

(15) 자신을 재창조할 수 있다

의미 있는 관계를 활성화시키고 재창조할 수 있다. 어떻게 변화할 것인가를 결정하고, 자신이 되고자 하는 사람이 되기 위해 노력한다.

(16) 자신의 삶을 자신이 선택한다

어린 시절 자신, 타인, 세계에 대해서 가졌던 자신의 초기 결정을 인식하고 있다. 그들은 초기결정의 희생자가 아니며, 필요한 경우 언제든지 새로운 결정을 한다. 지속적으로 자신을 재평가함으로써 제한된 자기 개념에 매여 있지 않는다.

(17) 타인들의 복지에 대한 진정한 관심을 가지고 있다

이런 관심은 존경, 잘 되기를 바라는 마음, 신뢰, 타인의 가치를 인정하는 것 등에서 나온다. 중요한 타인이 성장에 개방적이 되도록 독려하려는 의지도 가지고 있다.

(18) 일을 열심히 하며, 일에서 의미를 찾는다

일에서 보상이 주어진다는 사실을 인정하며 자신의 욕구가 일을 통해서 만족되어진다는 사실을 솔직하게 인정한다. 그렇지만 일의 노예가 되지 않으며 일에만 매달리지 않고 충만한 삶을 산다. 다른 것에도 관심을 가지며, 이를 통해 만족감과 충만감을 즐긴다.

3 상담자의 가치관과 생활철학

상담자의 자기 탐색에서 가치관이나 신념도 탐색해야 한다. 상담을 공부하는 사람을 가르치고 지도하면서 상담자가 자신의 가치관이나 신념을, 그리고 그것들을 어디서 어떻게 획득하게 되었는지를 그것들이 내담자와의 관계에 어떤 영향을 미치는지 등을 알고 있어야 한다. 자기탐색의 핵심은 상담자의 가치관이 상담에 미치는 영향을 살펴보는 데 있다.

상담이나 심리치료는 내담자가 올바로 느끼고 행동하도록 설득하는 설교가 아니다. 그러나 불행하게도 '사람들을 바로 잡아 주려고 하는' 열정이 지나치게 많은, 선의의 상담자들이 많이 있는 것도 사실이다. 이렇게 하는 데에는 상담자는 자신의 많은 지혜로 장애를 가지고 있는 내담자에게 '해답'을 줄 수 있다는 가정이 들어 있다. 그러나 상담은 설교나 교육과는 다른 것이다. 그렇다고 해서 상담자가 내담자의 말을 조용히 경청하고 수용해 주는 냉담하고 중립적이고 수동적인 역할만을 해야 한다는 말은 아니다. 상담자는 내담자의 가치관에 도전할 수도 있으며, 특정 행동이 파괴적인 것이라고 느낄 때에는, 행동의 결과나 대가를 검토해 보도록 직면시킬 수도 있다.

상담자는 '가치중립적 입장'을 취하는 것이 가장 바람직하다고 교육받는 경우가 있다. 내담자의 가치관을 심판해서는 안 되며, 자신의 생활철학이나 가치관은 상담관계와 별도로 가지고 있어야 한다는 지시를 받는다. 패터슨(Patterson,

1989)은 상담자의 가치관이 상담 활동에 개입되지 않을 수 없으므로, 상담자는 자신의 가치관을 명확하게 인식하고 있어야 한다고 했다. 상담자는 내담자와 인간관계를 맺는 사람이므로, 상담자의 가치관이 가장 중심문제가 된다는 입장이다. 틀에 박힌 기계적 상담을 하여 우리 자신을 단순한 숙련 기술사로 전락시키지 않는 한, 내담자와의 상담에서 우리의 가치관이나 신념을 제거시킬 수 없다는 견해이다. 내담자에게 상담자의 가치관을 노출시키고, 상담시간에 가치관의 문제를 진솔하게 논의해 보는 것이 현명할 것이다. 우리 자신의 가치관을 내담자에게 가용하지 않아야 하는 것도 윤리적 의무에 속한다.

4 상담 초심자가 직면하는 문제

어떻게 상담자가 될 것인지를 배우는 시작 단계에서 우리 대부분이 전형적으로 부딪히는 몇 가지 중요한 문제를 규정해 보는 것이다. 상담자로서 교육을 마치고 내담자와 실제로 상담을 하기 시작할 때 배운 것을 통합하고 적용할 방법을 찾는다. 그들은 곧 자신의 생활 경험, 가치관, 인간성으로 상담을 한다는 사실을 알게 된다. 그런 점에서 상담자로서의 적절성, 상담관계에 자신의 어떤 점을 이용할 것인가에 대해 걱정을 하게 된다.

(1) 불안의 처리

학문적, 경험적 배경에 관계없이 대부분의 초보 상담자들은 첫 내담자와의 대면에 양가감정을 가지고 임한다. 충분한 이해와 감각을 가지고 있다고 하더라도 불안을 느끼게 될 것이고, 스스로 다음과 같은 질문을 할 것이다. “무슨 말을 하지? 어떻게 말하지? 내가 도움이 될 수 있을까? 실수하면 어쩌지? 내담자가 다시 올까, 다시오면 그땐 무슨 말을 하지?” 등의 여러 불안은 내담자의 미래나 내담자와 같이 있고 같이 머무를 상담자 능력의 불확실성을 상담자가 인식하고 있다는 증거이다. 상담은 진지한 작업이고, 내담자에게 영향을 미칠 수 있는 일이기 때문에 불안한 것이 당연하다. 지나친 불안은 자신감을 없애고 긴장하게 만들기도 하지만 상담자도 어느 정도의 불안은 경험할 권리가 있다. 또한 상담자의 여러 동료들이 한 사람의 상담자보다 더 많이 알 수도 있다는 사실에 대해, 그들이 더 기술이 있고 더 잘할 수도 있다는 사실에 대해, 그리고 우리를 무능하게 볼 수도 있다는 사실에 대해 상담자가 두려워할 수도 있다.

이러한 불안을 없는 것처럼 부정하지 말고 인식하고 처리하는 것이 용기있는 것이다. 자기 의심을 가지고 있다는 사실은 완전히 정상적인 것이다. 문제는 그것을 어떻게 다루는가 하는 것이다. 한 가지 방법은 조언자나 동료와 개방적으로 토의해 보는 것이다. 같은 생각, 걱정, 불안을 가지고 있는 수련 동료들로부터 지지를 받고 그들과 의미 있는 교류를 할 수 있을 가능성이 크다.

(2) 자신으로 존재하고 자신을 개방하기

상담을 처음 시작할 때는 대개 자기 의식적이 되며 불안해하기 때문에 책 내용대로 할 수 있는지 혹은 상담을 어떻게 진전시킬지에 대해 지나치게 걱정을 하는 경향이 있다. 경험이 없는 상담자들은 자기 자신으로 그냥 존재하는 것의 가치를 과소평가하는 경우가 너무 많다. 상담 간 상담이론이나 학습내용을 자신의 배경으로 하고 직관을 완전히 믿기 어렵더라도, 직관에 따라 상담을 하라고 말한다. 교과목 이수, 독서, 현장학습, 여러 수련 경험이 이미 자신 속에 통합되어 있다. 그리고 적절한 때에는 그 지식들을 가져올 수 있게 마련이다. 이렇게 상담이 끝난 후에는 동료나 내담자, 지도감독자 또는 자기 자신의 내적반응 등으로 직관이 제대로 된 것이었는지를 확인하도록 하는 방법이 있다.

일반적 경향이 상담자가 수동적이어야 한다는 것이다. 그들은 경청하고 반영을 해 준다. 통찰이나 예감을 하면서도 너무 오래참고 있어서 육감에 따라 행동하려고 해도 이미 적절한 시간이 지난 후가 되어버리는 경우도 많다. 즉 자신의 내적반응이 옳은지 아닌지를 수동적으로 생각하면서, 아무것도 하지 않고 의자에 앉아 있게 된다. 수동적, 비지시적 자세로 가만히 있는 것보다는 잘못을 저지를 수도 있는 위험을 무릅쓰고 모험을 해보는 것이 더 낫다고 믿기 때문에 상담자들에게 능동적 자세로 상담을 하도록 격려한다.

(3) 부담감으로부터 해방

상담 수련을 하는 사람들은 다음과 같은 말로 자신에게 과도한 부담을 지우는 경향이 있다. "나는 완벽한 상담자가 되어야 한다. 그렇지 않으면 심한 상처를 받을 수도 있다.", "나는 상담에 관한 것은 무엇이든 다 알아야만 하며, 내가 모르는 부분이 있다는 것을 다른 사람이 알면, 나를 무능하게 볼 것이다.", "내 도움을 원하는 사람은 누구든 도울 수 있어야 한다. 도울 수 없는 사람이 있다면 그것은 분명 나의 무능을 의미한다.", "실수는 끔찍한 것이며, 실패는 항상 치명적이다. 내가 정말 전문가라면 실수를 해서는 안 된다.", "항상 자신감을 보여야 하며 자기 의혹이란 있을 수 없다."

우리 자신에게 부담을 지우는 가장 대표적인 자기 패배적 신념 중의 하나는 완전해야 한다는 것이다. 인간이란 불완전하다는 사실을 머리로는 알고 있으면서도, 감정적으로는 실수를 하면 큰일이라고 느낀다. 수련을 하는 사람들은 완전해야 한다는 생각으로 힘겨워하지 않아도 된다. 즉 모든 것을 알 필요도 없으며, 지식 부족이 알려진다 해도 수치스러운 일은 아니다. 어려운 상황에서 자신의 방법을 밀어붙이거나 남에게 감동을 주려고 하지 않고, 진실을 수용하고 정보나 답을 구할 수도 있다. 자신의 불완전을 인정하는 데는 용기가 필요하지만 개방적인 자세를 가지는 것은 가치가 있는 것이다.

초심자든 경험자든 실수는 하기 마련이다. 우리의 에너지가 완벽한 모습의 제시라는 것에 묶이게 되면 내담자를 위해 현재에 존재할 수 있는 에너지는 고갈되어 버린다.

(4) 우리의 한계에 정직해지기

우리 대부분이 가지는 또 다른 두려움은 상담자로서 자신의 한계에 직면하는 것이다. 우리는 내담자에게 "이 문제에 대해서는 도움을 줄 수가 없군요……." 또는 "이 문제에 대해 조력해 줄 정보나 기술이 전혀 없는데요……."라고 말한다면 내담자의 존경을 잃어버리지 않을까 하고 두려워한다. 내담자들은 우리가 자신 있는 것처럼 위장하는 것보다 솔직함을 훨씬 더 좋아한다. 우리의 한계를 솔직히 인정하는 것이 내담자의 존경도 잃어버리지 않고 존경을 받는 방법이다. 모든 내담자를 성공적으로 상담하는 것은 현실적으로 불가능하다. 경험이 많은 상담자도 자신이 어떻게 할 수 없는 내담자가 있다는 사실은 인정하지 않을 수 없을 때에는 의기소침해지거나 자기 가치를 의심하는 경우가 있다. 당신이 모든 사람을 다 성공적으로 상담할 수는 없다는 사실을 당신이나 내담자에게 인정하라. 자신의 현실적 한계를 인정하는 것과 '한계'로 보이는 것에 도전하는 것 사이에는 미묘한 균형점이 있다.

예를 들어 나이가 많은 사람들은 이해하기 어렵기 때문에 또 상담자를 믿지 않을 것이기 때문에 그런 사람은 상담을 해봐야 처참한 생각만 들기 때문에 나이가 많은 사람은 상담할 수 없다고 스스로 말할 수 있다. 하지만 이 경우 우리가 한계라고 생각했던 것의 진위 여부를 검토하거나, 이들에게 우리의 가슴을 열어 보는 것도 좋은 일이 될 것이다. 시도를 해 보면, 우리 생각보다 더 많은 것을 이해할 수 있게 될 것이다.

어떤 계층을 상담할 수 있을 만큼 자신의 인생 경험이나 개인적 자질이 부족하다는 결론을 내리기 전에, 다양한 현장이나 단체를 방문 등을 통해 우리가 앞으로 상담을 할 것 같지 않은 내담자 집단에 대해 상담을 한번 해보는 것이 좋다.

(5) 침묵의 이해

초보상담 시 상담 중의 침묵은 휴식시간처럼 여겨질 수도 있다. 침묵이 두려워서 침묵을 깨뜨림으로써 불안으로부터 벗어나기 위해서 침묵을 깨는 일은 흔히 있는 일이다.

침묵은 많은 의미를 가지며 침묵의 의미를 효과적으로 이해하는 방법을 배워야 한다고 믿는다. 개인 상담에서나 집단 상담에서 침묵에는 다음과 같은 의미가 있을 수 있다. 이전에 논의된 것을 조용히 생각하거나 금방 획득한 동찰을 평가하고 있을 수도 있다. 혹은 내담자는 상담자가 주도적으로 다음에 무슨 일을 논의할 것인지를 결정해 주기를 기다리거나 반대로 상담자가 내담자에게 그러기를 기다릴 수도 있고 내담자나 상담자가 지루해하거나 다른 데에 관심이 있거나 자기 생각에 빠져 있거나, 단지 그 순간 할 말이 없을 수도 있다. 내담자가 상담자에게 적대감을 가지고 "나는 돌처럼 있을 것이니까, 어디 나를 알아보려면 알아 보라"는 식의 게임을 할 수도 있다. 내담자와 상담자가 말없이 교류하고 있어서 침묵이 신선하거나 침묵이 말을 하는 것보다 더 많은 교류가 될 수도 있고, 상호관계가 피상적이어서 두 사람이 깊은 수준으로 들어가는 것을 두려워하거나 머뭇거리는 것일 수도 있다.

침묵의 여러 가지 의미를 탐색해 보기를 권하며 침묵이 생기면 내담자와 함께 그 침묵의 구체적 의미를 탐색하도록 권한다. 먼저 침묵과 침묵에 대한 당신의 느낌을 인식하고 다음에는 침묵을 무시하고 서로 편하기 위해 잡담만 하는 것이 아니라, 침묵의 의미를 탐색해 볼 수 있을 것이다.

(6) 요구적 내담자 다루기

상담초기 상담자를 당황케 하는 것은 과다 요구적 내담자를 어떻게 다루는가 하는 문제이다. 상담사들은 자신의 조력을 증대시켜야 한다고 느끼기 때문에, 내담자가 많은 요구를 하더라도 들어 주어야 한다는 비현실적 지침으로 자신에게 짐을 지우는 경우가 많다. 그 요구들은 다양한 방법으로 나타난다. 내담자가 툭하면 집으로 전화를 걸어서 장시간 통화하기 원하거나, 부모의 역할에서 돌보아 주길 원하거나 자신이 해야 할 일을 정해 달라고 하거나 다른 사람이 내담자의 의견을 듣고 수용하도록 그들을 설득해 달라거나 자신을 떠나지 말고 지속적으로 관심을 가지라고 하거나 무엇을 해야 하며, 어떻게 문제를 해결해야 하는지를 가르쳐 달라고 할 수도 있다. 이 문제를 해결하는 한 가지 방법은 상담초기에 당신의 기대를 분명히 해두는 것이다.

(7) 관심 없는 내담자 다루기

너무 요구가 많은 내담자와 대조적인 문제로 상담에 거의 관심을 보이지 않는 내담자도 문제이다. 동기의 부족은 약속의 망각이나 취소, 관심 없다고 말하는 것, 혹은 상담 과정에서 책임을 전혀 지지 않으려고 하는 것 등으로 알 수 있다. 상담초기에 이런 내담자들과의 비생산적 게임에 빠져 내담자보다도 상담자가 훨씬 더 많이 노력하는 지경이 되기가 쉽다. 상담자가 너무 이해하고 수용하려고만 하면서 내담자에게 어떤 요구도 못할 수도 있다. 개인적 관심이 없는 내담자를 직면시키지 않는 것은 잘못이라고 생각한다. 이것은 비자발적 내담자도 마찬가지이다.

관심 없는 내담자를 직면시킬 경우 그들이 다시 상담 받으러 오지 않을 것을 두려워하기 때문에 초보 상담자들은 직면시키는 것을 어려워한다. 그러나 이런 직접적 직면이야말로 그런 내담자들의 관심을 끄는 바로 그 요인이다. 내담자가 상담중이나 상담시간 외의 약속을 자주 실천하지 않거나 잊어버리면 상담을 지속하기를 원하는지에 대해 물어볼 수도 있다. 상담을 받고 싶지 않다면 상담을 중단하는 분명한 결정을 하는 것도 상담의 단계이다.

(8) 느린 결과를 수용하기

즉각적 결과를 기대하지 마라. 상담 회기만으로 내담자를 치료할 수 있는 것은 아니다. 초보상담자들은 결과가 보이지 않는다고 불안해하는 경우가 많다. 그들은 자문한다. “정말 내가 내담자에게 유익한 일을 할 수 있는가? 내담자가 더 나빠지는 것은 아닌가? 상담의 결실이 진짜로 있는 것인가 아니면 무언가를 발견했다고 스스로를 기만하는 것인가?” 적어도 상담초기에는 내담자가 개선되었는지를 확실히 알 수 없는 모호함을 인내하는 것을 배워야 한다. 내담자가 치료적 이익을 얻기 전에 더 나빠진 것같이 보일 수도 있다는 사실을 이해하라. 자신에게 정직해지고 방어와 겉치레를 버리게 되면 내담자는 더 큰 개인적 고통과 혼란을 겪을 수도 있으며 우울이나 공포반응을 보일 수도 있다. 많은 내담사는 다음과 같이 중얼거린다. "제길~ 상담 전이 더 좋았어. 지금은 그때보다 더 안 된다. 차라리 무식했을 때가 더 나았던 것 같아." 또한 상담자와 내담자의 공동 노력의 결실은 상담이 끝난 후 몇 달 혹은 몇 년 후에 가서야 드러나는 경우도 있다는 사실을 알아야 한다.

초기상담의 경험은 나에게 내담자가 발전하고 있는지 또는 내가 내담자의 성장이나 변화의 도구가 되는지에 대해서 알지 못하면서도 인내할 수 있어야 한다는 사실을 가르쳐 준다. 상담자로서 자기 신뢰를 획득하는 유일한 방법은 나 자신의 무기력감, 자기불신, 무능감, 자신의 효능에 대한 불확실성, 상담심리가로서 계속 남을 것인지에 대한 모호성을 느낄 수 있는 것이라는 사실을 알게 된다. 그러나 상담에 대한 불안이 적어질수록 치료 관계 속에서 내담자와 상담자 스스로에게 더 관심을 가질 수 있게 된다.

(9) 자기 기만의 배격

초보 상담자들의 안내 지침에는 반드시 상담 시에 상담자와 내담자 모두에게 일어날 수 있는 자기기만이 언급되어 있다. 자기기만은 교묘하게 나타날 수도 있고, 무의식적일 수도 있기 때문에 반드시 의식적으로 하는 거짓말은 아니다. 내담자 편에서도 상담자 편에서도 감내하려는 동기는 관계를 의미 있고 생산적으로 만들려는 욕구에 근거할 수도 있다. 상담자나 내담자는 모두 긍정적 결과를 추구한다. 인간적 변화를 보려는 우리들의 욕구는 현실을 흐릴 수 있으며, 우리를 냉철하지 못하게 할 수도 있다. 자신이 타인의 생활을 더 충만하도록 했고, 그들에게 의미 있는 변화를 가져다주기를 바라는 우리의 바람은 때로 우리를 자기기만에 빠지게 하기도 한다. 우리는 발전의 증거는 찾고 실패에 대해서는 합리화한다. 내담자의 성장이 치료관계와는 무관한 다른 요인들에 의해서 주로 생겨난 경우에도 우리 자신이 변화의 요인이라고 생각하기도 한다. 이는 상담관계에서 생기는 자기기만 경향성을 알고 있으면, 자기기만을 탐색할 수도 있고 줄일 수도 있다는 것이다.

(10) 내담자와의 관계속에서 자기를 잃지 않기

초기 상담 시에 일상적 과오는 내담자에 대해 너무 걱정하는 것이다. 그렇게 되면, 내담자의 신경증을 우리 자신에게 투입할 위험이 있다. 내담자들이 어떤 결정을 했을까 생각하며 잠을 못 이룰 수도 있다. 내담자와 지나치게 동일시해서 우리 자신의 정체감을 잃고 그들의 정체감을 떠맡기조차 하는 경우도 있다. 공감을 왜곡시키고, 치료적 중재에 반하는 식으로 영향을 미치기도 한다. 내담자를 다시 볼 때까지는 내담자의 문제 주변을 맴돌지 말고 '그냥 좀 내버려 두는' 방법을 배워야 한다. 가장 치료적인 자세는 되도록 현재에 존재하며(내담자를 느끼고, 그들의 갈등을 경험하는 것), 상담실 밖에서의 생활이나 선택의 책임은 그들이 지도록 하는 것이다. 우리가 내담자의 갈등이나 혼돈 속에 빠져서 우리 자신을 잃어버리게 되면 내담자들이 어둠을 헤치고 자신의 길을 찾도록 도와주는 사람이 되기를 포기하는 꼴이 된다. 내담자가 자신의 생활을 이끌어 나가야 하는 책임을 우리가 대신 떠맡아 준다면 우리는 그들의 성장을 촉진시키는 것이 아니라 방해하는 결과가 된다.

이 논의는 상담자로서의 우리가 인식하고 직면해야 할 다른 문제와도 연관이 있다. 예를 들어 상담자의 욕구나 풀지 못한 개인적 문제가 상담관계에 혼입된 경우 생기는 역전이(인식하지 못하여 처리하지 못한 역전이)는 상담자의 객관성을 흐리게 하므로 상담 시 자기 자신에게 초점을 맞추어야 한다. 구체적 내담자와의 관계에서 나타나는 혼돈을 처리함으로써 자신의 욕구나 미결 감정이 내담자의 발달을 어떻게 방해하는지에 대해 많은 것을 배우게 될 것이다. 역전이의 '예'는 다음과 같다.

① 내담자가 상담자인 자신을 좋아하고, 존경하고, 인정하기를 바라는 욕구

② 내담자가 떠나 버리거나 못마땅하게 생각할까 봐, 직면시키기를 두려워하는 것

③ 내담자에 대한 치료자의 성적인 느낌이나 유혹적인 행동

- 성적인 환상에 사로잡히거나 내담자의 관심을 의도적으로 치료자에 대한 내담자의 성적인 감정에 집중시키는 것까지

④ 치료자에게 과거를 생각나게 하는 내담자에 대한 극단적 반응

- 예를 들면, 판단적이거나 독단적이거나, 아버지 같거나 통제적이라고 생각되는 내담자

⑤ 내담자의 고통이나 갈등이 치료자 자신의 과거 상처를 건드리거나 갈등을 다시 인식하도록하기 때문에 도망가고 싶은 상담자의 욕구

⑥ 내담자가 어떻게 살고 어떤 선택을 해야 하는지를 지시하는 지배적 위치에 있다고 생각하여 강박적으로 충고하는 것

위의 간략한 논의만으로 내담자에 대한 감정을 해결하는 방법을 완전히 다루었다고는 생각하지 않는다. 우리가 내담자의 시간을 내담자에 대한 우리 자신의 반응을 훈습하는 데 사용하는 것은 적절하지 않을 것이므로 우리는 다른 치료자나 지도감독자, 혹은 동료들에게 우리 자신을 위한 상담을 받을 수 있는 의지를 가져야 한다. 우리의 욕구가 상담을 방해하는 방식을 인식하는 것은 하나의 시작단계는 된다. 그러나 우리는 우리 속에서 우리가 볼 수 있는 것을 계속적으로 탐색할 의지를 가지고 있어야 한다. 그렇지 않으면 내담자에게 빠져 들어서 우리 자신의 미충족 욕구를 만족시키기 위해 내담자를 이용할 위험성이 높아진다.

(11) 유머의 개발

치료에는 책임이 따르기 마련이지만 너무 심각할 필요는 없다. 내담자와 상담자는 웃음으로 관계를 돈독히 할 수 있다. 우리는 외로움 속에 자기 혼자 있

고, 자기 자신만이 비극을 겪고 있다는 신념을 부지불식간 자신에게 주입시킨다. 자기만이 고통을 겪는 것이 아니라는 것을 인정하면 고통이 얼마나 경감되는지, 웃음이나 유머가 있다는 사실이 상담이 안 되고 있다는 사실을 의미하지는 않는다는 것을 치료자는 알아야 한다. 물론 웃음이 불안을 감추거나 위협적 상황을 피할 목적으로 사용되는 경우도 있다. 상담자는 상황을 혼돈시키는 유머와 상황을 호전시키는 유머를 구분해야 한다.

(12) 현실적 목표 설정

현실적 목표는 잠재적 상담관계를 위해서 반드시 필요한 것이다. 당신의 내담자가 심각한 상태라고 생각해 보자. 그는 자신의 생활에 불만이 아주 많고 시작한 일을 제대로 마치는 것이 없고 부적절하고 무력한 사람이라 말하고 있다. 이런 사람이 당신에게 상담을 위해 찾아왔으며 두 사람이 만날 수 있는 상담의 회기는 정해져 있고 상담결과 장기간의 탐색과 상담이 필요하다는 결과를 얻었지만 현실적 문제로 한 내담자에게 집중하여 시간을 부여할 수는 없는 것이다. 그래서 두 사람은 모두 현실적 목표를 정해야 한다. 물론 목표가 현실적이었다고 하더라도 더 많은 것을 성취하지 못한 것에 대해 슬프게 생각할 수도 있을 것이다. 그러나 적어도 기적을 이루지 못했다는 좌절감에 빠지지는 않을 것이다.

(13) 충고하고 싶은 마음 참기

많은 상담자들이 고통 받고 있는 내담자들은 충고를 원하거나 충고를 해 주어야 한다고 하는 경우도 많다. 그들은 지시 이상을 바라며 현명한 상담자가 자기 대신 결정을 해주거나 문제를 해결해 주기를 원한다. 상담을 정보나 충고를 해주는 것과 혼돈해서는 안 된다. 상담자는 내담자가 자유스럽게 활동할 수 있는 기회를 뺏는 것이 아니라 내담자 스스로 자신의 해결책을 찾고 행동의 자유를 인식하도록 도와주어야 한다. 내담자가 저지르는 일반적인 도피는 자신이 스스로 해결책을 찾을 수 있다는 사실, 자유를 이용할 수 있다는 사실, 자신의 방향을 결정할 수 있다는 사실 등을 전혀 믿지 않는 것이다. 상담자나 치료자로서 우리가 내담자의 문제를 효과적으로 해결할 수 있다 하더라도 그것은 그들의 의존심을 키우는 결과를 초래할 것이다. 그들은 당면하는 새로운 문제 전부에 대해 계속 상담을 받아야 할 지경이 될 것이다.

상담이라는 일은 그들이 독자적으로 선택을 하고, 그 선택의 결과를 수용할 용기를 가질 수 있도록 도와주는 것이다. 충고를 하는 것으로 결과를 도출할 수가 없다. 가끔 충고해 주는 것까지 배제한다는 의미는 아니다. 내담자가 자신이나 타인을 해칠 위험이 명백한 경우, 혹은 선택을 할 수 없을 경우 등과 같이 직접적 충고가 필요한 경우도 있다. 물론 내담자가 독자적 선택을 할 수 있도록 치료 과정 중에 정보를 줄 수도 있다. 의사결정을 하기 위해서는 충분한 정보가 있어야 한다.

(14) 자신의 독특한 상담양식 개발

상담을 시작하는 사람은 지도감독자, 동료 또는 다른 모델을 모방하려는 경향에 주의해야 한다. '올바른'치료법이라는 것은 존재하지 않으며 다양한 접근들이 효과를 낸다는 것을 인식해야 한다.

다른 상담자의 양식을 모방하려 하거나 전문적 이론에 우리 자신의 상담 행동을 짜 맞추려고 하면 다른 사람만큼 잘할 수 있는 우리의 잠재적 효과를 억제하는 결과를 초래할 것이다. 상담자의 상담양식이 지도자나 다른 모델의 영향을 받지만 모방하려고 하면 잠재적 독특성이 흐려질 것이다. 자신의 상담양식을 개발하려 한다면 우리가 모방성을 갖는 경향을 인식하고 대처해야 한다.

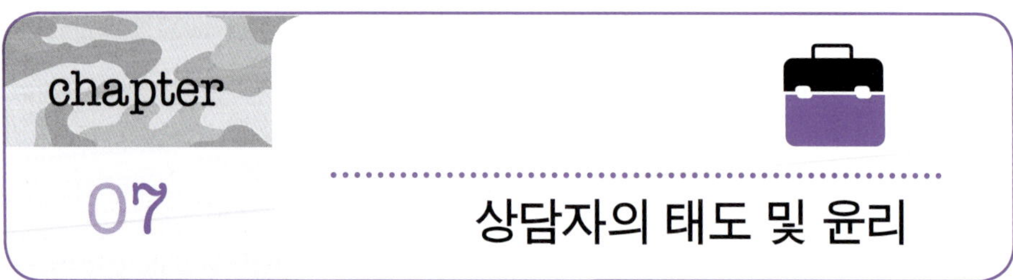

chapter 07 상담자의 태도 및 윤리

1 바람직한 상담자의 태도

바람직한 상담자는 도덕적 비판을 배제하고 내담자의 입장을 있는 그대로 이해하는 태도를 지녀야 한다.

(1) 수용

이해를 바탕에 두면 내담자 수용에 용이하다. 내담자의 상태를 있는 그대로 받아들이는 태도를 가진다면 이로써 내담자는 인간으로 받아들여진다는 것을 인식하여 안정감을 갖게 되어 스스로 인식하게 되는 작용을 한다.

(2) 경청

내담자의 이야기 도중에 적절한 의견, 질문을 던져 신뢰감을 전달한다.

(3) 말하도록 권장

오랜 기간 문제를 소유한 내담자가 자신의 문제를 표현하기에 어려움을 느낄 수 있다. 상담자는 내담자의 자기표현이 중요하다는 설명을 할 수 있고, 내담자의 말을 반복하거나 대답을 이끌어 낼 수 있다.

(4) 인내

내담자 스스로 적절한 시기에 자기의 표현 방식으로 찾아온 목적을 말하도록 허용한다.

(5) 감정에 대한 변함없는 태도

내담자 스스로 수용하기 어려운 감정의 경우 표현에 저항이 있다. 상담자는 그러한 내담자의 태도를 자연스러운 현상으로 인정해 줌으로써 관계를 맺어 나간다.

(6) 욕구의 초점

내담자가 호소하는 내용의 의도가 혼돈되어 있을 경우 초점을 판별하도록 한다.

(7) 욕구의 세분화

가장 절박한 것, 대표적인 것, 취급할 수 있는 것을 그 내용으로 하며 작은 부분의 대처는 내담자에게 용기를 제공하게 하여 이후 상담진행에 활력소가 된다.

(8) 준비된 상태

상담자의 지나친 앞선 해석이나 폭로성 질문은 내담자를 당황하게 할 위험이 있다. 내담자의 마음의 준비상태에 알맞은 반응이 필요하다.

2. 상담자 유의사항

(1) 우월감 상황

종속관계의 의식에서 깨어 상담자 자신이 내담자라는 관념을 갖는 것에서 시작되어야 한다.

(2) 위협적인 태도

윤리적, 도덕적으로 판단하는 언어, 태도를 피한다. 태만한 내담자에게는 이유를 확인하여 의욕을 부여하도록 노력한다.

(3) 감상적 태도

감정적 대립 혹은 감상적 태도 모두를 배제한 객관적 태도를 취한다.

3 상담자의 윤리

기본적인 윤리원칙으로서 상담자는 자신의 개인적 또는 전문가로서의 한계를 인식하고 있어야 한다. 윤리적인 상담자는 자신의 훈련 정도를 넘어서는 진단이나 치료를 하지 않으며 능력 이상의 심한 내담자를 상담하려고 하지 않는다. 특정 사례에서 자신의 능력 부족을 인식하게 되면 상담자는 동료나 지도 감독자와 논의를 하거나 의뢰해야 할 책임 있다.

(1) 책임과 과실

과실이 발생하려면 네 가지 조건이 충족되어야 한다. 첫째, 상담자와 내담자의 관계이어야 한다. 둘째, 상담자가 소홀하거나 부적절한 방법으로 내담자를 대했어야 한다. 셋째, 실제 상해가 내담자에게 일어났어야 한다. 넷째, 상담자의 행동이 그 상해의 원인이어야 한다.

과실의 발생은 상담 과정이 일반적으로 인정되는 전문가 활동 범위에서 벗어나 있다. 상담자가 전문적으로 사용되는 기법을 훈련받지 않았다. 상담 과정의 가능한 결과를 내담자에게 적절하게 설명하지 않았다. 등이며 구체적 과실소송의 '예'는 다음과 같다.

· 비밀유지의 한계를 내담자에게 알리지 못한 경우
· 정보를 노출시킴으로서 내담자의 비밀유지를 파기할 경우
· 내담자와 성적인 관계를 가진 경우
· 의뢰를 하지 않은 경우
· 약물처방이나 투약을 한 경우
· 상담비를 받는데 부적절한 방법을 사용했을 경우
· 상담비를 받기 위해 상담자 쪽에서 고소를 하는 경우
· 미성년자에게 낙태에 대한 상담을 했을 경우
  - 도움을 줄 수 있는 기관에 미의뢰 시
· 명백한 증상을 인식 / 치료하지 않았거나 정확하게 진단하지 못한 경우
· 내담자를 모욕하거나 비방한 경우
· 집단에서 구성원들이 신체적 상처를 입은 경우
· 치료하기 위해 때리거나 신체적 폭행을 한 경우
· 내담자의 자살에 대해 사전에 적절한 조치를 취하지 못한 경우
· 내담자의 폭력 희생자에 대해 경고나 보호를 하지 못한 경우
· 내담자를 부적절하게 입원시킨 경우
· 자신의 전문가 훈련에 대해 허위사실을 유포한 경우
· 내담자를 유기한 경우
· 적절한 기록을 하지 않은 경우
· 내담자와의 계약을 이행하지 않은 경우
· 사전 동의가 이루어지지 못한 경우
· 훈련생을 밀접하게 지도감독하지 못한 경우
· 부적절한 조언을 해서 손상을 입힌 경우

상담자는 적절한 서비스를 할 수 있는 자신의 능력을 넘어서, 모든 내담자를 다 다루려는 유혹을 잘 피할 줄 알아야 한다.

(2) 윤리적·합법적 상담지침

다음의 안내지침이 완전한 것이라고는 생각하지 않지만 원칙적인 면에서 지침을 제공한다고 할 것이다. 이것을 상담가들은 자신에게 적용시키고 자신의 입장에서 정리해야 할 것이다. 즉 상담가는 전문가로서 윤리적 책임감을 발전시키는 것이 계속되는 과정이라는 것이다.

① 상담자는 자신의 욕구가 무엇인지 상담으로부터 무엇을 얻으려 하는지 자신의 욕구와 행동이 내담자에게 어떻게 영향을 미치는지에 관해 인식하고 있어야 한다.
② 상담자는 평가를 하고 중재를 하는 데 필요한 훈련과 경험이 있어야 한다.
③ 상담자는 자신의 능력의 범위를 인식하고 있어야 하며, 자신의 한계에 도달했다고 인식될 때에는 지도감독을 받거나, 내담자를 의뢰해야 한다. 적절한 의뢰를 할 수 있기 위해서는 상담자가 지역사회의 자원에 익숙해 있어야 한다.
④ 자신이 속한 전문가 학회의 윤리강령을 알고 있더라도 이 기준을 구체적 사례에 적용시키는 연습도 해 보아야 한다는 것을 알고 있어야 한다. 그들은 많은 문제에 대한 구체적인 정답이 없다는 사실을 인지한 자신에게 적절한 답을 찾아야 하는 책임이 있다는 사실을 수용해야 한다.
⑤ 상담자는 상담 시에 자신을 안내해 줄 행동 변화의 이론 틀을 가지고 있어야 한다.
⑥ 상담자는 다양한 형태의 교육을 통해 지식이나 기술을 새롭게 해야 한다.
⑦ 상담자는 치료 관계를 위협할 수 있는, 어떠한 내담자와의 관계도 피해야 한다.
⑧ 상담자는 내담자에게 상담 내용의 비밀유지에 영향을 줄 수 있는 상황과 그들의 관계에 부정적인 영향을 줄 수 있는, 다른 문제들을 말해 주어야 한다.
⑨ 상담자가 자신의 가치와 태도를 인식하고, 내담자와의 관계에 있어서 자신

의 신념 체계의 역할을 알고 자신의 신념을 직접적으로나 미묘한 방식으로 내담자에게 주입시켜서는 안 된다.

⑩ 상담자는 내담자에게 상담목표, 치료에서 사용할 기법이나 절차, 상담을 받는 데서 발생할 수 있는 위험, 내담자가 상담을 하려는 결정에 영향을 미칠 수 있는 다른 요인들을 알려 주어야 한다.

⑪ 상담자는 자신이 모방 과정을 통해 내담자를 가르치고 있다는 사실을 알아야 한다.

⑫ 내담자는 자신의 문화적 배경을 상담 장면으로 가지고 온다는 사실을 상담자가 알고 있어야 하며, 내담자의 문화적 가치관이 상담 과정에 영향을 미친다는 사실도 인식하고 있어야 한다.

⑬ 대부분의 윤리적 쟁점들은 간단하게 해결될 수 없는, 복잡한 문제라는 사실을 상담자가 알고, 윤리적 딜레마에 대해 사고하고 다루는 방법을 배워야 한다. 자문을 구할 수 있는 의지는 전문가적 성숙의 표시이다.

상담자가 당면하는 윤리적 모순을 해결하기 위해 자신의 행동과 동기를 계속적으로 검토해 보아야 한다. 상담자가 훌륭한 신념을 가졌다는 것은 갈등에 대해 동료와 개방적으로 논의하려는 의지로 나타난다고 생각한다. 이러한 자문은 당신에게 어떤 상황에 대한 또 다른 관점을 제공해 줌으로써 쟁점들을 명료화하는 데 큰 도움을 줄 수 있을 것이다.

당신에게 알리고자 하는 요점은 전문적 상담자가 완전한 사람이거나 초인은 아니라는 사실이다. 당신이 상담에서 정말 값있는 어떤 것을 하려면 어느 정도의 오류는 범하지 않을 수 없다. 중요한 것은 당신이 행하는 행동이나 누구의 요구가 더 중요시되는가 하는 것에 대해 검토해 보는 당신의 의지다.

심리학과 상담의 이론

chapter 08 심리학의 이해

1 심리학의 역사

독일의 심리학자인 에빙하우스(Hermann Ebbinghaus)는 그의 저서 심리학 개론 서언에서 "심리학의 과거는 오래되었지만 그 역사는 짧다"고 언급했다. 인간은 오래 전부터 인간의 마음에 대하여 연구하였지만 마음이 최근에 이르러서야 학문으로 취급되었다는 뜻이다. 역사학자들이 네안데르탈인의 유골을 발굴할 당시 대량의 화분이 같이 발견되었는데 이것은 당시의 원시인들이 죽은 사람에게 꽃을 바쳤다는 것을 의미한다. 즉, 꽃을 죽은 자에게 바쳤다는 것은 인간이 마음에 대하여 두려움과 호기심 등을 포함하여 관심을 가졌다는 것을 의미한다. 이는 유인원 시기의 인간들도 '슬퍼하는 마음', '상대방을 생각하는 마음'이 있었던 것으로 나타난다. 즉, 인류가 이 지구상에 나타난 이후 과거로부터 지금까지 인간들은 마음에 대하여 관심을 두고 살아오고 있다는 것은 틀림없는 사실이다. 종교와 철학을 통해 오래 전부터 인간들은 마음에 대하여 지속적으로 생각해 왔으며 마음의 움직임을 관찰하거나 분석해 왔다.

동양에서는 마음의 영역을 중요시하기 시작한 것이 불교가 성행하고 득도를 위한 수행이 행해짐으로써 수도승들은 명상을 통한 마음을 비우고자 했다. 그러나 수행하는 과정에서 대다수가 과거와 현재 그리고 미래의 잡념과 갈등 때문에 고민하였으며, 번민과 욕망을 버리기 위해서 마음과의 싸움에 도전하였다. 반면에 서양에서는 로마 말기의 종교인인 '아우구스티누스'가 초기 그리스도교회 최대의 사상가로서 교부 철학을 집대성하였는데 그는 '과거는 기억', '미래는 기대'라고 생각하였다. 즉, 마음 속에 간직된 일이나 감정을 과거라고 규정하였고, '이렇게 되고 싶다'는 기대의 마음을 미래라고 가정하였다. 이것이 심리학의 시간론이라고 불리며, 인간이 살아 있는 한 이와 같은 마음의 과거와 미래를 계속 지니고 살아가게 된다는 것이다. 이 사상이 신학자로부터 철학자에게 전달되어 마침내 심리학적 사상으로 발전한 것이다.

1) 심리학(psychology)의 태동

심리학은 마음과 행동의 과학적 연구이다, 마음(mind)이란 개인의 사적 경험으로 지각, 사고, 기억, 감정으로 구성되어 선과 악, 긍정과 부정이 끊임없이 일어나는 의식의 흐름이라고 할 수 있다. 반면에 행동이란 인간과 동물의 관찰할 수 있는 행위이다. 따라서 심리학은 고대로부터 시작된 '인간을 혼란하게 한 마음과 행동에 대한 기본적인 질문들에 답을 하기 위하여 과학적인 방법을 사용하려는 시도'라고 할 수 있다.

인간의 마음을 이론적으로 살펴보기 시작한 사람은 고대 그리스의 철학자 아리스토텔레스이다. 아리스토텔레스는 2,400년 전 그의 저서 『영혼론』에서 '감각', '기억과 상기', '수면과 각성', '꿈' 등 현대 심리학에서 다루고 있는 주제에 대하여 언급하고 있다. 근대에 와서는 철학의 아버지라고 불리는 프랑스의 데카르트가 "나는 생각한다. 고로 존재한다"고 인간의 마음에 대하여 피력하였다. 인간은 태어날 때부터 관념을 가지고 태어난다(생득관념; innate idea)고 생각하였다. 그러나 이러한 데카르트의 주장에 대해 영국의존 로크(John Locke) 등 경험주의 철학자들은 '인간이 태어날 때의 마음은 백지와 같은 상태로서 살아가면서 여러 가지 경험에 의해 그 종이에 여러 가지 관명이 기입되어 가는 것'이라고 주장했다.

이후 등장한 빌헬름 분트(Wilhelm Wundt)는 철학자이자 생리학자로서 '마음의 구조'를 실험에 의하여 객관적으로 분석하려고 시도하였다. 그는 우선 대상자에게 동일한 조건을 제공하여 실험을 실시하고, 그 결과를 비교 검토하는 방법으로 심리학을 하나의 학문으로 발전시켜 나갔다.

〈표 8-1〉 **심리학의 태동 과정**

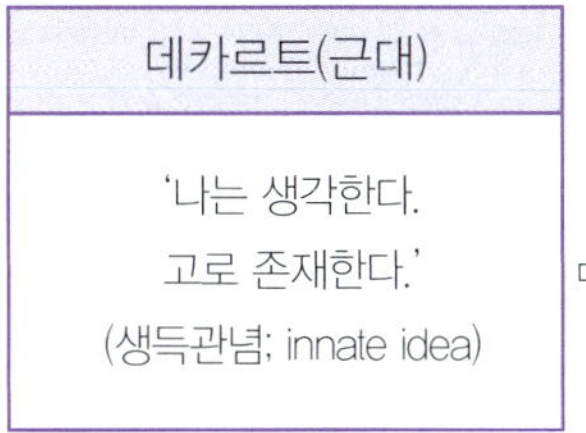

아리스토텔레스(고대)		데카르트(근대)		분트(현대)
「영혼론」에서 '감각', '기억과 상기', '수면과 각성', '꿈'등 언급	⇨	'나는 생각한다. 고로 존재한다.' (생득관념; innate idea)	⇨	'마음의 구조'를 실험에 의하여 객관적으로 분석 → (심리학 태동)

2) 마음의 연구 방법

분트는 인간의 마음을 과학적으로 파악하려고 하였기 때문에 심리의 문제를 학문으로 발전시킬 수가 있었다. 과거부터 마음의 문제는 철학자들의 전유물이었는데 철학의 세계에서는 마음을 '형태가 없는 것, 눈에 보이지 않는 세계의 깊숙한 곳에 자리 잡고 있는 것'인 형이상학적 현상으로 받아들였다. 그러나 심리학은 마음을 과학적인 측면에서 탐구하는 것이다. 심리학을 과학으로 성립시키기 위해서는 연구결과가 일정한 조건에서 재현되거나 누구라도 경험할 수 있는 것이어야 한다. 예를 들면 '수소와 산소를 2:1로 혼합하면 물이 된다'는 것은 수백 번을 또 누가 실험을 해도 마찬가지이다. 마음도 이와 같이 '객관적인 결과'가 나오지 않으면 안 된다는 것이다. 이리하여 마음을 눈으로 볼 수 없는 형태, 다시 말하자면 인간의 '행동'을 연구대상으로 삼았다. 예를 들면 마음이 부끄럽다고 느끼면 얼굴이 붉어지고, 무섭다고 생각하면 뒷걸음을 치거나 몸을 떨게 된다. 이렇듯 마음 자체는 눈에 보이지 않지만 행동이라는 형태로 나타나는 것이다. 즉, 심리학은 눈에 보이는 행동과 그 행동에 의하여 추론되는 심적 활동을 과학적으로 연구하는 학문이다.

〈표 8-2〉 심리학의 연구 방법

마음 (눈에 보이지 않음)		행동 (눈에 보임)
॥		॥
부끄럽다 무섭다	⇨	얼굴이 붉어진다. 뒷걸음, 몸을 떤다.

① 실험적 연구
- 원인과 결과에 관한 연구 (이론–가설– 변인–실험연구)

② 비실험적 연구
- 행동들 간의 상관관계들
- 관찰법, 조사법, 사례연구, 상관관계 연구

이러한 심적 활동을 과학적으로 연구하는 방법에 따라 심리학이 다음과 같이 구분될 수 있다.

〈표 8-3〉 심리학의 연구 방법에 따른 분류

상황		분야	연구 방법
소녀가 빵 한개를 보고 한참 망설이다 허겁지겁 먹어치웠다.	소녀의 심리상태는?	구조주의 심리학 (분트)	· 마음을 주시하는 내관법(introspection) 사용 · 빵을 먹어치운 여성을 생각할 때 주어진 자극(빵)에 대해 자신이 마음을 관찰한다. - "나는 빵을 보는 순간 먹고 싶다고 생각했다. 그러나 한편으로는 먹으면 살이 찔까봐 단념했는데 결국 유혹을 뿌리치지 못하고 먹었다." · 마음(의식)관찰 + 의식구성요소 관찰
		행동주의 심리학 (왓슨)	· "의식적 내관만으로 안 된다. 눈에 보이는 것을 연구해야 한다"고 주장 · 자극(S)과 반응(R)에 주목하는 방법 - 케이크(S) → 먹은 것(R)관계 행동법칙 · 단점: 심적 과정이 무시됨 - 먹고 싶기는 하지만 어떻게 할까?
		게스탈트 심리학	· 형태주의 심리학 - 사람의 마음은 어느 부분이 모여서 이루어진 것이아니라 전체적인 것, 하나로 통합된 것 · 나무만 보지 말고 숲을 보아야 한다. - 의식도 토막 내어 요소화하면 전체를 파악할 수가 없다.
		정신분석 심리학 (프로이트)	· 사람의 행동에는 반드시 원인이 있다고 전제 · 마음의 3계층: 의식, 무의식, 전의식 · 억압된 소망은 무의식 속에 가두어져 있다.

2 대표적인 심리학의 이론

1) 분트의 이론

분트는 과학적으로 마음을 알아내고자 하였으며 심리학을 독립된 과학의 영역으로 분류하는 데 큰 역할을 한 사람으로서 스스로 '심리학자'로 불리기를 원하였다. 그는 1879년 라이프치히 대학에 최초의 심리학 실험실을 마련하여 과거의 심리학자들이 철학적 사고를 통하여 사색에 빠지는 공론적인(armchair)심리학에서 탈피하여 심리학을 실험과학으로 확립시키고자 하였다.

분트의 심리학은 의식 본위의 내관심리학으로서, 의식내용의 요소를 발견하여 의식의 요소의 결합으로 정신의 구성을 설명하려고 하는 구성주의의 근간이 되었다. 그는 '심리학은 우선 자신을 관찰하는 것으로부터 시작하며 이의 보조수단으로 실험과 인간의 역사가 있다'고 주장하였다. 이후에 그는 '자기관찰', '실험', '인간의 역사'라는 세 가지 관점에서 과학적으로 심리학을 연구하였다.

분트의 심리학설의 단계를 살펴보면 다음과 같다.

① 인간의 마음에는 여러 종류의 '심적 요소'가 혼재되어 있다.
예) ㅎ(행), ㅅ(슬픔), ㄱ(기쁨), ㅈ(즐거움) 등

② 여러 종류의 '심적 요소'가 결합하여 '심적 요소 결합체'를 형성한다.
예) 행복, 슬픔, 기쁨, 즐거움 등

③ ②의 경우 결합의 법칙을 규명하는 것이 인간의 심리상태를 밝히는 하나의 수단이 된다.

분트는 심리학을 체계화하고자 하는 노력에는 뛰어났지만, 세상의 모든 것들을 계통화하려고 함으로써 일관된 체계를 구축하는 것에는 실패하였으며 그의 심리학을 계승하고자 하는 심리학자도 나타나지 않았다.

2) 프로이트의 이론

정신분석학을 창시하고 체계화한 프로이트는 몸에 아무 이상이 없는 데도 고통을 호소하는 '히스테리'는 본인이 스스로 의식할 수 없는 마음의 한 부분(무의식)과 깊은 관계가 있다는 것을 발견하였다. 프로이트는 인간의 의식이 '의식-전의식-무의식'의 세 가지 지형학적 계층으로 퍼스낼리티(personality)의 구조가 구성되어 있다고 주장하였다.

(1) 무의식의 발견

히스테리는 무의식 속에 누적되어 본인이 기억하지 못하는 있는 과거의 불쾌한 생각이나 내용이 잘 처리되지 않아 일어난다고 분석하였다. "무의식적으로 손이 입으로 들어갔다.", "무의식적으로 그렇게 말을 했어" 등 '무의식'이라는 말을 일상생활에서 자주 쓰게 되는 것은 프로이트의 영향이라고 볼 수 있다.

의식
전의식(잘 생각하면 기억이 난다)
무의식(억압되어 기억나지 않는다)

[그림 8-1] 프로이트의 마음의 구조

(2) 보고 싶지 않은 것은 보이지 않는다.

프로이트의 명저『정신분석 입문』을 보면 권태기 부부의 예가 나온다. 아내에게 애정이 식기 시작한 남편이 아내에게 선물로 받은 책을 어딘가에 두고는 까맣게 그 사실을 잊고 있었다. 그 이후에 생각이 나서 가끔 찾아보았지만 도무지 찾을 수가 없었다.

그러던 중 병으로 쓰러진 어머니를 극진히 간호하는 아내의 모습을 보고 남편은 매우 감동하게 되었는데, 어느 날 무심코 책상 서랍을 열었더니 그 곳에서 그토록 찾고 있던 책을 찾게 되었다. 그동안 남편이 책을 책상 서랍 속에 넣어 두고도 발견하지 못한 까닭은 착오행위라는 현상 때문인데, 이는 아내에 대한 무의식적 혐오감으로 인해 쉽게 발견할 수 있는 책을 무시해 버린 탓이다. 즉, 남편이 책을 발견하지 못한 것이 아니라 아내로부터 받은 책 따위는 발견하고 싶지도 않다는 생각이 무의식 속에 잠재되어 있었기 때문이라는 것이다. 그러던 중 어머니에 대한 아내의 헌신적인 병간호를 하는 것을 보고 마음속에 가지고 있던 혐오감이 사라져 버린 순간 마침내 그의 착오행위가 사라져 버리게 된 것이다.

프로이트는 이러한 무심한 행위나 행동 속에 인간의 본심이 잠재되어 나타내고 있다고 주장한다. 특히, 남의 이름을 잊어버리거나 잘못 부르는 행위는 결코 우연히 일어나는 것이 아니라 무의식적인 동기에 지배되기 때문이라는 것을 프로이트는 발견하였다.

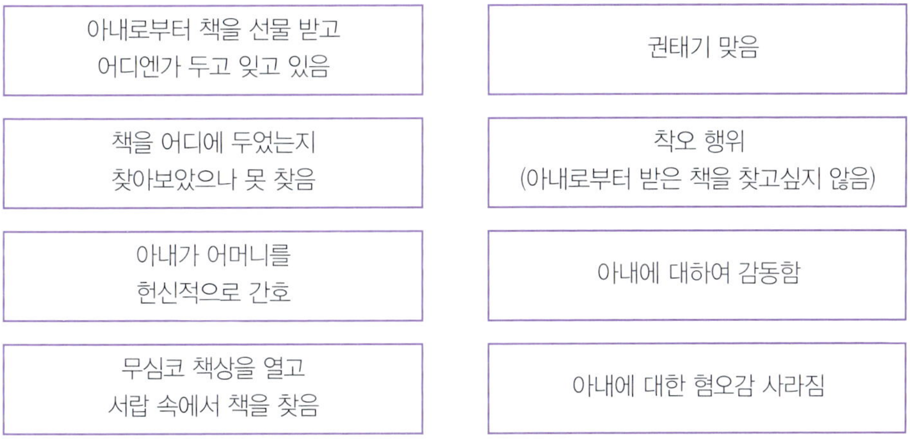

아내로부터 책을 선물 받고 어디엔가 두고 잊고 있음	권태기 맞음
책을 어디에 두었는지 찾아보았으나 못 찾음	착오 행위 (아내로부터 받은 책을 찾고싶지 않음)
아내가 어머니를 헌신적으로 간호	아내에 대하여 감동함
무심코 책상을 열고 서랍 속에서 책을 찾음	아내에 대한 혐오감 사라짐

[그림8-2] **프로이트의 착오행위**

(3) 갈등하는 자아(ego)

요즈음같이 성범죄가 심각하게 여성들을 괴롭히게 되면 여성의 관점에서는 남성들은 다 늑대로 보고 외딴 등산길이나 밤길에서 만나는 남자를 두려워하게 된다. 그러나 그러한 남자들이 여자를 보는 순간에 맹목적으로 덤벼드는 것은 아니다. 즉, 이것이 늑대와 인간의 차이점이다.

사람은 참을 수 있지만 왜 늑대는 참을 수 없는 것인가에 대한 해답은 프로이트의 퍼스낼리티(personality)의 구조에서 이해할 수 있다.

퍼스낼리티(personality)의 구조는 본능과 자아 그리고 초자아로 구성되어 있는데 첫째, 본능(id)은 생존을 의해 행동하는 것으로 오로지 생명의 에너지인 리비도[1]라고 하였고, 이 리비도에 의하여 이드가 조정된다고 보았다. 둘째, 초자아는 어린 시절 부모나 어른들로부터 훈계를 받거나 배움을 통하여 축적된 윤리나 도덕에 의하여 형성된 양심과 이성과 같은 부분이다. 따라서 양심과 이성에 의해서 행동하게 되는 도덕적 원리에 의한 올바른 행동을 하려고 한다. 셋째, 자아는 현실원칙에 의해 본능대로 행동하고자 하는 이드와 도덕적으로 행동하려는 초자아 사이에서 조정하는 역할을 한다.

늑대와 같은 욕구를 가진 남자의 경우에, 우선 이드 부분이 "아 이쁘게 생겼는데, 저 여자를 정복해야겠다"라고 성적 욕망을 불태운다. 그럼과 동시에 초자아는 "무슨 소리야 절대로 그렇게 해서는 안돼!" 하고 이성적으로 생각을 하게 된다. 그럴 때 자아가 작동하여 그 여자와 좋은 관계를 맺고 계속하여 그 여자를 볼 수 있도록 조정을 꾀하고자 한다.

자아는 항상 대립관계에 있는 이드와 초자아 사이에서 조정을 꾀하게 된다. 프로이트는 이러한 조정에서 실패를 하면 괴로워서 견디지 못하게 되는 신경증이 생기는 것이라고 생각하였다.

(4) 삶과 죽음의 본능

프로이트는 삶의 본능을 에로스(eros), 죽음의 본능을 타나토스(thanatos)[2]라고 구분하였다. 인간들은 살고 싶다는 생각을 지니고 있으면서도, 마음 속 깊은 곳에서는 끊임없이 죽음을 생각하고 있다고 1920년 저술한 『쾌감원칙의 피안』

1) 프로이트는 인간 행동의 밑바탕을 이루는 성적 욕망이라고 함

2) 그리스 신화에 나오는 의인화 된 죽음의 신

에서 삶의 본능과 죽음, 이 두 개의 대립된 본능이 인간의 정신을 지배하고 있다고 주장하였다. 인간은 에로스에 이끌리어 삶을 살아가고 있지만 타나토스의 영향을 받아 죽음의 길로 달려가고 있는 것이다.

3) 융의 이론

(1) 집단 무의식

융은 무의식에는 '개인적인 무의식'과 '집단 무의식'의 두 종류의 무의식이 있다고 주장하였다. 집단무의식의 저변에는 조상으로부터 대대로 물려받은 전 인류에게 공통적으로 나타나는 공통된 기억이나 이미지가 잠재되어 있다고 생각하였다. 인간은 생태적으로 뱀을 싫어하는데 인류의 조상들이 파충류에게 습격당한 당시의 기억이 지금도 무의식 속에 깊숙이 자리 잡고 있기 때문이라는 것이다. 그 결과로 인간의 꿈이나 망상 가운데는 현대인들이 전혀 알지 못하는 태고적이고 신화적인 심벌이 나타난다는 것을 발견하였다. 융은 이와 같은 심벌이 정상적인 사람의 꿈속에서 나타난다는 사실에 주목하면서 집단 무의식의 존재를 확신하게 되었다.

즉, 처음 보는 것임에도 불구하고 전에 어디에선가 본 듯한 생각이 든다든지, 처음 방문한 지역인데도 편안하게 낯설지 않는 것 등이 예 조상들이 이미 경험했던 기억과 결부된 것[3]이라고 생각할 수 있다는 것이다.

(2) 원형

집단 무의식을 구성하고 있는 것을 원형(archetype)이라고 융은 명명하였다. 원형이란 전 인류 공통의 기억이나 이미지의 모티브가 된 것을 말한다. 이 원형은 다양하게 나타나는데 그 중에 중요하다고 주장하는 것이 '페르조나(persona;

3) 문화인류학, 종교, 오컬트(초심리학, 전심감응, 천리안 등).

가면을 쓴 인격)', '그림자', '아니마(anima)와 아니무스(animus)'[4]이다.

① 페르조나(persona)

사람들이 외부 사회에 적응하기 위하여 얼굴을 가리는 가면과 같은 것으로 가면을 쓰고 행동하는 것이 '성격'이 되는 것이다. 예를 들어 똑같은 상황이라고 하더라도 시어머니와 친정 엄마에게 대하는 태도와 말투가 다르게 나타나게 된다. 인간은 사회에 적응하기 위하여 건강하게 가면을 써야 하는데 그렇지 못하게 되면 심리적으로나 정서적으로 불안하게 되는 것이다.

② 그림자

가. 개인적인 그림자

성격의 표면상에 나타나지 않는 면으로서 표면상의 성격을 보완해 주는 존재이다.

예) 항상 밝고 활달한 사람의 어두운 부분이 그림자가 되며, 항상 온순한 사람의 활달한 부분이 그림자이다.

나. 보편적인 그림자

인간의 나쁜 부분과 나쁜 측면이 존재하는 것이다.

예) 누구나 범죄를 저지를 수 있는, 인간의 잠재되어 있는 나쁜 측면

③ 아니마와 아니무스

남성 속에 자리 잡고 있는 여성의 영원한 이미지(아니마), 여성 속에 자리 잡고 있는 남성의 영원한 이미지(아니무스)를 말한다.

사람들이 누군가를 좋아하게 되면 상대방에게 아니마와 아니무스를 투영시키는 것이다. 그러나 그 원형이 무의식의 영역 내에 잠재해 있기 때문에 인간들은 그것을 의식하지 못한다, 이것은 원형이 형태를 바꾸어 꿈이나 공상 속에서 등장한다.

---

4) 아니마(anima); 남성 속에 여성적 요소, 아니무스(animus); 여성 속에 남성적 요소

④ 동시성

동시성이란 의미가 있는 우연으로서 '호랑이도 제 말하면 온다'는 속담이 있다. 누군가의 이야기를 할 때 그 당사자가 갑자기 모습을 나타내는 경우를 융은 "우연에도 의미가 있다"고 말했다. 융은 가끔 직면하게 되는 불가사의한 현상을 단순히 '우연의 일치'로 보아 넘길 수가 없었는데 '다른 미지의 연관으로 맺어진 심리적 평행현상'이라고 생각하여 이를 공시성 또는 동시성이라 하였다.

4) 아들러의 이론

(1) 보상 작용

신체적으로나 경제적 또는 정신적으로 자신이 남보다 부족하다는 열등의식에서 본인의 약점과 부족한 부분을 커버하려는 무의식의 작용을 '보상작용(compensation)'이라고 한다. 따라서 아들러는 이 보상의 욕구가 인간에게 현실을 극복하고 미래에 대한 꿈과 비전을 가지고 미래를 준비하는 원동력이 된다고 생각하였다. 아들러는 안과의사 시절에 환자들을 진료하면서 눈이 나쁜 환자들은 일반인들보다 더욱 독서하기를 원한다는 것을 임상을 통하여 발견하였다. 또한 인간들은 무의식중에 자신의 열등성을 극복하려고 열심히 노력하는 가운데 발전을 이룬다는 것을 알게 되었다. 예를 들어 언어장애를 극복하고 위대한 웅변가가 된 데모스테네스, 시각과 청각 및 언어 장애를 극복하고 교육 및 저술가가 된 헬렌켈러 여사 등이 있다.

반면에 열등의식에 사로잡힌 나머지 지나치게 보상 욕구가 강한 사람, 예를 들어 아내보다 수입이 적거나 사회적인 지위가 낮은 남편의 경우 자칫 사소한 성공을 과장하거나 폭력을 휘두르기도 한다.

(2) 프로이트와 관점과 시점의 차이

아들러는 원인을 극복하는 인간의 가능성에 기대를 걸고 미래를 응시함으로써 프로이트가 인생을 현재에서 과거로 거슬러 올라가 원인을 탐색하는 이론과 대비를 이루고 있다.

5) 에릭슨의 이론

에릭슨은 '발달 단계설'을 통하여 인간에게는 이미 예정된 발달 단계가 있는데 각 단계에는 각기 해결해야 할 과제가 준비되어 있다고 주장하였다. 특히 청년기에는 특유의 심리가 내재되어 있다는 것에 착안하여 자아에 대한 이론을 구축하였다.

〈표 8-4〉 **자아에 대한 이론**

시기	내용
어린 시절	어린 시절에는 다양한 사람들과 여러 종류의 사물과 접하면서 경험한 이미지를 자신의 행동양식 속에 무조건 받아들인다. 즉, 부모 형제, 선생님 등 주변의 존재를 비롯하여 친구, 그림책, 장난감, 만화영화 등에 등장하는 인물에게 무의식적으로 자신을 동일시하면서 성장해 간다.
	동일시하려는 대상과 맞지 않을 때마자 자신이 지금까지 간직하고 있는 이미지가 깨진다. 그러나 어린 시절에는 그것을 당연한 것으로 받아들인다.
청년기	'나는 누구인가? 누구이어야만 하는가?' 등 '진정한 자신이란 무엇인가?'에 대한 의문이 생겨난다. 지금까지 몸에 지닌 단편적인 특성을 끌어모아 이것들을 통합시켜 종합된 자아동일성(identity)을 만들어 내려한다.
	– 자아정체감 위기(identity crisis): 이와 같은 시도가 뜻대로 만족스럽게 되지 못할 때에 발생하며 청년기 특유 위기의 정신상태에 빠짐 – 모라토리엄(moratorium): 연령적으로는 충분히 어른이 되었지만, 정신적으로는 아직 미숙하기 때문에 성인사회에 참여할 수 없는 어정쩡한 상태(자신이 어떠한 사람인지 의문을 가지고, 미완성된 인간처럼 느낀다).

3. 심리학의 흐름

———발전의 흐름
············영향을 미침

1) 일반 편

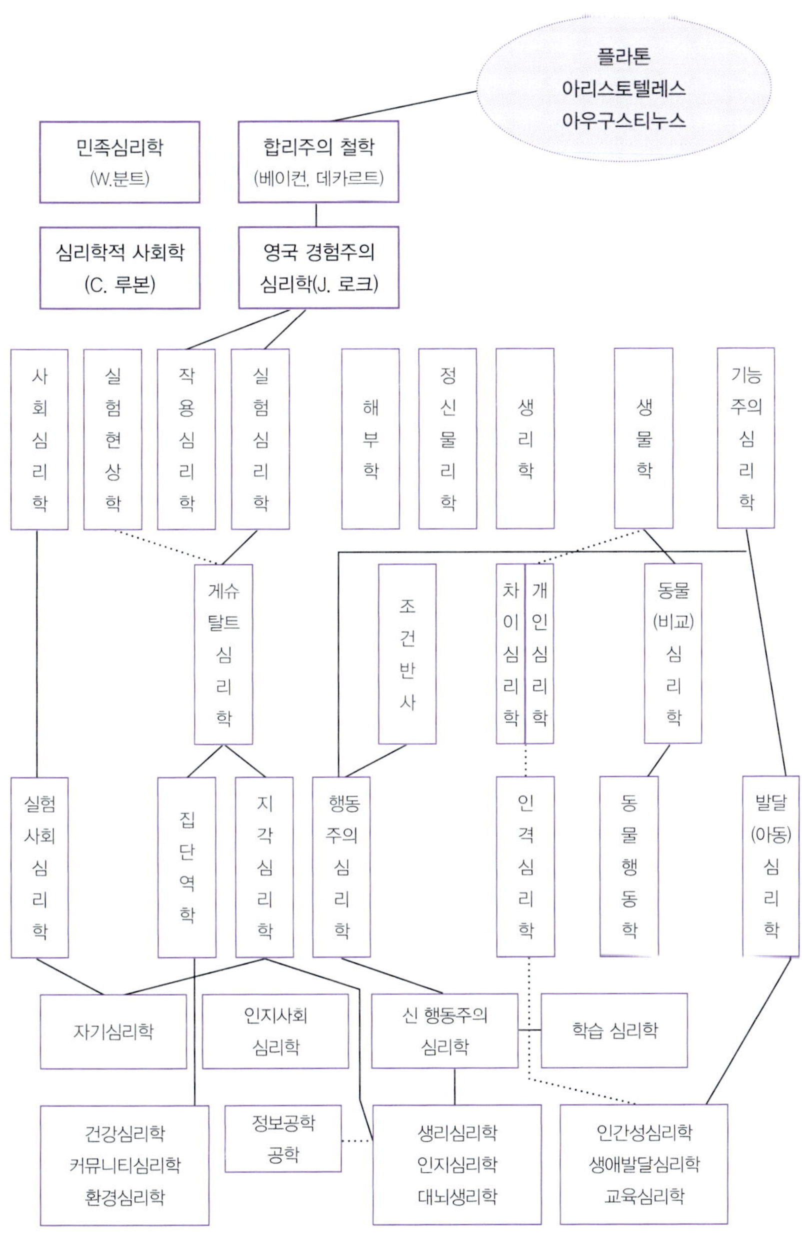

2) 정신분석 편

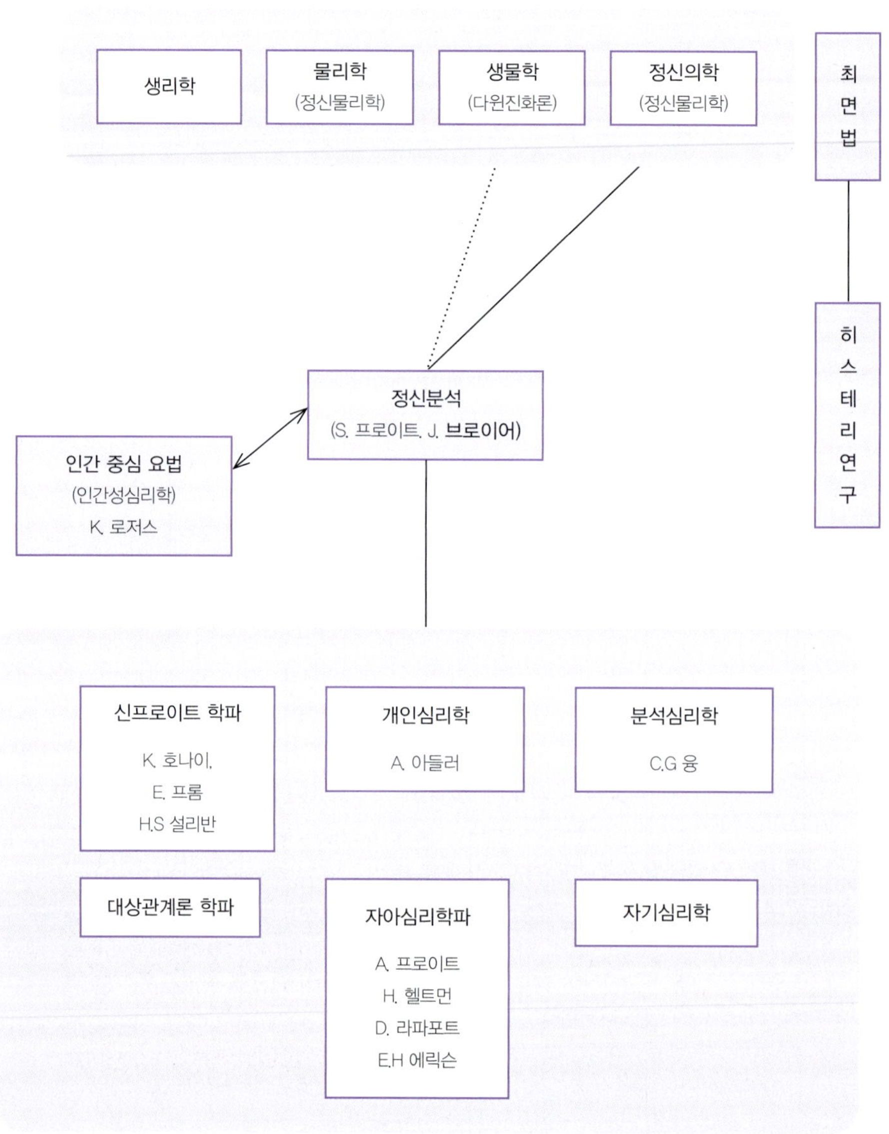
생리학
물리학
(정신물리학)
생물학
(다원진화론)
정신의학
(정신물리학)
최면법
히스테리연구
정신분석
(S. 프로이트, J. 브로이어)
인간 중심 요법
(인간성심리학)
K. 로저스
신프로이트 학파
K. 호나이,
E. 프롬
H.S 설리반
개인심리학
A. 아들러
분석심리학
C.G 융
대상관계론 학파
자아심리학파
A. 프로이트
H. 헬트먼
D. 라파포트
E.H 에릭슨
자기심리학

chapter 09 정신분석 상담

정신분석학은 특정한 정신 신경증적 장애를 치료하기 위한 노력에서 비롯되었고, 그 후 인간의 마음과 행동을 이해하기 위한 고전적인 이론으로 자리 잡게 된다. 심리학의 이론 중 상당수는 정신분석학의 이론을 발전시켰거나 반발 또는 변용되어 발전되어 왔다고 볼 수 있다.

1 시그문트 프로이트(Sigmund Freud, 1856~1939)의 삶

프로이트는 신체적인 질병의 원인을 정신적인 문제에서 찾았다는 점에서 선구자로 꼽힌다. 그는 무의식이란 개념을 제안하였고 자유연상과 꿈의 해석을 통하여 그 뿌리를 탐구하고자 하였다.

프로이트는 1856년 오스트리아 모라비아(현재의 체코) 프라이버그에서 유대인 집안의 장남으로 출생하여 1939년 런던에서 생을 마감했다. 그가 산 일생 특

히 가족과의 관계는 그의 이론정립에 지대한 영향을 미쳤다. 프로이트의 가계도에서 나타난 특이점은 재혼한 가정의 장남으로 태어났고, 아버지와 어머니의 나이차가 20세나 되어서 아버지의 전처소생의 둘째 아들과 어머니의 나이가 같았다는 점이다. 또한 양친이 모두 유대인이어서 유대인을 배격하는 당시의 사회분위기에 영향을 받았다. 부유하지 않은 집안의 장남으로 태어난 프로이트는 집안의 기대를 한 몸에 안고 생활하였다. 프로이트에게는 이복형이 2명 있었고 그 후 6명의 동생이 더 태어나게 된다. 그 중 프로이트 바로 밑의 남동생은 생후 8개월 만에 세상을 떠났다.

프로이트의 성장기를 살펴보는 것은 그의 이론을 이해하는 좋은 자료가 된다. 어린 시절 프로이트의 아버지는 모피장사를 하였으나 넉넉한 형편이 아니었다. 계속된 동생들의 출산으로 인해 어머니의 부재에 의한 불안을 느꼈고 늘어나는 동생 수에 비례하여 자신에 대한 관심이 멀어지는 것을 느끼게 된다. 나이 차가 많아 할아버지처럼 느껴지는 아버지와 젊은 엄마와의 성장 초기의 기억은 이후 오이디푸스 콤플렉스(Oedipus complex)라는 프로이트 이론의 주요 개념 형성에 영향을 주게 된다.

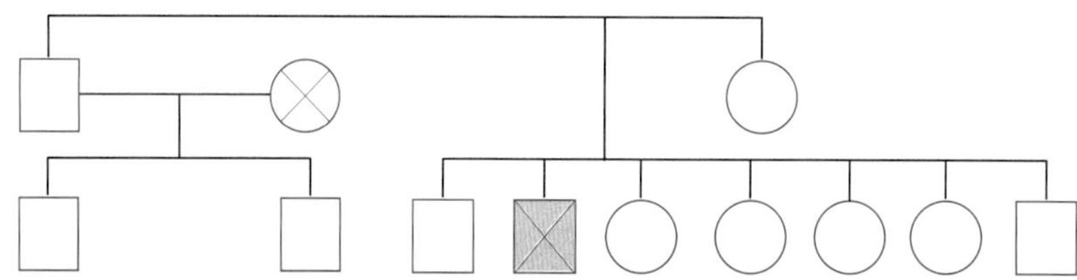

[그림 9-1] **프로이트 가계도**

프로이트는 이후 우리나라의 중고등학교 과정이라고 할 수 있는 김나지움에서 수석을 차지할 정도로 학업에 열중한다. 프로이트의 부모는 집안의 장남인 그에게 많은 기대를 하게 되고 심리적 부담을 느끼게 된다. 일례로 온 식구가 두 개의 방을 사용하였는데 그 중 하나를 프로이트가 단독으로 사용하게 하였으며 등불조차도 프로이트가 공부하는 데 사용하였다. 1873년 오스트리아 빈 의과대학에 진학한 후 생리학 교수인 브뤼케(Ernst Brücke)와 함께 일하면서 생리적 문제에 관심을 갖기 시작하였다. 25세인 1881년 빈 의과대학을 졸업한 후 마이네르트(Theodor Hermann Meynert) 교수의 수련의가 되어 정신장애의 원인을 신경학적으로 규명하는 노력을 하였다.1885년 프로이트는 자신의 경험을 높이기 위하여 히스테리의 심리를 연구하고 있던 파리에서 빈으로 돌아온 후 정신과 의사였던 조셉 브로이어(Joseph Breuer)와 함께 최면술에 대하여 연구하고 임상실험을 하였다. 프로이트는 증세의 발생이 상처받은 기억과 관계있는 자신의 환자들에게 최면술을 이용하였다. 그 기억들은 무의식 속에 숨어 있어서 그것들은 찾아내는 데 있어서 히스테리의 원인을 프로이트는 성적 갈등으로, 브로이어는 보수적인 관점을 고수하다가 서로 독자적인 길을 가게 되었다.

프로이트는 총 23권의 전집을 저술하였는데 그 중 40대 초부터 60대까지 쓴 15권이 제2기에 해당하는 정신분석의 진수들이다. 프로이트의 사상의 변천은 다음과 같은 세 가지로 구분하여 볼 수가 있다.

〈표 9-1〉 **프로이트 사상의 변천**

시기	내용
제1기 (1885 ~1897)	· 히스테리 연구~자유연상법을 확립하고 '꿈의 분석' 저술 시기 · 의식과 무의식을 구분(이 구분이 제3기이 지형학적 이론에서 더 구체화됨. 갈등과 방어, 저항, 전이개념을 세움) · 신경증: 심리적 손상으로 특히 어릴 때의 성희롱이나 비정상적인 성생활이 원인이 된다고 봄
제2기 (1897 ~1923)	· '정신분석 입문'을 발간한 시기로 정신분석이론과 치료기법이 급속도로 발전한 시기 · 1923년 프로이트가 'The ego & the id'를 발표한 시기 · '성욕에 관한 세 가지 에세이'에서 유아기 성욕에 이론 정립 · 자신의 자기분석 경험은 꿈으로 받고 '꿈의 해석' 집필 · 1909년 정신분석학이 성을 취급함으로 아들러, 융과 결별
제3기 (1923 ~1939)	· 자아의 기능에 대하여 명확히 한 시기 · 1926년 '억제, 증세와 불안'을 발표 - 불안을 자아의 적극적인 위험신호 및 반응으로 보았다. · id, ego, superego를 구분하여 설명

2 정신분석적 이론

1) 마음의 지형학설(Topographical Model): 의식·전의식·무의식

프로이트의 가장 큰 공헌 중 하나는 무의식과 의식에 대한 개념을 정립하였다는 점이다. 그는 마음의 위상(位相)을 물위에 떠 있는 빙산에 비유하였다. 물 위에 떠 있어 시각적으로 관찰할 수 있는 빙산의 작은 부분을 의식, 물속에 잠겨있지만 자세히 들여다보면 알 수 있는 부분을 전의식, 깊은 물속에 잠겨 있어서 육안으로 관찰할 수 없는 부분을 무의식으로 명명 하였다. 그는 무의식이 인간의 사고와 행동을 통제하는 보이지 않는 힘이라고 생각하였다. 따라서 신체적인 질병의 원인인 신경증적인 마음의 상태를 이해하기 위해서는 무의식을 이해하는 것이 중요하다고 생각하였다.

의식은 [그림 9-2]에서 알 수 있듯이 빙산의 가장 윗부분에 위치하며 전체에서 차지하고 있는 비중은 그리 크지 않다. 각성상태에서 인식되는 행위나 감정이 의식에 해당된다. 전의식은 의식의 바로 아래 부분에 위치하여 무의식과 의식의 가교 역할을 한다. 무의식은 의식의 영역 밖에 존재하기 때문에 자신이 전혀 자각할 수 없는 영역이다. 이 부분은 인식영역 밖이기 때문에 스스로 영원히 인식하지 못할 수도 있다. 그림에서 빙산의 대부분을 차지하고 있는 것처럼 무의식은 정신세계의 대부분을 차지하고 있다. 또한 개인이 지닌 경험과 기억 그리고 억압된 욕구나 동기들로 구성되어 있다.

프로이트는 우리 행동과 사고의 원천이 무의식에 저장되어 있다고 보았다. 프로이트는 모든 신경증적 증상이나 행동의 근원을 무의식에 두었기 때문에 몸과 마음이 건강하게 기능하지 못하게 하는 원인 역시 무의식에 존재한다고 믿었다. 프로이트는 자유연상(free association)과 꿈의 해석(interpretation of dreams)을 통해 환자 내면에 자리 잡은 무의식의 세계에 접근 하려 하였다. 그는 외과치료에서 효과를 보지 못하는 환자들의 병의 원인을 자신이 의식하지 못하는 무의식에서 발견하여 의식수준에서 자각하게 하는 것을 치료의 방법으로 사용하였다.

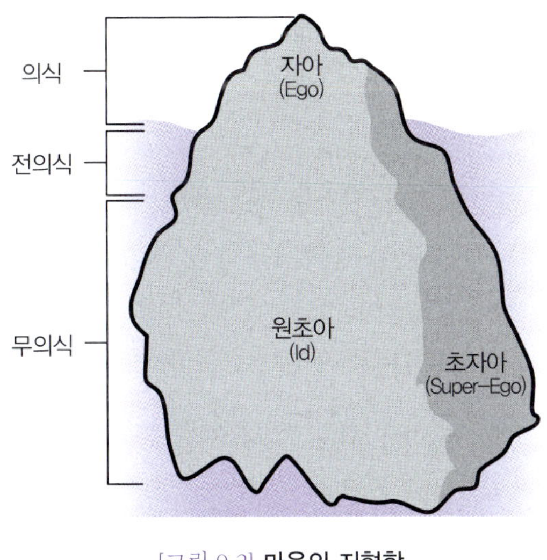

[그림 9-2] **마음의 지형학**

2) 성격의 구조적 모형: 원초아(id), 자아(ego), 초자아(super ego)

프로이트는 성격의 구조를 원초아, 자아, 초자아로 구분하였다. 각 영역들은 고유의 기능과 특성을 지니고 있으나 서로 밀접하게 관련되어 있다. 개인이 가지고 있는 에너지의 양은 제한되어 있기 때문에 세 영역 중 지나치게 한쪽으로 에너지가 모일 때 부조화가 나타나며 환경에 부적응을 하게 된다.

(1) 원초아(본능)

원초아란 신생아 때부터 존재하는 정신 에너지의 원천적 저장고이다. 원초아는 본능적인 욕구를 관장하며 id, ego, superego 세 체계의 활동을 위한 에너지를 방출한다. 원초아는 원시적인 쾌락추구를 즉시 만족시키려고 하는 쾌락원리를 가지고 있다. 원초아는 쾌락적 욕구는 즉시 수행하지만 고통스러운 것은 회피하려고 한다. 원초아가 긴장상태에 놓이게 되면 욕구에 대한 심상이나 환상,

예를 들어 배고플 때 음식과 같은 심상이나 환상을 떠 올린 그 욕구를 해소하려고 한다. 현실에 대한 고려를 하지 못하고 심상에 의한 비현실적인 방법으로 욕구를 충족하려는 원초아의 시도를 프로이트는 일차 과정이라고 설명하였다. 원초아는 야생마처럼 자신의 욕구 충족에 열중한다.

(2) 자아

원초아의 욕구를 충족하거나 긴장을 해소하려는 과정에서 나타나는 심상이나 환상은 그 자체로서는 욕구를 충족시키지 못한다. 원초아의 욕구 충족을 위해서는 현실과의 교섭이 필요하게 되는데 이때 역할을 담당하는 것이 자아이다. 자아는 현실원리에 순응한다. 자아는 현실에 입각하여 적절한 환경조건이 마련될 때까지 원초아의 욕구충족과 긴장의 방출을 유보시키며 현실적이고 합당한 방법으로 만족을 얻을 수 있는 방안을 모색하고 계획한다. 자아는 원초아의 요구와 현실 그리고 초자아의 요구들을 조절하는 기능을 수행한다는 점에서 이차 과정이라고 부른다. 원초아가 야생마라면 자아는 마부의 역할을 수행한다.

(3) 초자아

초자아는 부모와 주위 사람들 또는 사회로부터 물려받은 가치와 도덕, 규범이 내면화된 표상이다. 초자아는 자신의 행동이 옳은지, 그른지를 판단하면서 완벽함을 추구한다. 초자아는 부모로부터의 보상과 벌을 통하여 발달한다. 프로이트는 초자아에는 양심과 자아이상이라는 두 가지 측면이 있다고 하였다. 양심은 잘못된 행동에 대해서 처벌을 받거나 비난을 받은 경험에서 생기는 죄책감과 관계되는 것으로 부모의 제재와 같은 외부의 제재가 내면화된 것이다. 자아이상은 잘한 행동에 대해서 보상을 받은 경험이 이상적인 자아상을 형성하고 이를 추구하는 것을 말한다. 양심과 자아이상으로 구성되는 초자아는 외부, 주로 부모로부터 주어지는 보상과 벌을 통해 형성된 가치체계가 내면화된 것이다. 초자아는 성격의 세 체계 중 인간 행동의 도덕적 규제를 담당하는 곳이라고 할 수 있다.

건강한 성격의 소유자인 경우 이 세 체계가 상반된 목적을 추구하고 서로 충돌하는 일 없이 균형을 유지한다. 그러나 이 세 체계가 조화를 이루지 못하고 상충되는 경우에는 자아가 원초아의 욕구충족을 보류시키기도 하고 초자아에 지나친 도덕적 규제를 조정하는 기능을 남당한다. 이때 자아가 체계간의 조절 기능을 수행하지 못할 정도로 허약 할 경우 세 체계 간의 갈등이 야기 되어 성격장애가 유발되기도 한다. 정신병리에 대한 설명은 아래 그림과 같다.

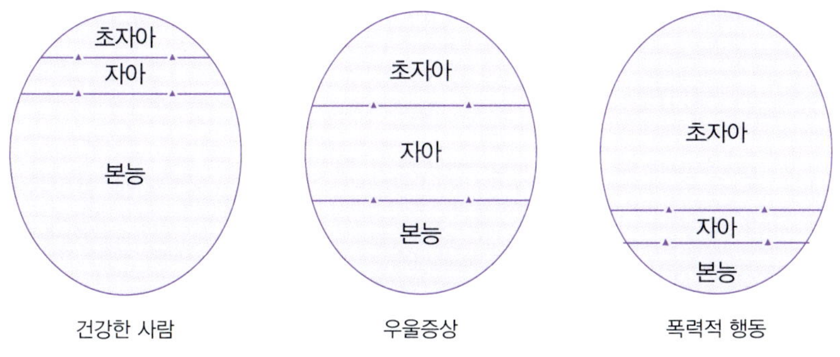

[그림 9-3] **정신 병리에 따른 의식**

3 성격의 역동성

프로이트는 인간유기체를 복잡한 에너지 체계로 보고 종신 에너지와 신체 에너지는 서로 전환될 수 있다고 보았다. 이때 본능이 정신 에너지와 신체 에너지 사이에서 교량역할을 한다고 생각하였다. 본능은 유지체를 움직이는 원천적인 힘이다. 프로이트는 본능을 삶의 본능(life instinct)과 죽음의 본능(death instinct)으로 구분하였다.

1) 삶의 본능(eros)

삶의 본능은 생명을 유지하는 것을 목적으로 하며 타인과의 사랑과 자손 번식을 꼽을 수 있다. 생식 본능과 성본능이 이 범주에 속하는데 프로이트는 성본능을 삶의 본능 중에서 가장 중요시 하였다. 프로이트는 초기이론에서 삶의 본능 중에서 성적 에너지를 리비도(libido)라고 하였으나 점차 리비도를 삶의 본능 전체를 의미하는 것으로 보았다. 그러나 성적 본능에만 충실하게 되면 그 밖에 다른 일을 할 수 없으며 결국 죽음에 이르게 된다. 이때 자기보존의 본능이 성적 충동을 억압하게 된다. 성적본능은 입술, 구강, 항문, 성기 등 신체발달로 욕구 충족을 하다 잠복기를 거쳐 성기기에 도달하면 생식 목적에 공헌하게 된다.

2) 죽음의 본능(thantos)

프로이트는 죽음의 본능을 태어나기 전의 상태로 돌아가는 것으로 생각하였다. 그는 삶의 본능에 비해 죽음의 본능은 드러나 보이지 않지만 그 기능은 항상 작동하고 있다고 보았다. 인간에게는 원래의 궁극적인 상태로 돌아가려는 본능적 충동 즉 자기 파괴의 충동을 가지고 있으며 죽음의 본능이 내부가 아닌 외부적으로 표출될 때 공격성이 나타난다고 설명하였다. 내부의 자기 파괴 욕구가 외부로 표출되면 타인과의 싸움이나 파괴 활동으로 나타난다. 자살은 이러한 자기 파괴의 욕구가 아무런 제지 없이 내부로 향할 때 일어나는 것이다. 일상적으로 죽음의 본능이 표출되지 않는 것은 생의 본능이나 다른 욕구의 제지로 인해 죽음의 본능이 제어되기 때문이다.

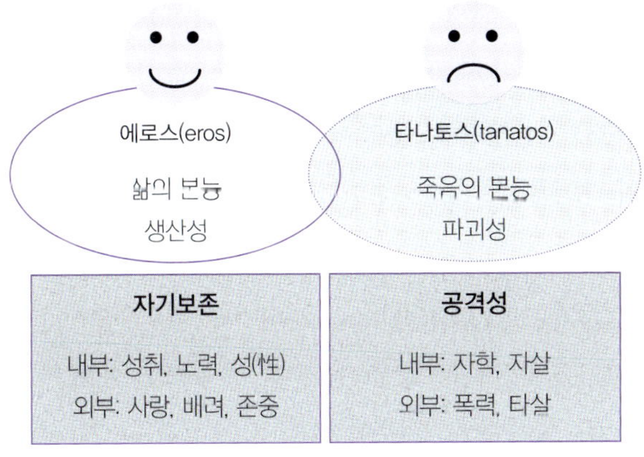

[그림 9-4] 삶과 죽음의 본능

3) 불안(anxiety)

프로이트는 원초아의 본능적인 욕구와 자아 그리고 초자아의 갈등이 행동의 동기가 된다고 생각하였으며 불안을 자아의 적극적인 위험신호 및 반응으로 보았다. 인간은 자신이 지니고 있는 본능적인 욕구를 마음대로 발산할 수 없으며 사회 또한 이를 용납하지 않는다. 그러나 원초아의 욕구는 어떤 방식으로든 표출되고 해소되어야 하는 강력한 힘을 가지고 있다. 원초아의 쾌락원리에 따라 본능의 충족을 추구하지만 자아와 초자아는 원초아의 욕구를 통제하면서 갈등이 발생한다. 이 갈등상황이 오래 지속이 되면 불안상태에 놓이게 된다. 자아가 원초아의 힘을 억제하거나 보류하는 힘이 약할 때 원초아 욕구 또는 처벌받을 짓을 할 것 같은 초자아의 위협으로 인해 불안에 빠지게 된다. 불안은 한 가지 형태로 나타나기도 하지만 복합적으로 도출되기도 한다. 프로이트에 의하면 자아가 경험하게 되는 불안에는 다음과 같은 네 가지 종류의 불안이 있다고 한다.

(1) 현실적 불안(reality anxiety)

현실적 대상이나 근거가 있는 불안으로서 외부세계에서 오는 위협을 느끼는 것을 말한다. 불안은 자아에게 위험을 알리는 신호이며 신호가 감지되면 자아는 위험을 대처할 수 있는 수단을 강구한다. 이때 적절한 대처가 이루어지지 않으면 신체적이나 물질적인 손해를 볼 수 있다. 현실적 불안은 구체적인 경우가 많으므로 상담의 목표는 신경증적 불안이나 도덕적 불안을 현실적 불안으로 대치하는 것이라고 할 수 있다.

(2) 신경증적 불안(neurotic anxiety)

신경증적 불안은 실제로 불안을 느껴야 할 현실적인 이유가 없음에도 불구하고, 자아가 원초아를 통제하지 못하여 어떤 일이 일어날 것 같은 긴장감으로 인해 불안해지는 경우를 말한다. 즉 원초아를 자아가 통제할 수 없을 것이라는 두려움이 신경증적 불안의 원인이다. 이러한 불안은 무의식에서 작동되므로 정작 불안을 느끼는 당사자는 자신이 왜 불안을 느끼는지 그 이유를 알지 못하면서 강한 불안을 느끼는 것이 특징이다.

(3) 도덕적 불안(moral anxiety)

도덕적 불안은 어떤 행동을 하는 것이 초자아의 양심에 꺼리는 일이 아닐까 하는 경계심과 공포에서 오는 불안을 말한다. 즉 자아가 초자아의 처벌을 받지 않을까 하는 두려움으로 인해 생기는 불안으로 원초아가 본능적인 행동을 할 때 생기는 불안이다.

(4) 종교적 불안(religion anxiety)

종교적인 불안은 어떠한 행동을 하는 것이 본인이 믿는 종교(신)적으로 벌을 받을 것이라고 생각하는 불안으로, 신앙적인 믿음의 확신에 대한 거역 또는 실수 등으로 인하여 발생하는 두려움이 불안요인이 된다.

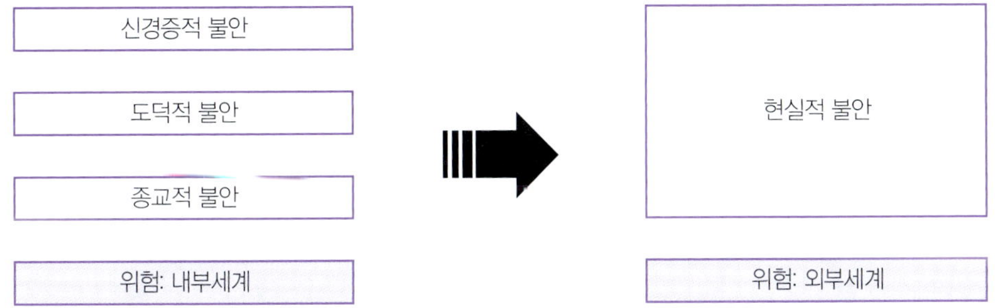

[그림 9-5] 상담을 통한 불안상태의 이완 과정

4 성격 발달의 5단계

프로이트는 성격 발달 단계의 구분은 삶의 본능이며 성적 에너지인 리비도(libido)가 집중적으로 모이는 신체부위의 변화에 따라 나누어진다고 설명하였다. 이때 각 발달 단계에서 어떠한 경험을 했는가와 결과의 만족여부에 따라 개인이 성격이 형성된다고 보았다. 즉 리비도의 에너지가 몸의 내부에서 움직이는 구강기(oral stage), 항문기(anal stege), 남근기(phallic stage) 단계에서 쾌(快)를 충분하게 못하거나 지나치게 몰두하게 되면 고착현상이 일어나 다음 단계로서의 발달이 순조롭게 진행되지 못한다고 설명하였다.

프로이트는 출생 후 5~6세까지의 경험이 성격 형성을 결정한다고 주장하였다. 이 시기에 삶의 본능 에너지인 리비도는 신체기관을 옮겨 가면서 성적 성숙을 추구하며 이때 성격 발달이 이루어진다고 설명하였다. 이러한 성격 발달을 심리성적 발달 단계라고 한다. 각 단계는 구강기, 항문기, 남근기, 잠복기, 생식기로 나눠진다.

1) 구강기

이 시기에는 주로 입, 입술, 혀를 통하여 만족과 긴장감소를 경험한다. 구강기의 발달과업과 갈등은 이유(離乳) 과정에서 발생한다. 유아는 젖을 빠는 과정에서 리비도를 충족하며 자신에게 만족을 주는 대상에 대한 애착이 형성된다.

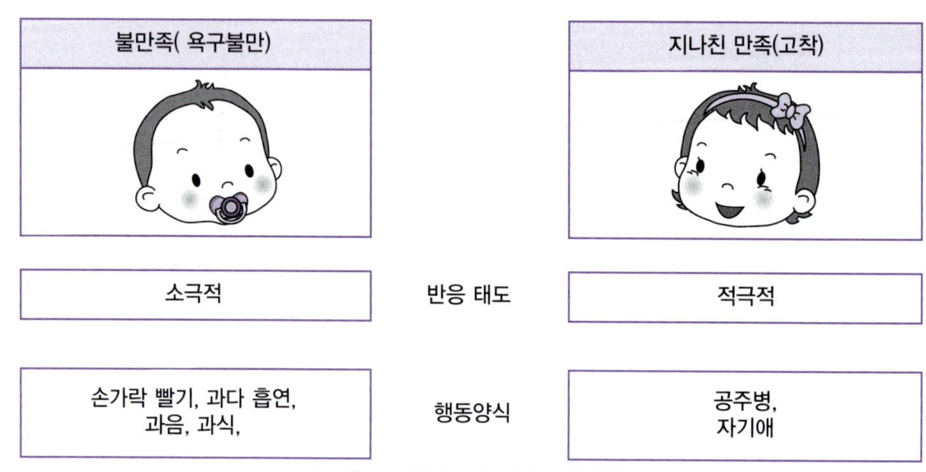

[그림 9-6] 구강기 성격 형성(고착)

만약 이 시기에 젖의 양이 부족하거나 인위적으로 수유시간을 엄격하게 통제하면 유아는 불만족(욕구불만)이 생겨 고착현상을 보이게 된다. 이 시기의 고착현상으로는 과음, 과식, 손가락 빨기, 과도한 흡연 등을 들 수 있다. 또한 지나친 구강만족은 자기만족(예: 공주병)으로 애착의 방향이 형성되기도 한다. 구강기의 성격을 다음과 같이 두 가지로 나누어 볼 수 있다.

구강기적 욕구를 적절하게 충족시킬 경우 개별화, 분리, 대상관계의 형성과 같은 발달과업을 성취할 수 있으니 그렇지 못한 경우에는 과다한 의존성 및 관계형성에서의 문제점을 보일 수 있다.

2) 항문기

이 시기에 유아는 배설물을 보유하거나 배설함으로써 만족을 얻는다. 항문기에는 배변훈련 과정에서 발달과업과 갈등이 생겨난다. 배변훈련 과정에서 유아는 생후 처음으로 그의 본능적 충동을 외부(부모)로부터 통제받는 경험을 하게 된다. 배변훈련 시에 부모로부터 심한 강요나 억압을 받게 되면 성인이 된 후에도 고착이 일어나서 심하게 청결함을 추구하는 결벽성향이 나타나기도 한다. 배설을 참는(보유)만족을 강하게 경험할 경우 구두쇠나 수전노와 같은 인색함이 고착된 성격으로 나타난다. 이 시기의 발달과업이 성공적으로 수행되면 유아는 권위에 대해 균형 잡힌 존경심을 표시하게 된다.

3) 남근기

유아는 이 시기에 자신의 성기를 자세히 관찰하며 자신의 심벌을 부비거나 만지는 행위를 하기도 한다. 남근기의 특징으로는 오이디푸스 콤플렉스(oedipus complex)와 엘렉트라 콤플렉스(electra complex)를 들 수 있다. 프로이트는 이 시기에 아동들이 이성의 부모에 대해 성적인 애정을 지니고 접근하려고 한다고 설명하였다. 남아가 자신의 아버지에 대해 느끼는 콤플렉스를 오이디푸스 콤플렉스라고 한다. 이 시기에 남아들은 자기 어머니에게 성적으로 애착을 느끼게 되며 아버지를 경쟁자로 생각하여 적대감을 가지게 된다고 한다. 또한 아버지가 자기의 가장 중요한 부분인 성기를 없애버릴 것이라는 거세불안을 가진다고 설명하였다. 이 시기의 남아들은 거세불안을 감소시키기 위해 어머니에 대한 성적 욕망과 아버지에 대한 적대감을 억압하며, 동시에 어머니가 인정하는 아버지의 남성다움을 갖기 위한 기제로서 아버지에 대해 동일시를 하게 된다.

동일시는 자신이 아버지(또는 어머니)와 같다고 생각하여 아버지(또는 어머니)처럼 행동하거나 부모의 태도나 사고, 가치 등을 자기 것으로 내면화하려는 노력으로 나타난다. 이러한 동일시 과정을 통하여 남아는 어머니에 대한 성적 욕구를 간접적으로 해결하며 아버지로부터 올 수 있는 공격에 대한 불안도 동시에 해결하게 된다고 한다. 그 결과 남아는 적절한 남성적 역할을 습득하게 되어 아버지의 도덕률과 가치체계를 내면화하게 되고 양심과 자아이상을 발달시켜 나가게 되며, 남근기에 초자아가 나타나게 된다.

프로이트는 여아가 아버지에 대해 가지는 성적 애착과 접근의 소원을 엘렉트라 콤플렉스라고 하였다. 여아의 경우에는 남근이 없으므로 남아와 같은 거세불안을 갖지 않으나 그 대신 자기에게 없는 남근에 대한 부러운 감정 즉 남근선망을 가지게 된다고 설명하였다. 이 시기에 고착이 나타나면 남근기적 성격이 형성된다. 적극적인 남근기적 성격은 과시적이고 공격적인 것이 특징이며 소극적인 남근기적 성격은 오만하면서도 겸손하다고 한다.

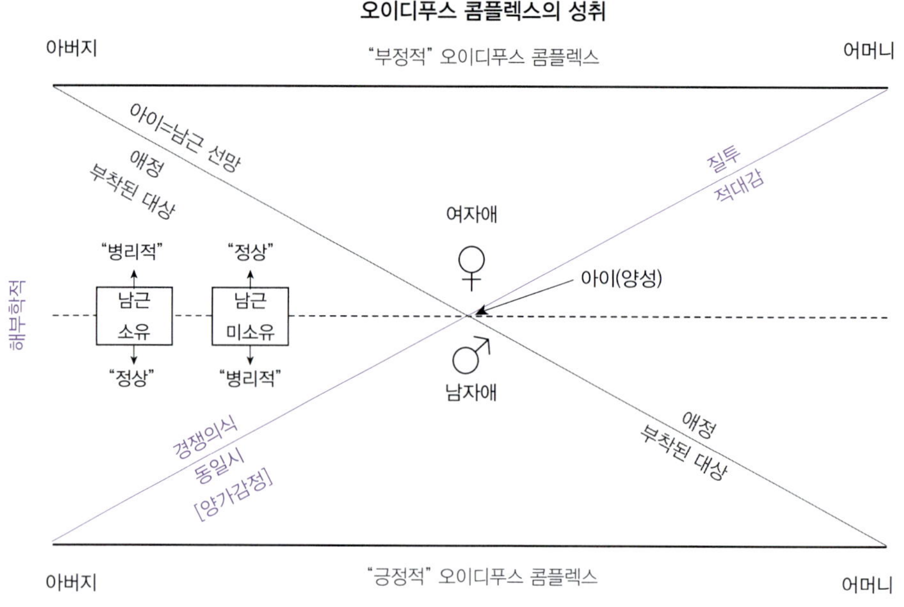

[그림 9-7] 오이디푸스 콤플렉스와 엘렉트라 콤플렉스

4) 잠복기

오이디푸스 콤플렉스를 극복한 후에 아동들은 리비도의 활동이 잠잠한 시기라고 할 수 있는 잠복기에 들어선다. 프로이트에 의하면 이 시기의 아동들은 성적 욕구가 철저히 억압되므로 앞의 세 단계에서 가졌던 욕구들을 거의 모두 잊게 된다고 한다. 위험한 충동이나 환상이 잠재되어 버리기 때문에 내면적으로 조용한 시기라고 할 수 있다. 이 시기는 학교에 입학하는 시기여서 내부 에너지

가 외부로 향하게 된다. 이 시기의 아동들은 주위환경에 대한 탐색이 활발하며 또래집단을 형성하는 등 사회적인 활동이 이루어진다. 또한 운동이나 게임 그리고 지적 활동과 같은 사회적으로 용납되는 행동에 에너지를 투입하게 된다.

5) 생식기

사춘기가 시작되면서, 성적 에너지는 다시 분출되어 이전시기에 억압 되었던 충동이 무의식에서 의식세계로 다시 들어오게 된다. 이 시기에 이르면 이성에 대한 진정한 관심을 가지고 성숙한 사랑을 할 수 있게 된다. 프로이트는 잠복기 이전에는 자기 자신의 신체에서 성적 쾌감을 추구하고 자기 애착적인 경향을 보이지만 사춘기에 접어들면 비로소 타인인 이성으로부터 성적 만족을 얻으려고 한다고 설명하였다. 따라서 사춘기 이후를 이성 애착 시기라고 한다. 생식기까지 순조로운 발달을 한 사람은 타인에 대한 관심과 협동하는 자세를 가지게 된다. 생식기적 성격을 지닌 사람은 이타적이고 원숙하다고 할 수 있다.

그러나 모든 사람이 이성과의 성숙한 사랑을 이룰 수 있는 것은 아니다. 만일 생식기에서의 발달이 순조롭게 이루어지지 않으면 이 시기의 성적 에너지를 원만하게 처리할 수 없다. 이로 인해서 권위에 대한 반항, 비행, 또는 이성에 대한 적응곤란이 일어나기도 한다.

5 정신분석학적 상담 방법

프로이트는 생후 5년여의 성장 과정에서 아동의 정신적 에너지와 체험에 의해 성격 형성이 결정된다고 보았다. 면담 과정에서 상담자는 내담자의 아동기에 주변의 영향력 있는 인물들과의 정서적 상호작용에 대해 이해하려고 한다. 또한 심리성적 발달 단계에서의 주요 역동에 관해 이해하고 상담에 연계하여 활용한다. 현재의 내담자의 행동은 무의식적 동기들과 갈등에 의한 것으로 본다. 즉 현재 내담자가 안고 있는 문제는 과거 아동기의 억압된 갈등이 내담자에게 영향을 미친 것으로 본다. 상담자는 자유연상 및 꿈의 해석을 통해 내담자의 무의식에 존재하는 감정이나 생각을 의식으로 끌어낸다. 상담이 진행되면서 내담자는 과거 어린 시절에 자기가 중요하게 생각했던 사람들에게 느꼈던 감정들을 다시 경험하는 독특한 과정을 겪게 되는데 이것을 전이(transference)감정이라고 한다. 상담자는 이런 전이 감정을 통해 환자가 겪고 있는 정신적 문제의 뿌리를 찾아가는 작업을 진행한다. 무의식에 묻혀있던 유년시절의 정신적 외상(trauma)을 의식세계로 이끌어내는 전이 과정을 통해 내담자는 자신의 심리적 문제에 대해 어느 정도 통찰력을 갖게 된다. 그 다음에는 내담자가 실제 생활에서 변화된 모습을 보이기 위한 훈련(working through) 과정이 진행된다. 상담의 전개는 다음 그림과 같다.

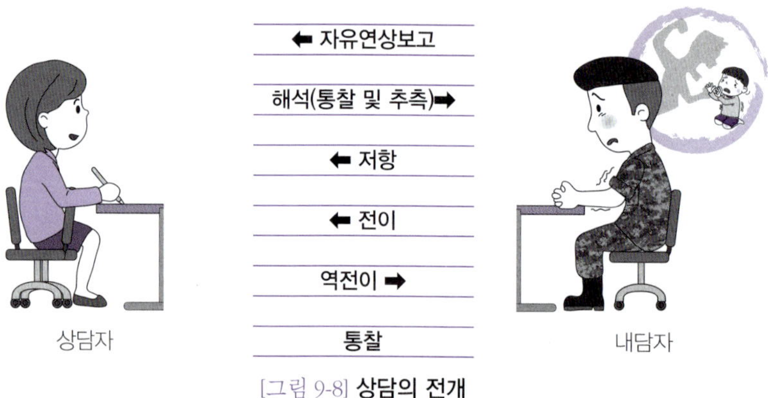

[그림 9-8] 상담의 전개

1) 상담 과정

(1) 내담자의 회상 자료를 수집한다

먼저 당면한 현실상황을 파악하기 위하여 현재의 생활방식 및 주요관계에 대하여 알아본다. 하루 동안의 생활 모습 및 습관을 파악한다. 다음으로 주된 문제의 발생, 그 당시 환경적 특징, 문제의 발전 과정을 알아본다. 현재 나타나는 증상의 시작과 증상의 발달 과정, 그 당시의 환경에 대해 질문한다. 의식 수준의 회상적 자료는 도움을 구하는 이유와 현재의 생활상태, 주요 대상관계에서 경험하였던 감정양식이 포함된다. 이때 초기아동기(출생에서 6세 이전), 잠재기, 청소년기와 성숙기의 각 단계별로 중요한 대상과의 감정적 상호관계를 파악한다. 기억이 연속적으로 저장되어 있지 않기 때문에 어려움이 있으나, 각 단계의 가족관계 특히 자신에게 중요한 대상과의 감정양식이 어떠하였는지에 대한 느낌, 생각 등을 질문함으로써 자료를 수집한다. 아동기에 경험한 주요 대상과의 감정적 관계는 현재의 정신역동을 이해하는 열쇠를 제공해 준다. 신체적 증상에 대한 의학적 과거력도 아울러 파악한다.

(2) 내담자의 의식적 태도와 감정을 파악한다

상담자가 내담자에게 직접 질문하여 의식적 태도와 감정에 대한 정보를 얻을 수 있다. 과거와 현재의 타인과 자신에 대한 감정, 자기 자신 및 자신의 고통에 대한 견해, 미래에 대한 예견, 두려움, 야망에 대한 견해, 과거의 의존성, 애정, 열등감, 적대적 요소에 대한 자료를 얻는다.

(3) 무의식적 연상 자료를 수집한다

내담자가 쉽게 의식화할 수 없었던 자료들을 정신 역동적 상담의 연상 과정을 통하여 자료를 수집한다. 생에 최초 기억과 초기 기억을 통해 개인의 주요발달사를 파악한다. 아동기 이후 반복되는 꿈과 공통되는 꿈의 형식, 현재의 꿈, 면담 전날 꿈을 통해 내담자의 태도를 이해한다. 언어적 반응은 상담자의 구체적 질문에 대한 반응이므로 무의식적 자료를 제공해 줄 수 있다. 과거력을 수집 하는 동안 관찰되는 내담자의 얼굴 표정이나 몸가짐, 태도 등 내담자의 외양은 내담자의 내면적 상태를 알려 주는 주요한 단서가 된다.

(4) 전이와 역전이

상담자에게 향하는 의식적, 무의식적 전이 태도를 이해함으로써 내담자의 정신역동과 더불어 상담에 대한 예견이 가능하다는 점에서 중요하다. 또한 내담자에 대한 상담자의 감정적 반응인 역전이도 내담자를 이해하는 자료가 될 수 있다.

(5) 해석

내담자의 통찰이 이루어지도록 하기 위해 자유연상, 꿈, 저항, 전이를 분석할 때 사용되는 기본적인 절차이다. 이 과정에서는 꿈, 자유연상 내용, 저항, 상담관계 자체의 의미를 지적하기도 하고 설명하기도 하며, 가르치기도 한다. 자아로 하여금 무의식적인 재료를 의식화하는 것을 촉진시켜 내담자가 무의식적인 재료들에 대한 통찰을 갖게 하는 것으로써, 해석의 효과는 내담자의 수용상태에 따라 다르다.

(6) 저항분석

내담자가 치료 과정에서 나타내는 비협조적이고 저항적인 행동의 의미를 분석하는 것이다. 내담자는 자신의 억압된 충동이나 감정들이 각성하게 될 경우 불안을 견디어 내기가 힘들기 때문에 그 불안으로부터 자아를 방어하려는 경향의 결과로 저항을 나타낸다. 저항분석의 목적은 내담자가 그 저항을 처리할 수 있도록 하기 위해서 저항의 이유들을 각성할 수 있도록 도우려는 것이다. 저항해석의 원리는 상담자가 내담자의 주의를 집중하게 하고, 저항들 가운데서도 가장 분명한 저항현상을 해석하는 것이다.

(7) 꿈의 분석

꿈의 내용들은 억압된 소원들로 구성되어 있는 것으로 보아 무의식의 세계로 통하는 길이라 할 수 있다. 꿈은 '잠재적 내용'과 '현시적 내용'이 있다. 꿈의 '잠재적 내용'은 무의식적인 성격 및 공격적 충동들이 보다 용납될 수 있는 내용으로 변형되어 나타나는 것이다. 꿈의 '현시적 내용'이란 꿈속에 나타나는 꿈의 내용을 말한다. 상담자는 현시된 꿈의 내용이 갖는 상징들을 탐구하여 가장되어 있는 의미를 파악해야 한다.

(8) 통찰

상담자는 전이 해석을 통해 내담자가 현실과 환상, 과거와 구분하도록 해 주며, 아동기의 무의식적이고 환상적인 소망의 힘을 통찰하도록 한다.

(9) 훈습

통찰 후 내담자 자신의 무의식적 갈등이 어떻게 현실생활에서 나타나고 있으며 그에 대한 심리적 갈등을 깨달아 실생활에서 자신의 사고와 행동을 수정하고 적응 방법을 실행해 나가는 과정이라 할 수 있다.

chapter 10 인간 중심 상담

인간 중심상담에서는 인간은 기본적으로 선(善)하며 진실 되고 이성적이며 자신의 선택에 따라 행복하고 가치 있는 삶을 영위할 수 있는 가능성을 지닌 존재라고 믿었다. 로저스는 인간을 씨앗에 비교하여 적절한 조건만 형성된다면 큰 나무로 성장할 수 있는 잠재력을 지녔다고 설명하였다.

1 로저스(Carl Rogers, 1902~1987)의 삶

칼 로저스는 자극과 반응에 관심과 목적을 둔 행동주의와 정신분석학에서의 부정적인 결정론에 반발하여 인간 중심 상담 및 심리치료를 제창하였다. 인간중심상담은 실존주의의 영향을 받았으며 인본주의적 심리학에 그 뿌리를 두고 현상학적인 인간관을 가지고 있다.

로저스는 1902년 일리노이 주 오크 파크에서 6남매 중 4째로 태어났다. 그의 어머니는 보수적인 장로교 기독교인이어서 가족들은 매일 아침 장시간의 기도

로 하루를 시작하였다. 유희적인 놀이를 배격하고 힘든 일에 가치를 두었으며 가족의 일원으로 책임을 다할 것을 요구받았다. 엄격한 청교도적 윤리가 지배하는, 가족 결속력이 강하고 친밀하고 따뜻한 분위기에서 성장하였다. 그 후 13세 때 그의 가족은 시카고 근교의 농장으로 이주하였다. 이사의 목적은 노동의 가치와 기독교 원리를 키우기 위해서였다. 그는 그곳에서 또래 친구를 사귈 수 없었으며 남동생 둘과 어울려 놀 수밖에 없었다. 그는 과학에 관심을 가졌으며 우수한 성적으로 고등학교를 졸업했으나 농부가 되길 희망했다. 이러한 어린 시절의 과정이 그가 인간을 씨앗으로 비교하게 되는 배경으로 자리 잡게 된다.

그는 농업 분야에서 우수한 프로그램이 있는 위스콘신대학에 입학한다. 이후 그의 관심과 전공은 농업에서 역사로 종교학을 거쳐 최종적으로 임상심리학으로 바뀌게 된다. 로저스의 부모들은 보수적인 목사가 되길 원해 프린스턴 신학대학에 가길 원했으나 그는 미국 내에서도 가장 진보적인 유니온 신학대학에 입학한다. 그는 유니온 신학대학 맞은편에 있는 콜롬비아 대학에서 심리학에 관한 강좌를 수강하게 된다. 콜롬비아 대학원에서 심리학을 전공하게 된 그는 손다이크(shondike)를 만나면서 문제아동에 대한 관심을 가지게 된다. 그는 인본주의 운동을 창안하여 발전시켰으며 인간 중심접근은 심리학과 관련된 다양한 영역에 영향을 끼치게 된다. 노년에는 다중문화에 관심을 기울여 인종 간 긴장 완화와 세계평화에 관심을 두어 노벨 평화상 후보에 오르기도 하였다.

1) 로저스의 인간관

로저스는 '인간은 자신의 문제 발견과 해결능력을 지니고 있으며 자기실현의 선천적인 경향성을 있다'는 긍정적 인간관을 가지고 있었다. 또한 자기실현화 경향성(self-actualization)을 가지고 있다고 생각하였다. 자기실현화 경향성이란 유기체가 자신을 유지하거나 성장시키는 데 도움이 되는 방향으로 자신의 모든 능력을 개발하려는 선천적인 경향성을 뜻한다. 인간은 욕구감소, 긴장 완화, 추동(drive)감소 및 긴장 추구, 창의적으로 되려는 욕구, 학습하려는 경향 등 포괄

적인 경향성을 지니고 있다. 이러한 자기 실현화 경향성은 자기 구조의 발달의 뒤에 나타난다. 로저스의 사람을 보는 관점은 다음과 같이 네 가지로 나눌 수 있다(강진령, 2009).

(1) 본질적으로 선하고 신뢰할 수 있는 존재

사람은 본질적으로 선하고 신뢰할 수 있으며 긍정적, 건설적, 현실적인 존재이다. 때로 신뢰할 수 없는 방식으로 행동하거나 남을 속이거나 미워하거나 잔인한 행동을 저지르는 사람도 있으나 이는 '실제 자기'와 '이상적인 자기' 간의 심대한 자기 불일치에서 야기된다.

(2) 존엄성과 가치 있는 존재

사람은 누구나 그 자체로서 존엄성과 존재 가치가 있다. 타인이 권리를 침해하지 않는 한 사람은 자신의 주관적 의사를 가지고 운명을 통제할 수 있으며 흥미와 관심을 자유롭게 추구할 권리가 있다. 따라서 내담자는 스스로 자기 문제를 해결할 수 있는 가장 적합한 사람이다. 따라서 상담자는 내담자의 최대한 자기노출을 통해 통찰을 이끌어 낼 수 있는 조건과 분위기를 조성하고, 내담자는 자기이해를 통하여 자신을 신뢰하고 자신감을 갖게 된다.

(3) 현상학적 조망을 하는 존재

현상학적 장은 개인의 사적 및 주관적인 경험의 영역이다. 즉 각 사람마다 특수한 경험세계인 현상적 장이 각 사람의 행위를 결정하므로, 대상이나 사건 자체보다 현실(대상 혹은 사건)에 대하여 개인이 어떻게 지각하고 이해하는가에 의해 행동양식이 결정된다는 의미이다.

(4) 실현 경향성이 있는 존재

인간은 유기체를 유지 및 성장시키는 방향으로 제반 능력을 발달시키는 타고난 성향이 있는 존재이다. 이는 유기체를 동기화시키는 주된 힘이자 기능으로 일반적인 욕구를 포함하는 개념이다. 즉, 무엇이 되고자 하는 충동이자 자신의 능력을 표출하고자 하는 의지로 개인의 성장과 성숙을 추구하고 싶은 주요한 동기가 된다.

2) 인간 중심 상담이론의 발달 단계

로저스는 심리학을 본격적으로 공부하기 이전에 많은 학문을 섭렵하였다. 가정의 종교적 분위기 때문에 역사화 철학을 공부하였으며 당시 미국사회에 만연한 존 듀이의 진보주의 교육관과 그의 제자 킬 패트릭의 이론은 그의 이론 확립에 많은 영향을 끼쳤다. 인간 중심이론의 정립 과정과 핵심적 사고를 정리하면 〈표 10-1〉과 같다.

〈표 10-1〉 **로저스의 인간 중심이론의 정립 과정**

단계	과정	내용	비고
1단계	비지시적 상담 (1940~50)	감정의 반영 비지시적 기술	허용적이며 비간섭적 기법
2단계	내담자 중심 상담 (1950~57)	성격이론과 상담이론의 확립	상담자가 중심 → 내담자 중심의 관점으로 변화
3단계	이론 적용 (1967~75)	상담자와 내담자의 상호보완적 관계 형성	내담자 행동 상담자의 유기체적 경험
4단계	인긴 중심 상담 (1975~)	첫 만남 집단에 로저스 이론 적용	인간 중심 이론 완성

3) 로저스의 현상학적 성격 개념

로저스의 성격이론은 '자아이론'으로 불리기도 한다. 로저스는 현상학적 입장을 취하는 심리학자로 현상학이란 개인의 주관적 경험, 감정, 그리고 세계와 자

기 자신에 대한 개인적 견해 및 사적 개념을 연구하는 것이라고 생각하였다. 눈에 보이는 객관적인 세계보다 개인 스스로가 어떻게 느끼는가의 주관적인 세계가 행동의 원천이 된다는 것을 '현상학'이라고 하고, 그러한 주관적인 경험의 세계를 '현상적 장'이라고 한다. 로저스의 경우 성격 자체보다도 상담의 결과로써 성격변화가 어떻게 이루어지는가에 대한 관심이 높았다.

(1) 성격의 구조

① 유기체

유기체란 전체 인간(신체, 정서, 지식의 총체)을 뜻하며, 개인의 사상, 행동 및 신체적 존재 모두를 포함하는 전체로서의 한 개인을 말한다. 로저스는 "경험은 나에게 최고의 권위이다"라고 하면서 인간은 경험에 대해 유기체적으로 반응한다고 생각하였다. 다시 말해 어떤 자극이 있을 때 그 자극에 대하여 우리의 전 존재가 반응을 한다.

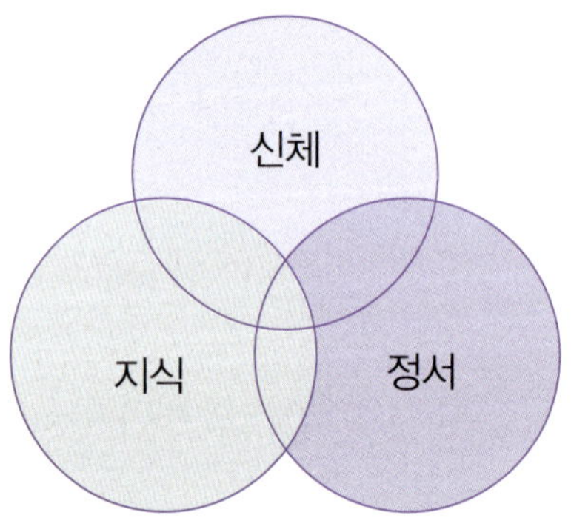

[그림 10-1] **유기체의 구성**

② 자기(자아: self)

자아개념은 로저스의 성격이론에서 가장 중요한 구성개념이다. 자기는 전체적인 현상학적 장 또는 지각적 장으로부터 분화된 부분으로 '나'에 대한 일련의 인식과 가치로 이루어진다. 자기는 성격 구조의 중심이며 성격이 발전하는 핵심이다. 그리고 자기는 유기체 행동의 일관성을 유지하는 데 중요한 역할을 한다. 자기개념과 일치되는 경험들은 통합되며, 불일치되는 경험들은 위협으로 지각된다. 자기개념은 언제나 과정 중에 있으며, 현상학적 장과의 계속되는 상호작용 속에서 성장하고 변화된다. 즉 부모로 대표되는 타인과의 상호작용을 통해 자기개념이 형성된다.

③ 현상학적 입장

사람은 사건에 대해 그들 스스로 어떻게 지각하여 해석하였는지에 따라 반응한다. 즉 현상학적 입장은 개인에게 있어서 현실로 인식하는 것은 그의 내적 준거 체계나 주관적 세계 내에 존재하는 것을 말한다. 한 인간의 감각은 직접적으로 현실세계를 반영하지는 않는다. 대신에 사실상의 현실은 반응하는 유기체가 관찰하고 해석한 것으로서의 현실이다. 따라서 현상학적 성격이론의 중요한 점은 인간에 대한 최대한의 이해는 인간의 내적인 준거 체계를 관찰함으로써 가능하다는 것이다. 따라서 현상학은 끊임없이 변화하는 경험의 세계이다. 여기서 가장 중요한 점은 실제적 사실이 아니라 개인이 그것을 어떻게 지각하는 가이다. 따라서 로저스는 개인의 발달에 영향을 미치는 힘들이 개인을 둘러싼 환경 즉 개인의 내부 역동보다는 대인간의 관계 속에 있다고 보았다.

(2) 성격의 발달

유아에게 있어서 존재하는 유일한 세계는 그의 경험 세계이며, 모든 인간은 태어날 때부터 자아실현의 경향 동기를 갖고 태어난다. 이에 따라 유아는 자기의 유기체를 고양시키는 것으로 자각되는 경험을 긍정적으로 평가하고, 자기의 유기체에 해가 되는 것으로 인신되는 경험을 부정적으로 평가하는 선천적인 유기체적 가치화 과정 능력을 갖게 된다.

성장함에 따라 유아는 '나'와 '내가 아닌 것'을 인식하게 되고 시간이 흐를수록 보다 정확하게 구별해 낼 수 있게 된다. 따라서 이러한 능력들은 점차 자기 것과 남의 것을 가려내게 되고 이러한 과정을 통해서 자기개념이 발달하게 된다. 즉, 유아의 경우 '자기'라는 인식이 없는 상태에서 일련의 체험, 특히 부모로 대표되는 타인과의 상호작용을 통해 자기개념이 형성된다.

자기에 대한 각성이 생기게 되면서부터 유아는 긍정적인 관심에 대한 욕구가 생기게 된다. 이러한 감정은 온정과 애정의 욕구로 모든 인간 내부에 선천적으로 존재하고 있다. 유아는 자신의 주위에 있는 의미 있는 타인들의 관심에 근거하여 학습된 자기존중감을 발달시켜 나간다. 따라서 긍정적인 관심에 대한 욕구는 유기체의 가치화 과정에 커다란 영향을 미치게 되므로 매우 중요하게 여겼다. 그러나 유아의 욕구는 스스로 얻을 수 있는 것이 아니며 타인들로부터 얻어야만 되는 것이다. 따라서 유아는 자신의 부모나 의미 있는 타인들이 자신에게 주는 관심에 근거하여 자신을 평가하게 된다.

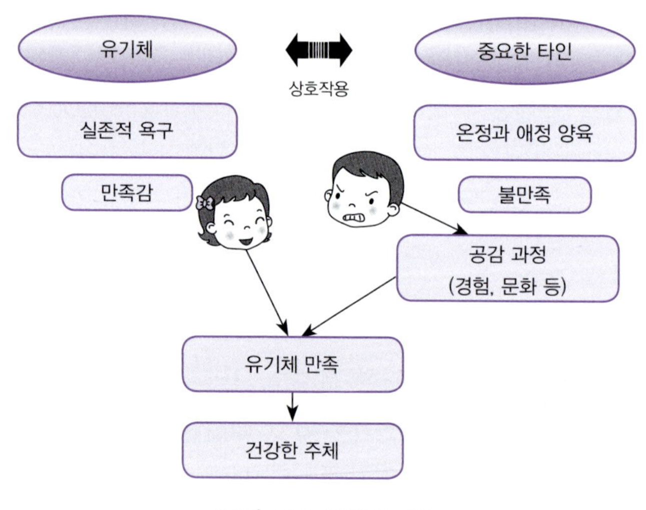

[그림 10-2] **성격의 발달**

유아가 점차 성장해 나갈수록 타인들로부터 긍정적인 관심을 받고자 하는 욕구와 유기체의 실존적인 욕구와 충돌하게 된다. 즉 주요한 타인으로부터 받은 애정과 관심은 아이 자신의 유기체적 욕구와는 다른 가치를 가지고 있다. 이때 아이는 자신의 가치화를 주요한 타인과의 생각과 가치를 마치 자기의 가치화로 착각하게 될 수 있고 나쁜 경험도 될 수 있는 것이다. 이러한 과정에서 아이는 가치의 조건을 습득하게 된다. 이 가치의 조건은 아이가 진정한 자신의 욕구보다 다른 사람의 관심과 애정을 받기 위해 그들의 기준이나 욕구에 맞추어 살아가는 상태를 말한다.

유기체적 가치화 과정이란 경험을 정확하게 상징화하고 유기체적으로 경험되는 만족의 관점에서 계속적으로 새롭게 가치를 부여하는 것을 말한다. 따라서 유아의 만족은 자극이나 행동이 유기체를 유지하거나 고양시킬 때 경험하게 된다.

(3) 부적응 성격의 발달

앞서 말한바와 같이 유아의 경우 자신이 경험한 바에 의해서가 아니라 부모와 자신에게 중요한 타인의 판단에 의해서 좋고 나쁨이 평가된다. 이때 타인으로부터 긍정적인 관심을 받으려는 욕구는 유기체가 실질적으로 느끼는 욕구를 억누르게 되고 타인의 생각과 가치를 마치 자신의 것으로 받아들이게 된다.

① 긍정적 관심의 욕구와 실존적 욕구

타인으로부터 받은 애정과 관심은 아이 자신의 유기체적 욕구와는 다른 가치를 지니고 있다. 이러한 구조적 관점의 상이점은 긍정적 관심에 대한 욕구와 유기체의 실존적 욕구는 충돌을 야기한다. 이런 경우, 아이는 다른 사람의 생각과 가치를 자신의 가치인 것처럼 착각하게 된다. 이러한 가치와 실존적 욕구의 불일치는 결국 유기체적 경험의 왜곡을 가져온다는 점에서 심리적 부적응의 한 원인으로 작용한다.

② 자기와 경험의 불일치

아이는 성장하면서 발달하게 되는 조건화된 가치들 때문에 다른 사람의 기준에 따라 살아가려는 자신의 자아개념과 유기체적 경험 간의 불일치를 경험하게 된다. 따라서 자기와 유기체의 경험이 불일치되는 현상은 심리적 부적응을 유도한다. 결국 불안을 경험하게 되고 이러한 불안이 자기 구조와 불일치하거나 부조화의 경험이 자주 발생하게 되면 공격적인 수준의 불안을 경험하게 되며 이러한 부조화의 상태를 로저스는 신경증으로 보았다. 또한 자기개념이 부서져서 자신을 방어하지 못하는 경우를 정신병리라고 보았다.

③ 이상적 자기와 현실적 자기

이상적 자기는 개인이 궁극적으로 되고자 하는 이상향이자 목표로, 자기에 대해 높은 가치를 부여하고 그렇게 되도록 노력하는 것이다. 현실적 자기는 현재 자기가 처해 있는 상황의 자기로서, 이상적 자기와 현실적 자기의 불일치는 개인에게 동기를 부여하는 역할을 한다. 그러나 그 차이가 크면 클수록 심리적 압박감을 느끼게 되고 결과적으로 부적응을 경험하게 된다.

(4) 적응과 부적응

로저스는 유기체 경험 간의 공통부분이 많으면 적응이고, 공통부분이 적으면 부적응이라고 보았다. 부적응은 본질을 경험과 자기개념과의 불일치로 인해 통합하지 못하고 있는 상태로 보았다. 따라서 자기와 경험의 일치를 적응의 본질로 보았다. 적절한 환경조건이 주어지면 한 개인은 자신이 경험하고 있는 것을 외부적 가치 기준에 어긋난다는 이유 때문에 숨기지 않고, 있는 그대로 경험하며, 그것을 자신의 일부로 받아들이게 된다.

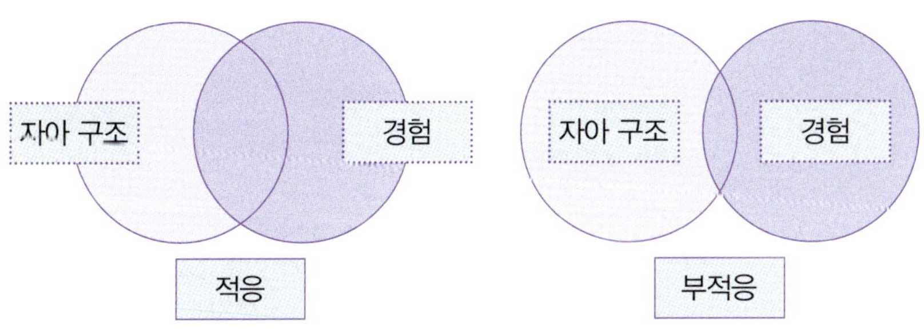

[그림 10-3] 적응의 기제

① 자아 구조

개념의 틀을 말하며, 개인이 특성들과 관계성, 그리고 이들과 관련된 가치관들을 포함하여 정형화된 지각 들을 말한다.

② 경험

인간(유기체)의 전체적이고 경험적인 혹은 현상의 장이며 유동적이고 변화하는 장이다.

(5) 충분히 기능하는 사람

자신의 잠재력을 인식하고 능력과 재질을 발휘하여 자신에 대한 완벽한 이해와 경험을 풍부히 하는 방향으로 이동해 나가는 사람을 말한다. 충분히 기능하는 사람은 다음과 같은 특징을 가진다.

① 경험에의 개방성 vs 방어적인 삶

가치의 조건에 자유스런 상태로 자신의 감정과 태도를 자율적으로 경험할 수 있으며 또한 방어기제의 사용 없이 자신을 개방할 수 있다.

② 실존적인 삶 vs 부모로부터 습득한 방식대로 삶

경직성, 완벽한 조직, 경험에 대한 의도적인 구조가 없는 삶을 말한다. 모든 경험을 이전에는 결코 비슷한 방법으로 존재하지 않았던 것처럼 새롭게 신선하게 느낀다.

③ 자신의 유기체에 대한 신뢰 vs 유기체의 불신

가장 만족스런 행동에 도달하는 믿을만한 수단이 바로 자신의 유기체임을 믿는 상태, 옳다고 느껴질 때 그렇게 행동한다.

④ 자유감 vs 통제되는 느낌

삶에 대한 개인적 지배감을 즐기며 그것은 일시적인 생각이나 환경 또는 과거의 사건들에 의해 결정되는 것이 아니라 자기 자신에게 달려있다고 믿는다.

⑤ 창조성 vs 일상적이고 틀에 박힌

타인으로부터의 인정에 별 관심이 없기 때문에 자기 자신이 존재하는 모든 영역에서 창의적인 소신과 삶으로 스스로를 표현한다.

(6) 방어기제

인간은 자신의 자기개념을 유지하려고 노력하고 있으나 경험과 자기개념이 불일치하게 되면 그러한 경험을 인정하지 않기 위해 방어적으로 반응을 하게 된다. 방어는 불안으로부터 자아구조를 보존하는 기능으로 경험의 의미를 왜곡하거나 경험의 존재를 부인하는 것으로 나누어 볼 수 있다.

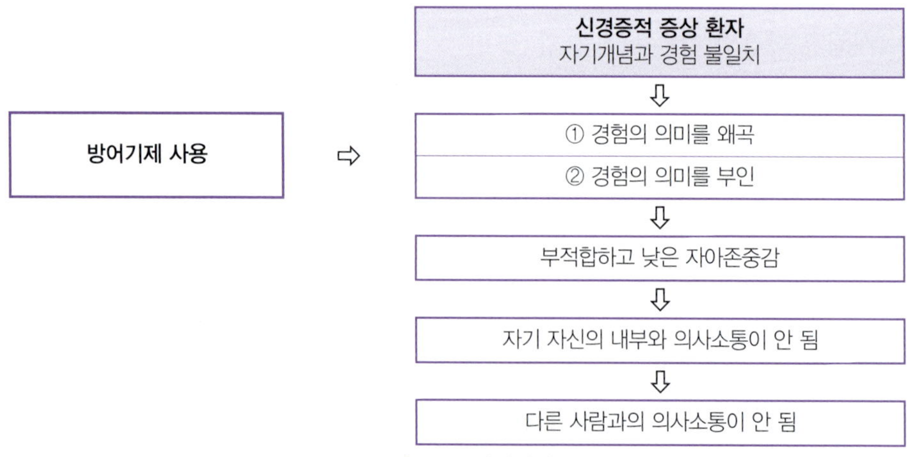

[그림 10-4] 방어기제

2 인간 중심의 상담 및 심리치료(비지시적 상담)

프로이트와 마찬가지로 로저스의 인간에 대한 본성과 성격에 관한 현상학적 이론은 정서적인 장애를 가진 사람들을 치료한 경험이 바탕이 되었다. 즉, 그의 수많은 임상경험은 그의 성격이론에 영향을 주었으며, 이는 다시 효과적이고 훌륭한 상담과 심리치료 이론을 형성하는 데 사상적인 틀이 되었다. 비지시적 상담 방법의 기본 전제는 자유주의적 인본주의적 사상이다. 로저스의 비지시적 관점은 심리학적으로 독립적인 각 개인의 권리를 보장한다는 점에서 높은 가치가 있다. 로저스는 지시적 상담과 비지시적 상담을 비교 대조 하였다. 지시적 상담자는 특수한 질문을 하지만 비지시적 상담은 감정이나 태도를 알아본다. 지시적 상담은 설명하고 토론하고 정보를 제공해 주나 비지시적 상담은 교정해야 할 문제나 조건을 지적한다. 비지시적 상담자는 상담 결과를 내담자가 책임지도록 한다.

1) 인간 중심(비지시적) 상담 방법의 특징

① 개인의 자율성과 통합성을 중시한다. 타율성은 인간으로 하여금 의뢰심을 더욱 조장시키기 때문이라고 한다.

② 내담자의 정서에 중점을 둔다. 이 방법은 인간의 자율성과 통합성에 중점을 두다 보니 피상담자의 지성보다 정서적인 면에 중점을 두고 문제해결을 모색한다. 이는 인간의 감성이 지성보다 먼저 행동화하는 경향이 있기 때문이다.

③ 내담자의 발언에 중점을 둔다. 비지시적 방법에서는 상담자의 발언은 제한되고 피상담자 중심으로 이끌어 가는데 발언의 주도권도 피상담자가 잡고 전개시켜 나간다. 그러므로 상담자는 피상담자로 하여금 많은 말을 하도록 이끌어야 한다.

2) 상담목표

한 개인의 자아실현 경향성을 발현할 수 있는 환경(분위기)을 조성하는 것으로, 개인이 자신이 '유기체 욕구'를 자각·수용하여 보다 성숙해지고 자기실현을 향해 나가도록 돕는 것이다. 내담자로 하여금 의미 있는 자기 탐색을 할 수 있도록 조건을 만들어 주면 상담자와의 내담자와의 치료 관계에서 긍정적인 변화가 일어난다. 결국 증상 제거는 주요 목표가 아니지만 자신의 유기체적 욕구를 자각하고 이에 따르게 되면서 증상이 치유가 일어나게 된다. 로저스는 치료의 과정이 끝나게 되면 다음과 같은 사람들이 나타난다고 하였다.

① 경험에 대한 개방

상담을 하러 오는 사람 대부분은 가면을 쓰고 있으며, 이러한 가면은 사회화 과정에서 생긴다. 경험에 대한 개방은 선입관을 가진 자아구조에 맞추어 현실을 왜곡하지 않고 현실을 있는 그대로 보는 것이다. 즉 가면을 쓰고 있음으로써 자신과 만날 기회를 잃었다는 것을 인식하게 된다. 사람의 신념은 고정된 것이 아니라 좀 더 나은 지식과 성장에 대해 자기를 개방할 수 있으며 모호성을 수용할 수 있다는 점을 말한다. 사람은 현재의 상황에서 자신을 스스로 인식할 수 있으며 새로운 방법으로 자신을 경험할 수 있는 능력을 갖고 있다.

② 자기신뢰

치료 목표 중의 하나는 내담자가 자기신뢰감을 갖도록 돕는 것이다. 치료의 초기 단계에서 종종 내담자는 자신과 자신의 결정을 잘 믿지 않는다. 내담자가 자신의 경험에 대해 보다 개방적이게 됨에 따라 자기신뢰감이 나타나게 된다.

③ 내적 근거에 의한 평가

자기신뢰감과 관련되어 내적 근거에 의한 평가는 실존의 문제에 대한 해답을 발견하기 위하여 좀 더 자신을 살펴보는 것을 의미한다. 자신의 인격상을 파악하기 위하여 밖을 살피는 대신에 점점 더 자신의 중심으로 눈을 돌리게 된다. 자신의 행동기준을 결정하고 삶의 결정과 선택을 자신 속에서 찾는다.

④ 성장을 계속하려는 자발성

자기(self)를 성장의 산물로 보지 않고 성장의 과정으로 보는 것이 중요하다. 비록 내담자를 성공적이고 행복한 상태(마지막 산물)로 만들기 위해 어떤 기법을 사용해서 치료를 시작한다 하더라도, 내담자는 성장이란 하나의 계속적인 과정이라는 것을 깨닫게 된다. 내담자는 고정된 실체라기보다는 자기지각과 신념에 도전하는 유동적 과정에 있는 존재이며 새로운 경험과 전환에 대해 자신을 개방하는 존재이다.

3) 인간 중심 상담 및 심리치료

인간 중심치료는 if ~ then의 기본 가설을 바탕으로 한다. 즉 유기체가 학습된 조건부가치인 자기개념에 따르고 있더라도, '만일(if) 한 관계 내의 치료자의 태도 속에 진솔성, 무조건적 긍정적 존중, 공감적 이해와 같은 특정한 조건이 존재한다며, 그리고 내담자가 이를 자각한다면, 그 다음에는(then) 내담자에게 성장 변화가 일어날 것이다'라는 가설이다.

내담자는 긍정적 존중을 얻기 위해, 긍정적 존중을 얻을 수 있는 가치 있는 것에 따른다. 그러나 치료자의 무비판적이고 긍정적 존중을 해 주는 특수한 조건들에서의 관계를 경험하면서 내담자는 조건부 가치보다 자신의 진정한 실현화 경향을 자각하게 되는 것이다.

4) 상담 과정

(1) 1단계

경험에 대한 융통성과 거리가 필요한 단계이다. 고정되고 경직된 경험의 상태에 있는 개인이 자발적으로 상담에 응하지 않고 자기 자신에 대해 스스로 털어놓지 않는다. 이 단계에서는 어떤 문제도 인식이나 감지되지 못하며 변화에 대한 욕구가 없고 내부적 의사소통에 대한 많은 장애물이 있다.

내담자는 그 자신과 의사소통하지 않으며, 오직 외부와 의사소통할 뿐이다. 자신은 아무 문제가 없으며, 혹 문제가 있다 하더라도 전적으로 그의 외부에 기인한 것으로 인식한다. 여기에는 자신과 경험이 내적으로 의사소통하는 데 많은 장애가 있다.

(2) 2단계

1단계의 내담자가 경험을 충분히 받아들일 수 있다면 2단계에 참여하게 된다. 어떤 상황이든지 이것을 경험하기만 한다면 점진적인 소통의 상징적 표현이 나타난다. 조금 개방적. 자기-참조 주제가 아닌 비-자기 주제에 대하여 토론한다.

> 상담자: 무엇 때문에 당신이 여기에 왔는지 이야기해 줄 수 있나요?
> 내담자: 증상은……. 그냥 너무 슬프고 우울했어요.

(3) 3단계

2단계에서 약간의 익숙함과 흐름의 막힘이 없다고 느끼면 내담자는 능동적으로 자신을 받아들일 수 있으며, 상징적인 표현에서 더 발전된 흐름의 모습을 보이게 된다. 자신의 문제에 도움이 필요한 많은 내담자가 3단계에 있다. 이때 내담자는 자신과 자신의 현재 경험에 대하여 이야기하기 시작하고 대상으로서의 자신을 탐색하기 위해 상당한 시간을 이 지점에서 보낸다.

(4) 4단계

내담자들이 3단계에서 그들 경험의 다양한 측면이 이해되고, 환영받고, 있는 그대로 받아들여진다고 느끼면, 점차 구조의 익숙함과 느낌의 자유로운 흐름이 특징인 4단계로 옮겨오게 된다. 내담자들은 자신이 지속적으로 수용되고 있음을 느낄 때, 보다 자유로운 감정의 흐름이 가능해진다. 그래서 이전에는 의식하기조차 부인하던 감정들이 자연스럽게 표현되기도 한다. 그러나 아직은 이러한 표현에 두려움을 느끼고 있다. 또한 문제에 대한 자기 책임의식이 조금씩 나타나지만 극렬한 감정들이 역동적으로 나타나지 않는다.

(5) 5단계

내담자가 4단계에서의 경험, 행동, 표현을 그 자체로 느끼게 되면 신체의 흐름은 좀 더 여유로워지고 자유로운 상태에 놓이게 되며, 수용적인 분위기 속에서 감정이 현재 시제로 자유롭게 표현된다. 전에 부인되었던 감정들이 두려움을 가지면서 의식 속으로 흘러나오면서 현재의 감정 표현, 현재에서 느끼듯이 경험한다. 또한 경험에 맞는 적절한 감정을 표현한다.

(6) 6단계

6단계에서 내담자는 삶의 주체로서의 특징을 보이며, 전에는 부인되었던 감정들이 그때그때 현재의 경험들로 수용된다. 지금까지의 객체로서의 삶은 사라지고 이전에 금지되었던 감정들이 자유롭게 흐르고 기쁨과 경험의 과정들은 현실적인 것이 된다. 심리적인 이완은 신체적인 이완을 동반하게 되며 주관적으로 살아가며 자신의 문제에 직면하여 주체적으로 대처하게 된다.

(7) 7단계

내담자는 이제 더 이상 상담자의 지지를 필요로 하지 않는다. 왜냐하면 6단계에서 내담자는 스스로 자기문제에 직면할 수 있기 때문에 상담자의 도움 없이 7단계에 도달할 수가 있다. 이 단계가 되면 일상적인 삶 속에서 개인은 새로운 감정을 가지고 여유로운 삶을 살아갈 수 있다.

〈표 10-2〉 **인간 중심 상담 및 심리치료의 전개도**

상담자의 역할
심리적 부적응
상담자의 존재양식과 태도를 중요시 ⇨ 상담자는 내담자 변화를 촉진하기 위한 도구 및 수단
⇩⇩⇩ 진솔성 무조건적 수용 공감적 이해 ⇩⇩⇩
독립된 생산적 자아

상담 단계	내담자의 변화
1단계	- 자신을 드러내지 않은 단계 - 변화하려는 욕구의 부족 - 무조건 수용의 단계
2단계	- 상담의 시작 단계 - 감정표출 시작 단계 - 감정을 소화하지 못함
3단계	- 상담 과정 참여 단계 - 자신과 자신의 현재 경험 이야기하기 - 과거의 감정 자유롭게 이야기하기 시작
4단계	- 과거의 감정 인식 단계 - 모순과 불일치를 미수용 - 상담자와의 관계 실험
5단계	- 감정의 수용과 경험 인식 단계 - 현재의 감정의 표현 및 재경험 - 문제 해결의 책임감 생성
6단계	- 감정의 자유스러운 흐름 - 심리적 및 신체적 이완 경험 - 주관적인 삶을 영위
7단계	- 상담자 불필요 - 자신의 삶과 경험에 대한 신뢰

6) 상담기법

인간 중심이론은 상담자의 존재양식과 태도를 중요시 하고 있으며 상담자의 역할을 내담자의 변화를 촉구하는 도구로 인식한다. 상담의 바탕이자 실제인 상담자의 세 가지 태도는 다음과 같다.

(1) 진실성

진실성은 상담자로서 가장 중요한 태도이다. 이는 다른 태도들을 이끌어내는 데 선행하는 것으로 치료자 자신의 내적 경험과 인간됨에 충실하여 이를 내담자에게 솔직히 보이는 것과 내담자에 대한 태도의 일관성을 말한다. 다시 말해, 자신의 감정을 솔직히 표현하고 태도에 일관성을 갖는 것이다. 이는 치료자에게는 이해와 긍정적 존중의 태도를 갖게 하여, 내담자는 치료자를 신뢰하고 부담을 덜 느끼게 한다.

(2) 공감적 이해

상담자가 상담 과정에서 순간순간 드러나는 내담자의 경험과 감정을 민감하고 정확하게 공감하고 이해하는 것을 말한다. 상담자가 마치 내담자인 것처럼 내담자의 내면세계를 느끼는 것이다. 즉, 내담자의 입장이 되어 보고 그의 마음 깊숙이 들어가려는 시도를 하여 내담자의 감정세계에 몰두함으로써 내담자의 언어적인 표현을 넘어 내담자 자각의 가장자리에 있는 함축된 부분들을 반영해 준다. 이러한 공감적 이해는 함축 부분의 반영뿐만 아니라, 내담자가 이해받고 있다는 감정경험을 하므로 이 자체가 도움이 된다.

(3) 무조건적 긍정적 존중

상담자가 내담자를 한 인간으로 존중하며, 그의 감정, 사고, 행동을 평가하거나 판단하지 않고 그대로 수용하며 소중히 여기는 것을 말한다. 상담자는 내담자가 실현화 과정의 내적인 지혜를 가지고 있으며 스스로 길을 찾을 것이라는 믿음을 가지고 할 수 있는 한 전폭적으로 이해하고 진실하게 수용한다. 로저스(2009)는 이러한 치료 환경 국면을 표현하고자 '수용'이란 용어를 사용하였다. 상담 과정에서 내담자의 부정적인 표현 '나쁘다, 고통스럽다, 두렵다' 등 비정상적인 감정을 수용하고, 또한 '좋다, 적극적이다, 성숙하자, 자신 있다'등 사회적 감정도 수용할 수 있어야 한다. 그 상황은 내담자를 위해 수용과 돌봄이 내포되어 있고 내담자가 자신의 감정과 경험을 갖도록 허용한다. 상담자가 어느 정도 무조건적인 긍정적 수용의 안전한 환경을 제공할 때 만족스러운 학습이 이루어진다.

chapter 11 행동주의 상담

행동주의는 프로이트의 정신분석학에 반발하여 탄생되었다. 행동주의 심리학자들은 인간의 성격과 행동이 유아기적 경험을 토대로 한 내적 영향에 의해서가 아니라 환경에 따라 개인이 경험하여 학습된 것에 대하여 변화한다고 보았다. 따라서 환경에 대한 생리적 반응이라는 관점에서 인간 행동을 바라보며, 인간의 본성을 밝히는 가장 직접적인 수단으로 반응에 대한 통제된 과학적 연구를 지지하였다. 인간의 심리자체도 심증이나 가설이 아닌 관찰 가능하고 검증 가능한 행동에 그 초점을 맞추어야 한다고 믿었다.

행동주의는 어느 한 사람에 의해 이론이 정립된 것이 아니며 계속 수정 보완이 이루어지고 있다. 학습이론을 상담 및 치료 과정에 적용한 행동주의 상담을 이해하기 위해서는 학습이론을 심층적으로 연구하는 것이 행동주의 상담에 대한 이해의 지름길이라고 할 수 있다.

1 스키너(Burrhus Frederic Skinner, 1904~1990)의 삶

행동주의의 대표적인 심리학자 중 한 사람인 스키너(1904~1990)는 1904년 미국 펜실베니아주 서스퀘해나에서 두 아들 중 장남으로 출생하였다. 스키너의 아버지는 지역에서는 존경을 받는 법관이었으나 정직하며 비사교적인 성품으로 정치에는 관여하지 않았으며 어머니는 자애롭고 가정에 충실하고 현명한 여자로 알려져 있다.

착한아이로 자라길 원하는 부모와 가족은 그에게 옳고 그름에 대한 사고를 어린 시절부터 심어 준 엄격한 사람들이었다. 그는 그의 할머니에게서 잘못된 행동을 했을 때, 지옥의 불에 대한 처벌을 배웠으며, 그의 어머니로부터는 그가 옳지 않은 일을 행할 때 다른 사람들이 어떻게 생각할까에 대하여 숙고하도록 배웠다고 자서전에서 이야기하고 있다.

어린 시절의 그는 기계를 스스로 만들고 조작하는 일과 동물 관찰을 즐겼다. 비둘기를 훈련시켜 돌을 집어다 특정장소에 떨어뜨리게 하거나, 어머니에게 꾸중을 듣지 않으려고 방 문을 나설 때, 주의를 다른 곳으로 돌리는 장치를 고안하여 설치한 예가 바로 그 것이다.

이후 스키너는 아버지가 원하는 법학공부를 포기하고 해밀턴 대학 영문학과를 진학하게 되지만 인간을 이해하는 데 관심이 있었던 그는 결국 하버드대 심리학과 대학원에 입학을 하게 된다. 그곳에서 스키너는 러시아 심리학자 이반 파블로프의 조건반사 연구, 버트런드러셀의 행동주의에 관한 논문들 및 행동주의 창시자 존 왓슨의 사상의 영향을 받게 되었다. 그가 가장 관심을 가진 분야는 행동의 경험적 분석이었다.

1931년 하버드대학교에서 박사학위를 받은 후 연구원으로 근무하게 되었다. 1936년 미니애폴리스의 미네소타대학교 교수가 되었고, 그곳에서 『유기체의 행동(The Behavior of Organisms)』(1938)을 발간하였다. 이후 인디애나대학교 심리학과 교수를 지내면서 생후 2년 동안 아동의 성장에 적합하게 고안된 '공기침대'를 발명하였다. 이 공기침대는 방음장치와 무균장치가 되어 있으며 공기가 조절되는 커다란 상자로 제작되었다. 1948년 하버드대학교 심리학과 교수로 재직하면서 '조작적 조건 형성의 원리'에 대한 다양한 저서와 강연으로 이후 30여 년 동안 여타 심리학자들에게 많은 영향을 주고 행동주의 이론에 기초를 정립하게 된다.

그는 모든 유기체는 보상을 강화시킴으로써 행동을 통제할 수 있다고 믿었다. 실제로 이런 원리를 이용해 탁구를 할 수 있게 비둘기를 훈련시키고 고양이에게 피아노를 가르쳤으며 돼지에게 청소기를 사용하게 하였다. 그는 개에게 숨바꼭질 놀이를 가르치는 등 '인간의 자유의지'를 부정하고 동물실험에 의해 발견한 원리들을 통해 인간의 행동을 이해하려 했다.

2 행동주의의 기본 개념

(1) 일차적 욕구와 학습

신생아들은 음식, 물, 산소, 따뜻함에 대한 선천적이며 생물학적 욕구를 가지고 태어난다. 유기체의 생존에 있어 이런 욕구의 만족은 필수적이며 이러한 욕구를 만족시키기 위해서는 학습을 필요로 한다.

행동은 학습된다는 기본적인 가정에서 출발하여, 돌라드와 밀러(Dollard & Miller, 1950)는 정상적인 성격, 신경증 및 심리치료와 관련된 다양한 범위의 행동을 설명하기 위해 학습이론을 제안하였다. 그들은 학습 과정에서 네 가지 중요한 요인들은 추동(drive; 동기, 욕동), 단서(cue; 자극), 반응(response; 행위나 사고), 그리고 강화(reinforcement; 보상)라고 설명하였다.

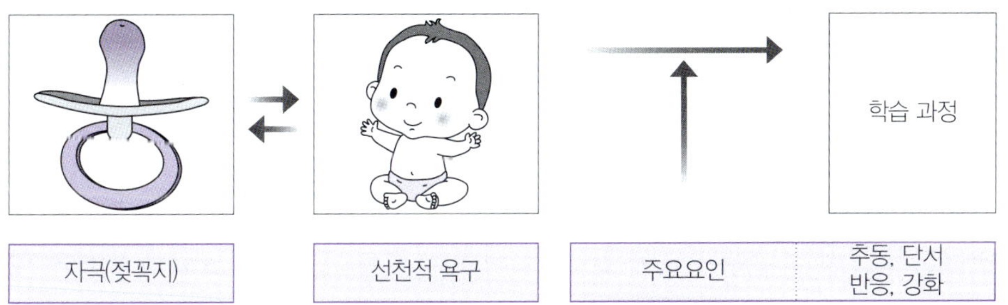

[그림 11-1] **만족을 위해 요구되는 패턴(학습 과정)**

2) 추동(drive, 동기, 욕동)

돌라드와 밀러에 따르면 어떤 강한 자극(내적 또는 외적)은 활동을 추진하는 추동으로 작용하며, 자극이 강할수록 추동의 기능은 더 커진다. 약한 자극(멀리서 들리는 희미한 호른소리)은 강한 자극(귀 가까이서 들리는 큰 호른소리)만큼 행동을 동기화시키지 못한다. 강한 자극의 예들은 배고픈 고통과 통증을 유발시키는 소음인데, 이것은 행동을 동기화시킨다.

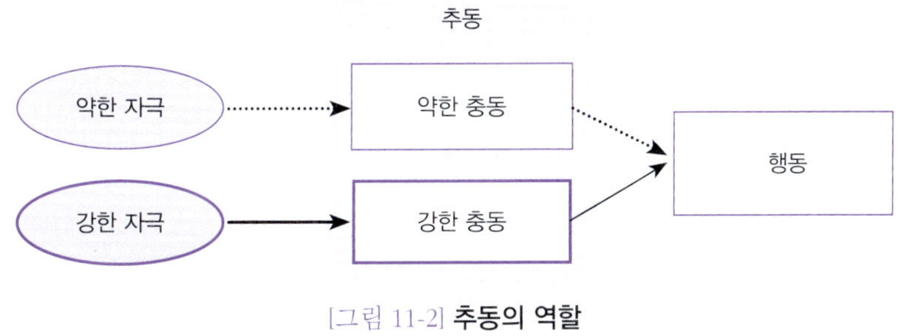

[그림 11-2] **추동의 역할**

(3) 단서

추동은 개인이 반응하게 하는 것이다. 단서들은 사람들이 반응할 시기, 반응할 장소 및 어떤 반응을 할 것인지를 결정하게 한다(Dollard & Miller, 1950). 예를 들면, 학교에서의 수업시간을 알리는 종소리는 쉬고 있는 학생들에게 수업준비를 하라는 단서로 또한 기차 안에서 안내방송은 다음 종착역에 해당되는 승

객들에게 준비하라는 단서로 작용한다.

(4) 반응

단서에 대한 반응은 보상받고 학습될 수 있기 전에 그 반응은 발생해야 한다. 돌라드와 밀러는 반응의 발생확률에 따른 유기체의 반응들의 등급에 관하여 설명하였다. 그들은 이 순서들을 초기 위계라고 부르고 있다. 학습은 위계에서의 반응순위를 변화시킨다. 원래 약한 반응은 적절히 보상을 받는다면 지배적인 위치를 차지할 것이다. 학습에 의해서 만들어진 새로운 위계는 결과위계라고 부른다. 학습과 발달에 따라 반응위계는 언어와 연계되게 되고, 사회적 학습이 발생하는 문화에 의해서 크게 영향을 받는다.

(5) 강화

강화는 반응이 반복될 경향을 강하게 해주는 특정 사상이다. 강화는 습관의 학습뿐만 아니라 습관의 유지에 필수적이다. 예를 들면, 아동이 독립적이고 자율적인 놀이를 하는 것에는 칭찬과 보상을 받지만, 의존적으로 도움을 구할 때는 시종일관 보상을 받지 않는다면(소거된다면) 독립적인 양식이 의존적인 양식보다 우세하게 될 것이다.

(6) 갈등

사람들은 서로 배타적인 두 개 이상의 목표를 추구하고 싶을 때 갈등을 경험할 수 있다. 예를 들면, 어떤 사람이 친구와 함께 저녁시간을 보내기를 원할 수도 있지만, 그 다음날 아침에 닥칠 시험에 대한 준비를 해야 한다고 생각할 수도 있다. 한 개인이 양립할 수 없는 대안들 중에서 선택을 해야만 할 때 그는 갈등을 겪게 될 수 있다. 식도락가 대접을 받는 기쁨을 원하지만 살찌는 것은 원하지 않을 수 있으며, 휴가를 가서 즐기기를 바라지만 휴가비용이 걱정될 수도 있다. 또한 부모의 어떤 측면들을 싫어하지만 부모의 또 다른 측면들을 사랑할 수도 있다.

(7) 신경증적 갈등

프로이트처럼, 돌라드와 밀러는 갈등과 불안을 신경증적 행동의 핵심 요소로 개념화하였다. 프로이트의 공식화에서 신경증적 갈등은, 표현을 추구하는 원욕 충동들과 문화적 금기에 따라 이러한 충동들이 표현되는 것을 검열하고 억세하는 내재화된 억제들 간의 충돌을 포함하고 있다.

신경증에 관한 돌라드와 밀러는 견해에서, 강한 두려움(불안)은 성이나 공격과 같은, 다른 강한 추동에 대한 '목표반응'에 관련한 갈등을 동기화시키는 학습된 추동이다. 특히 신경증적인 사람이 성이나 공격과 같은 추동을 감소시킬 수 있는 목표들에 접근하기 시작할 때 강한 두려움이 유발된다. 이러한 두려움은 외현적인 접근 시도뿐만 아니라 추동목표와 관련된 생각에 의해서도 유발될 수 있다. 예를 들면, 부모에 대한 성적 소망이나 적개심은 두려운 것일 수 있다. 따라서 소망과 그것의 표현에 의해 야기되는 두려움 간의 갈등이 일어난다. 신경증적인 사람은 좌절된 추동과 그것이 유발하는 두려움으로부터 동시에 자극을 받을 수 있다. 이러한 갈등과 연관된 높은 추동 상태는 '고통'을 낳고 명확한 생각, 변절 및 효과적인 문제 해결을 방해한다. 신경증적인 사람에게 볼 수 있는 '증상'들은 추동과 추동 방출을 억제시키는 두려움의 증가에서 나온다.

3 조건 형성

(1) 고전적 조건 형성(파블로프(Ivan Petrovich Pavlov, 1849~1936))

개는 고깃덩어리를 보면 자동적으로 침을 흘린다. 이때의 타액 반응은 반사반응 또는 무조건반응(unconditioned response; UCR)이다. 즉 그것은 선천적 욕구로서 자연적이며 학습될 필요가 없다. 무조건 반응을 유발하는 자극들을 무조건 자극(unconditioned stimulus; UCS)이라고 한다. 따라서 무조건 자극(고깃덩어리)은 이전의 어떤 학습이 없이도 행동을 유발해 낼 수 있다. 배고픈 개는 먹이를 보자마자 침을 흘리며, 먹이가 제공되는 빈 접시를 보기만 해도 역시 침을 흘리기 시작한다. 이때 먹이와 연합되었던 빈 접시를 보고 침을 흘리는 것을 학습된 반응 또는 조건 반응(conditioned response; CR)이라고 한다. 조건반응을 유발해 낸 자극을 조건(학습된) 자극(conditioned stimulus; CS)이라고 한다. 즉 행동에 미치는 조건 자극의 영향은 자동적이지 않으며 학습에 의존한다.

파블로프는 불빛, 메트로놈과 같은 중성 자극들이 타액 분비와 같은 반응을 유발해 낼 수 있는 조건 자극이 될 수 있는 몇 가지 방법을 발견하였다. 개에 대한 그의 선구적인 실험은 개에게 먹이를 줄 때마다 반복적으로 종소리를 들려줌으로써 시작하였다. 종소리 들려주기를 계속한 어느 기간 후에 먹이가 더 이상 뒤따르지 않을 때조차도 개는 소리에 대해 타액을 분비한다는 것을 발견하였다. 즉 조건 형성이 발생하였다. 이러한 학습유형은 현재 고전적 조건 형성이라고 불리는 것이다.

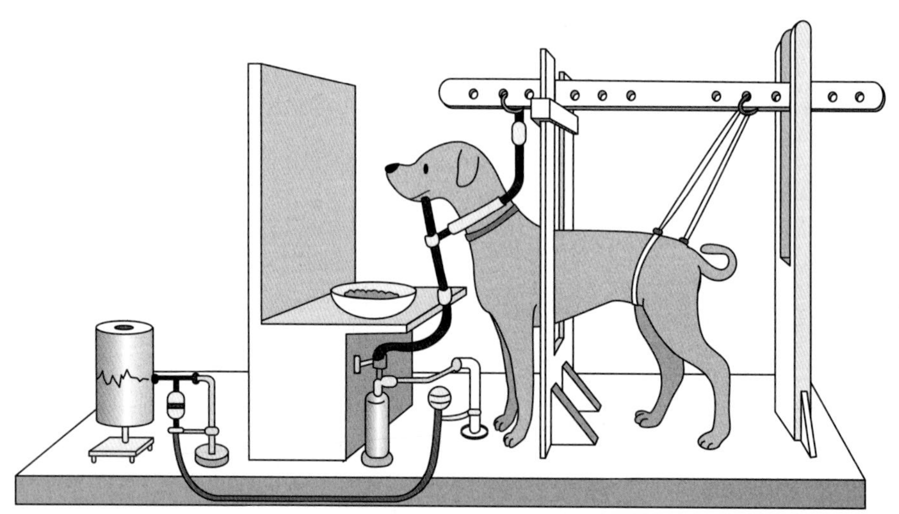

[그림 11-3] **파블로프의 고전적 조건 형성 장치**

(2) 조작적 조건 형성(operant conditioning: B.F. Skinner)

스키너는 한쪽 벽에 과녁을 만들고 비둘기가 쪼게 되면 먹이가 나오게 한 상자를 고안한 후 비둘기의 생활을 관찰하였다. 우연히 과녁을 쪼게 된 비둘기는 먹이를 통해 보상을 받게 되고, 이런 절차가 반복되면서 표적을 쪼는 반응을 학습하게 된다. 고전적 조건 형성에서는 무조건 자극(고깃덩어리)과 무조건반응(침) 이전에 선행적으로 중성 자극(종소리)을 주었다. 즉 자극(S)이 먼저 주어지고 반응(R)이 있었지만 조작적 조건 형성은 조작하는 반응(R)을 먼저 하고 나면 그에 따른 강화 자극(S)이 주어진다는 것이다.

이렇게 우연한 행동 후에 보상을 받게 되면 다음 행동의 결과에 대해 기대를 가지게 되며, 이러한 기대는 이전 행동을 더 많이 하고 싶은 동기를 유발하게 된다는 것이다.

(3) 신경증의 정신역동 이론에 대한 행동주의적 도전

꼬마 한스(Little Hans)는 말 공포증이 발병된 5세 남아였다. 그는 말에게 물리는 것을 두려워하였는데, 짐마차에 매어져 있는 말이 자기 집 근처에서 미끄러져 전복되어 있는 것을 본 후 외출하는 것을 두려워하기 시작하였다.

이 사례를 프로이트의 정신분석학적 이론의 관점에서 살펴보면 공포는 아동의 갈등의 표현으로 해석된다. 그 갈등은 자기 어머니를 유혹하고 아버지를 대신하려는 욕망을 포함하고 있으며, 그 욕망은 그의 아버지에 의한 거세 두려움을 생기게 하였다고 추정한다. 상징적으로 말은 두려운 아버지를 나타낸다고 볼 수 있다.

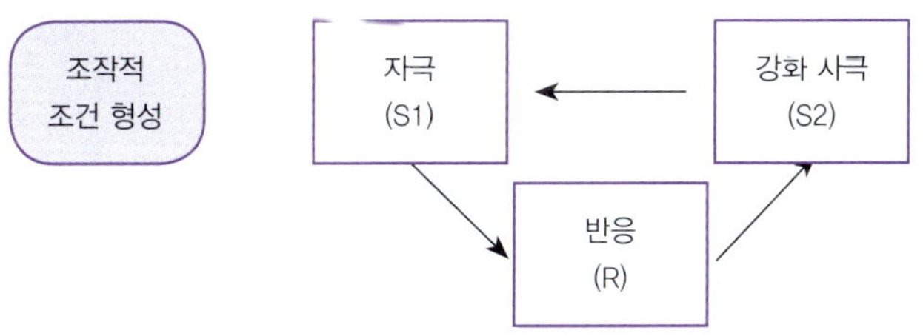

[그림 11-4] 조건 형성의 과정(조작적 조건 형성 Skinner)

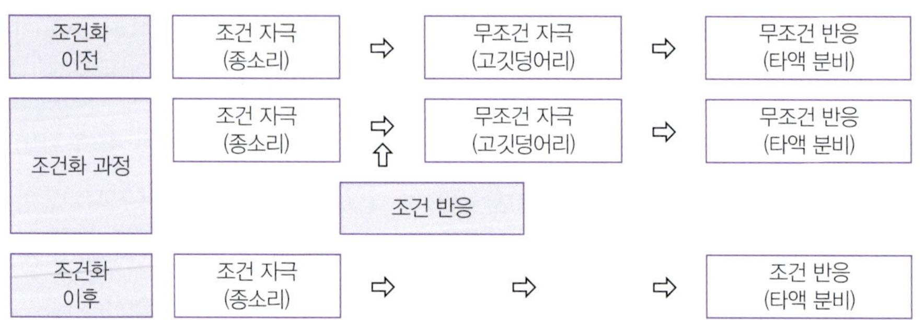

[그림 11-5] **조건 형성의 과정(고전적 조건 형성, 파블로프)**

그러나 이 사례에 대한 행동주의적 분석은 내적 갈등이나 상징주의를 빌려오지 않고서도 한스의 공포증을 설명한다. 즉 말이 거리에서 쓰러져 피를 흘리고 있는 것을 목격했던 장면이 어린 한스에게는 두려움을 유발하기에 충분히 놀라운 것이었다. 그 두려움은 모든 말에게 일반화되어서, 결국 한스의 회피 행동을 낳게 하였다. 따라서 단순한 조건 형성 과정으로 공포증을 설명할 수 있다. 말은 아주 무서운 경험의 일부이기 때문에 그것은 불안에 대한 조건 자극이 되었으며 그 불안은 다른 말들에게 일반화되었다. 불안의 형성 과정은 [그림 11-6]과 같다.

학습이전

중성자극(소리)과 놀람과 흰색에 대한 불안 형성

흰 토끼에 대한 불안(불안의 일반화)

흰색에 대한 불안

[그림 11-6] **불안의 형성 과정**

(4) 고차 조건 형성(higher-order conditioning)

불빛, 종 또는 얼굴과 같은 이전의 중성 자극이 음식이나 통증과 같은 무조건 자극과 연합을 통해서 조선 사극이 되었을 때, 그것이 이번에는 중성 자극과 연합됨으로써 또 다른 중성 자극에 대한 자신의 반응을 수정할 수 있다. 이러한 과정은 고차 조건 형성이라 불린다. 종소리가 조건 자극이 된 후(고깃덩어리와 짝지어짐으로써) 그것이 중성 자극과 짝지어질 수 있는데(검은 삼각형과 같은), 그 연합의 결과로 중성 자극 또한 타액분비의 무조건 반응을 유발할 것이라는것을 파블로프가 발견했을 때 그것이 증명되었다. 사람들에게 있어, 단어와 다른 복잡한 상징들은 고차 조건 형성을 통하여 정서 반응들을 유발할 수 있는 강력한 조건 자극이 될 수 있다. 예를 들어 중성적인 항목들이 '더러운'과 '추한' 같은 단어들과 짝지어졌을 때는 부정적 평가를 받게 되지만, 동일 항목들이 '아름다운'과 '행복한' 같은 단어들과 연합되었을 때는 긍정적으로 평가된다.

4 행동의 분석

(1) 행동주의적 평가의 특징

① 행동주의적 평가는 행동의 조정자로서 자극 조건들을 강조하였다(Cone & Hoier, 1986).

② 행동주의의 접근법은 개인의 일반적인 특성과 동기들의 행동적 신호를 찾기보다는 인간의 행동을 지배하는 특정한 조건과 과정들(개인의 내부와 외부 모두)에 초점을 두었다.

③ 행동주의적으로 지향된 심리학자들은 변화하는 조건에 따라 관심 있는 행동의 변화를 체계적으로 관찰할 수 있도록 자극 조건들을 변화시키는 실험 전략을 사용하였다.

④ 행동주의의 모든 심리학 접근법들은 행동 관찰에 근거한다.

⑤ 정신 역동적 접근법도 생생한 행동들을 표집하고 있다. 이들 접근법들 간의 차이는 행동들이 어떻게 사용되는가에 따라 다르며 역동적 지향에서 관찰된 행동들은 성향과 동기의 간접적인 상호들의 역할을 한다.

⑥ 행동평가에서 관찰된 행동은 하나의 표본으로 다루어지고, 특정한 표본 행동이 조건의 변경으로 어떻게 영향을 받는지 초점을 두었다. 따라서 대부분의 행동주의 접근법은 이렇게 조건(상황)과 행동 반응 사이의 공변성을 직접적으로 평가하려고 한다(Skinner, 1990).

(2) 직접적인 행동 측정

① 성격 연구의 많은 목적을 위해서는 구조화되고 생생한 상황에서 행동을 표집하고 주의 깊게 관찰하는 것이 중요하다.

② 행동표본에 대한 직접적인 관찰은 여러 처치 절차의 상대적 효율성을 평가하기 위해 사용되고 행동표집은 성격에 대한 실험적 연구에서 중요부분을 차지하고 있다.

③ 행동주의 접근법에서 수집된 자료의 유형은 정서적 반응의 생리적인 측정치뿐만 아니라 언어적 행동과 비언어적 행동의 상황적 표본을 포함하고 포괄적인 평가는 개인 생활에서의 효과적인 보상 또는 강화 자극에 대한 분석을 포함한다.

(3) 상황적 행동 표집

로바스(Ole Ivar Lovaas)와 그의 동료들은 피험자가 수행한 행동뿐만 아니라 각 행동 유형의 지속기간 어떤 특정한 시작 시간을 포함한 종합적인 기술을 원했고, 그런 상세한 정보는 한 개인의 특정한 행동 혹은 환경 및 타인의 행동에서 다양한 변화와 관련된 자신들의 변경 사이의 공변성을 밝히기 위하여 필요하다.

① 로바스와 그의 동료들은 관찰자가 누르는 누름판으로 이어진 장치를 고안

하였다. 각 버튼은 행동의 범부로써 말하기, 달리기, 혼자 앉아 있기를 나타내며, 자동 펜 기록기가 부착되어 버튼을 누를 때마다 기록기에 부착된 펜이 작동된다. 따라서 연속적인 기록을 얻는다. 관찰자는 피험자가 그 버튼에 명시되는 특정한 행동을 시작할 때 버튼을 누르고 행동을 멈추면 버튼을 놓는다. 어느 정도 시행한 후 관찰자는 그 피험자가 무엇을 하고 있으며 누름판을 바라보지 않고도 한두 가지 상이한 행동 범부를 어떻게 기록하는지를 전반적인 주의를 기울여 지켜볼 수 있다. 그 도구는 각 행동의 지속시간과 특정한 시작 시간을 포함할 정도로 자세한 기록을 하게 해 준다. 컴퓨터-조력 변동은 개인의 상이한 행동과 그 상황에서 그의 행동과 타인의 행동사이의 공변성을 발견하기 위해 응용될 수 있다.

② 다양한 회피 행동의 강도는 두려워하는 사람을 실제적 두려움이나 상징적인 두려움을 유발시키는 자극에 노출시킴으로써 임상 상황에서 신뢰롭게 평가 되었다. 예를 들면, 높은 곳에 대한 두려움을 가진 사람이 금속으로 된 화재 피난장치에 올라갈 수 있는 거리를 측정하며 평가한다(Lazarus, 1961). 동일한 사람들이 그들의 두려움을 감소시키는 치료를 받은 후에 다시 한 번 평가를 받았다. 피험자들을 엘리베이터를 타고 8층까지 올라가도록 하고 각 층에서 2분 동안 아래를 보면서 지나가는 차를 세우도록 하였다. 폐쇄 공포적인 행동은 발코니에 열려 있는 커다란 프랑스식 창문이 있는 칸막이로 된 한 작은 방에 각 개인이 앉아 있게 함으로써 측정되었다. 평가자는 창문을 닫고 피험자에게 점점 더 가까이 스크린을 천천히 움직였으며 점차적으로 공간이 좁아지게 해었다. 물론 각 피험자는 가능한 한 오랫동안 견디라고 지시를 받았지만 창문을 여는 것은 자유롭고 원할 때는 언제든지 그 질차를 그만둘 수 있었다. 폐쇄 공포증에 대한 측정은 개인이 스크린을 참고 견디는 최소거리였다.

③ 직접적인 행동표집은 또한 정신병적 행동 분석에서 폭넓게 시도되었다. 한 연구의 시간표집 기법은 규칙적인 30분 간격으로 정신과 간호사는 직

접적으로 그와 상호작용을 하지 않고 1분 내지 3분 동안 입원한 각 환자를 찾아가 관찰하였다(Ayllon & haughton 1964). 각 표집에서 관찰된 행동은 사전에 정의된 세 가지 행동들의 발생에 따라 분류되었는데 시간 점검기록은 여러 행동들의 상대적인 빈도를 계산하기 위해 사용되었다. 이 시간 표집기법은 환자와 간호사 간의 모든 상호작용을 기록한다. 결과 자료는 치료프로그램을 설계하고 평가하는 기초가 된다. 가정에서 자연스럽게 발생하는 가족상호 작용의 표집과 기록에 대한 유사한 방식들이 개발되었다(Patterso, 1976 Ramsey et al,1990). 그들은 가족의 일상생활 맥락에서, 예를 들면 저녁 식사 때에 매우 공격적인 아동들을 연구하여 공격이 일어나는 정확한 조건을 분석하려는 시도를 하였다.

(4) 언어적 행동

① 사람들이 말하는 것, 즉 언어적 행동은 비언어적인 행동과 더불어 중요하다.
② 특성과 역동적인 이론에 의거하고 있는 성격 평가자들은 자극 조건에 대한 반응을 기술하기보다는 성격의 신호로서 언어화에 초점을 두었다.
③ 행동평가에서 개인이 말하는 것은 관련 자극과 반응 양식들 사이의 공변성을 일으키고 명세화하여 이들을 정의하는 데 도움이 된다.
④ 행동주의적인 임상가들은 내담자들의 불안한 문제들이 증가하거나 감소하는 정확한 조건들을 목록화환 특수한 기록을 하도록 기계적으로 요구하였다.
⑤ 개인의 불편, 고통 또는 고통스러운 정서적인 반응을 야기하는 모든 자극 조건이나 사상을 목록화하도록 하였다.

(5) 효과적인 보상을 발견하기

① 행동평가는 사람들이 행하는 것뿐만 아니라 그들이 행하는 것을 조절하고 결정하는 조건들을 분석하기 때문에 행동평가는 개인의 행동에 영향을 미

칠 수 있는 보상이나 강화물을 찾는다. 이런 강화물은 긍정적이거나 유리한 방향으로 행동 수정을 하는 데 도움이 되는 치료 프로그램에서 유인가 역할을 할 수 있다.

② 인간 행동에서 강화의 역할을 강조하는 심리학자들은 효과적인 강화물을 실생활과 같은 상황에서 사람들이 실제 선택 외에 그들의 언어적 선호나 평정도 그들에게 영향을 미치는 일부 강한 강화물이라고 하였다. 또한 특정 자극의 강화 값은 개인의 수행에 미치는 자극들의 효과를 관찰함으로써 직접 평가 될 수 있다(Daniels, 1994:Weir,1965).

③ 음식과 같은 일차적 강화물과 칭찬, 사회적 승인 및 돈과 같은 일반화된 조건 강화물은 대부분 사람에게 효과적이다. 그러나 때때로 조작하기 편리한 유력한 강화물을 찾는다는 것은 어려운 일이다. 예를 들어 정신장애가 있는 집단(입원한 정신분열증 환자처럼)에게는, 보통의 강화물은 비효과적인데 특히 정신병원의 후미진 병동에서 수년 간 살아온 사람들이 그 예이다. Allon과 Azrin(1965)은 동기화 되지 않은 정신병자에게서조차 효과적인 강화물을 발견할 수 있는 방법을 제시하였다. 이 강화물들은 적응적인 행동을 하도록 환자들을 동기화시키는 데 기여하였다.

5 심리치료와 치료 과정

1) 인간관

인간 행동은 법칙성이 있으며, 학습 원리를 통해 인간 행동을 파악할 수 있다. 행동치료에서 인간은 무기력하고 선도 아니고 악도 아닌 중립이므로 모든 행동이 가능한 존재이다. 행동은 학습된 것으로 경험의 산물이며 이는 타인에게 영향받기도 하고 영향을 주기도 하는 것이다. 행동학의 이론을 고전적 조건 형성,

조작적 조건 형성, 인지적 경향이 중요한 부분을 차지하고 있다.

2) 병인론

이상 행동은 질병이 아닌 정상 행동처럼 획득되고 유지된 '생활문제'로 본다. 즉 단순히 획득, 유지된 행동이 부적응적인 것이었을 때 바로 그것이 이상 행동이다.

3) 내담자와의 관계

치료자는 매우 지시적이다. 개방적, 솔직, 자기공개적이다. 치료자를 신뢰롭고 온화하게 느끼면 내담자가 치료에 자신을 투입하기 쉽다. 증상이 제거되는 결과를 중시하므로 수용과 이해 비판적 관계형성이 무시당하기도 한다.

4) 치료목표

행동주의 심리치료의 목표는 증상 이면의 심리적 기제들의 문제가 아닌, 현재의 구체적인 부적응 행동의 제거와 바람직한 행동을 학습시키는 것이다. 행동을 적정하게 변화시키기보다는 그 행동의 선행조건과 후속조건 변화시킴으로 행동 맥락의 변화를 촉구한다. 따라서 비현실적인 공포와 불안을 소거하고 잘못 학습된 행동의 수정하며, 자신의 문제 행동을 스스로 개선할 수 있는 프로그램의 개발이 필요하다.

5) 치료 과정

행동치료는 교정적인 학습을 경험시켜, 인지 정서 행동적 기능영역에서 광범위한 변화를 추구한다. 치료는 회기 사이의 현실에서의 활동을 강조하여 내담자의 동기와 자발성이 치료의 결정적인 요인이 된다. 우선, 신뢰와 상호 이해관계의 구축 이후에 문제와 관련된 환경 인적 변인들이 언제, 얼마나, 어떻게, 강도는 어느 정도 등의 구체적 차원에서 상세한 정보를 구한다. 문제를 확인하고 평가하는 것이다. 평가의 방법 등에는 질문, 심상의 유도(사건이 일어났다고 상상하여 떠오르는 생각 표현토록 함), 역할 연기, 생리학적 기록, 자기검색(매일 상세한 자기 기록으로 행동패턴과 행동양식 등을 탐지한다), 행동관찰, 심리검사와 질문지 등이 있다.

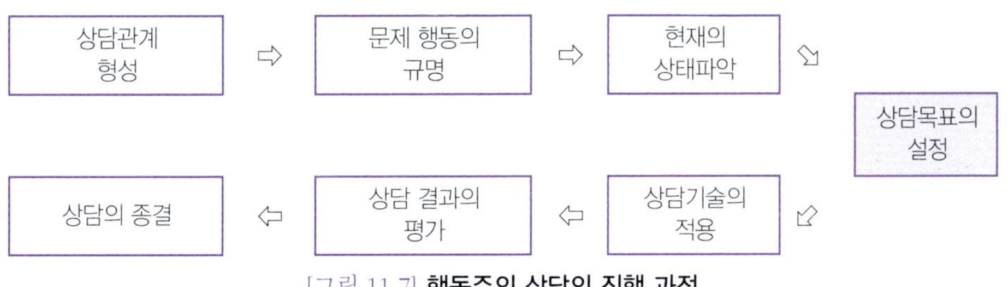

[그림 11-7] **행동주의 상담의 진행 과정**

(1) 상담관계의 형성

행동주의 상담은, 인간 중심적 접근에서처럼 온정, 긍정적 존중, 공감 등 상담관계의 형성이 행동변화를 위하여 필수조건은 아니지만, 내담자의 어려움을 이해하고 도움을 주기 위하여 필요하다고 본다.

(2) 문제 행동의 규명

상담관계가 형성되면, 내담자가 자신의 문제점을 명확하게 인식할 수 있도록 돕는다. 따라서 문제 행동을 정확히 파악하고 서술적 용어로 정의하며, 객관성을 유지할 수 있도록 기술한다. 또한 이러한 문제 행동은 관찰이 가능하고 측정이 가능한 행동으로 세분화해서 구체적으로 기술한다.

(3) 현재의 상태파악

문제 행동이 규명되면 그 문제 행동과 관련된 내담자의 현재의 느낌, 행동, 가치, 생각 등의 약점과 강점을 파악하며, 행동수정에 임하기 전에 문제 행동의 빈도수와 지속성을 시간으로 측정한다.

(4) 상담목표의 설정

문제 행동에 대해 얻은 정보와 분석을 토대로 상담자와 내담자가 서로 받아들일 수 있는 상담목표를 설정한다. 상담목표의 설정은 내담자의 행동 변화의 동기를 제공하며, 문제 행동 개선에 필요한 기술을 조직적으로 체계적으로 구성할 수 있도록 한다.

내담자 욕구	– 내담자의 구체적 행동분석 – 문제 행동의 선행, 과정, 결과, 사건 분석 – 문제 행동 변화에 필요한 정보 수집 – 자신의 문제 행동 인식 및 자기조절 여부 – 명확한 문제 행동 분석

⇩

상담목표 설정	– 상담목표 설정의 취지 설면 – 달성 가능한 목표 수준 협의(상담자 및 내담자) – 달성가능성, 목표 달성의 장단점 – 목표 수정 가능성 여부

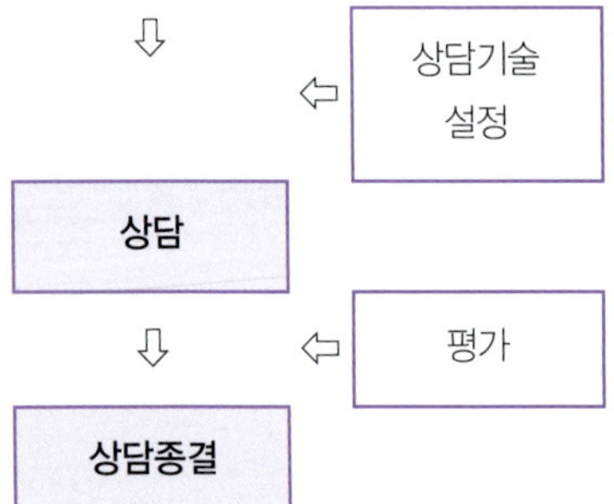

[그림 11-8] **상담 과정**

(5) 상담기술의 적용

행동주의 심리학자들은 내담자의 바람직한 행동을 제공하기 위하여 다양한 기술을 창의적으로 개발하여 적용한다. 그러나 내담자의 다양한 문제 행동을 만족시킬 수 있는 상담기술을 일반화하여 제시하기에는 어려움이 있다. 이형득(1984)이 제시하는 상담기술의 기준은 다음과 같다. 내담자의 다양한 문제 행동을 모두 만족시키는 적절한 상담기술을 일반화하여 제시하는 것은 어렵다. 학자마다 다양한 기준에 따라 상담기술을 다양하게 분류하고 있는데, 이형득(1984)은 다음의 세 가지 영역으로 분류한다.

① 바람직하지 못하다고 생각되는 행동을 하지 않도록 내담자를 돕는 영역의 기술
② 바람직하다고 생각되는 행동을 할 수 있도록 내담자를 돕는 영역의 기술
③ 자신의 행동을 스스로 통제 또는 지도할 수 있도록 내담자를 돕는 영역의 기술

(6) 상담결과의 평가

행동수정자가 수정 활동에 대한 자체 검증을 해 봄으로써, 행동의 변화가 강화조작의 결과인지, 아니면 시간의 경과로 인한 자체 변화인지를 알 수 있다. 또한 상담의 과정이 어느 정도 효과를 얻었는지 알 수 있으며, 객관적인 평가의 결과에 따라 상담기술의 수정을 통해 상담효과를 높일 수 있다.

(7) 상담의 종결

상담의 종결은 최종 목표 행동에 대한 최종 평가 후에 이루어진다. 상담종결은 추가적 상담이 필요한지를 파악하고, 내담자가 상담 과정에서 학습한 원리를 자신의 삶에 적절히 적용할 수 있도록 돕는 것에 초점을 둔다.

6 치료기법

1) 강화

행동주의의 이론의 핵심인 강화의 종류에는 다음과 같다. 바람직한 행동을 증가시키는 행동수정의 기법에 정적강화, 부적강화, 차별강화, 행동조성, 간헐강화가 있으며, 바람직하지 않은 행동을 약화시키는 행동수정의 기법에는 상반행동의 강화, 소멸, 처벌, 타임아웃을 들 수 있다. 이러한 강화들은 지속적인 강화를 줄 때보다도 부분적으로 강화시킬 때 더욱 효과적이며, 강화에는 다음과 같은 원리가 있다.

① 즉시 강화의 원리: 예를 들면 스키너의 강화에서 지렛대를 눌렀을 때 즉시 먹이를 주어야 긍정적 강화든 부정적 강화 등 효과가 있다고 하는 것이다.

② 일관성의 원리: 특정한 목표 행동을 원한다면, 어떤 때는 강화를 받고, 어떤 때는 처벌을 받는다면, 내담자에게 혼란을 주고 불안하게 한다.

③ 점진적 접근의 원리: 변화시키고자 하는 행동을 계획에 따라 점진적으로 접근해 가야 하며, 단계를 건너뛰거나 하여, 최종목표에 이르게 되면, 실패하기 쉽다. 또한 다음 단계로 갈 때 쉽게 옮겨갈 수 있어야 하며, 매 단계마다 강화가 존재하여야 한다.

(1) 바람직한 행동을 증가시키는 행동수정의 기법

① 정적강화 (positive reinforcement)

바람직한 행동을 증가시키기 위하여 환경적 자극(칭찬, 인정, 사탕 등)을 주는 것으로 정적강화의 효과를 높이려면 바람직한 행동을 했을 때 즉 강화를 해주어야 한다.

가. 일차적 강화(무조건적인 강화)

학습과 무관하게 강화물 자체가 생리적 만족과 쾌감을 주는 것.

예) 배고픈 내담지 -〉 음식, 목마른 내담자 -〉 물

나. 이차적 강화(조건 강화)

강화력이 없는 중성적 자극이 강화력이 있는 일차적 강화물과 여러 번 연결됨으로써 강화력을 가지게 된 자극으로, 하나 이상의 일차적인 강화와 결합 될 때 그것이 일반화되는 경향이 있다.

예) – 돈의 경우 → 돈 자체는 일차 욕구(배고픔, 목마름)를 충족시킬 수 없지만 필요품목을 구매할 수 있게 됨에 따라 강화요인이 된다.

– 파블로프의 실험 → 개에게 밥을 줄 때마다 종을 치다가 나중에 종만 쳐도 침을 흘리는 것. 여기에서 '종'이 이차적 강화이다.

– 스키너가 주장한 또 다른 일반화된 조건강화 인자는 주목, 인정, 호의, 타인에 대한 복종 등이며, 더욱 더 강한 일반화된 강화 인자는 일반사회적인 승인이다. 스키너는 이러한 조건강화 인자가 인간 행동을 통제하는데 매우 유력하다고 지적했다.

② 부적강화(negative reinforcement)

내담자가 바람직한 행동을 할 때, 내담자가 싫어하는 대상물이나 조건을 제거하는 것을 말하며 이를 부적강화 자극으로 부른다. 따라서 내담자는 바람직한 행동을 함으로써 어떤 불쾌한 것을 피할 수 있다(예: 조용히 자습을 잘하면 숙제를 내지 않는다고 하는 것). 인간의 행동을 개인의 어떤 반응과 연관된 고통, 불쾌, 불안을 가져오는 혐오 자극을 통해 통제할 수 있다. 혐오 자극 통제의 두 가지 방법은 다음과 같다.

가. 벌

사람이 그 방법으로 다시 행동하지 못하도록 유도하는 것을 목적으로 최소한 일시적으로 그 반응이 다시 발생할 가능성을 감소시킨다.

예: 수업 중 떠드는 것– 화장실 청소 / 주차위반– 벌금

나. 부적강화

불쾌한 자극을 제거할 때마다 유기체가 문제 행동을 없애거나 회피하게 하는 조작적 행동을 발생 또는 유지시키는 것을 말하며, 이것을 부적으로 강화 되었다고 말한다.

③ 차별강화

대상의 여러 행동 중에서 하고 있는 행동의 빈도수를 늘리기 위한 행동을 선택적으로 강화하는 방법으로, 이미 할 수 있는 어떤 행동을 더 자주 하도록 할 때 사용된다.

④ 행동조성(shaping)

아동이 한 번도 해 본 적이 없거나 거의 하지 않는 어떤 새로운 행동을 가르치려고 할 때 효과적인 기법으로, 조성하고자 하는 최종목표를 세워놓고 바람직한 행동이나 근접한 행동을 하였을 때 강화를 해주는 방법이다.

예) 수학을 잘 못하는 아동을 지도할 때 - 아동이 좋아하는 바둑알을 이용하며 숫자를 익히고 한 자릿수 더하기와 두 자릿수 더하기 등 위계에 따라 가르치는 것.

⑤ 용암법(溶暗法, fading)

한 행동이 다른 사태에서도 발생할 수 있도록 그 조건을 점차적으로 변경해주는 과정이다.

예) 집에서만 말을 하는 아동을 학교에서의 여러 환경에서도 말을 잘 할 수 있도록 하는 것.

⑥ 간헐강화(Intermittent reinforcement)

어떤 행동이 발생할 때마다 강화하지 않고 부분적으로 강화하는 것을 말한다.

가. 고정비율강화 스케줄(fixed-ratio schedule, FR)

유기체가 미리 결정해 놓은 일정한 수의 반응을 수행한 후에만 강화가 주어지는

강화로, 고정비율이란 강화된 반응에 대한 비강화의 수를 말한다. 유기체가 반응을 많이 할수록 강화를 더 많이 받기 때문에 고정비율강화는 높은 수준의 조작 반응을 야기한다.

예) 기업의 성과급 제도, 보험 설계사의 수당 등

나. 고정간격강화 스케줄(fixed-interval schedule, FI)

유기체의 반응률에 관계없이 고정된 시간마다 유기체에게 강화물이 주어질 때를 말한다.

예) 고정급(월급)

다. 변동비율강화 스케줄(variable-ratio schedule, VR)

강화를 받는데 필요한 반응의 수가 일정한 평균치 주위에서 우선적으로 변할 때를 말하며 변동비율 강화스케줄을 통해 학습된 행동의 소거는 매우 느리다.

예) 도박행위에서 딸 수 있는 확률 / 세일즈맨의 태도

라. 변동간격강화 스케줄(variable-interval schedule, VI)

강화가 일정한 시간 간격에 따라 주어지지만 강화 사이의 간격이 불규칙적이어서 예측할 수 없을 때를 말하며 변동간격강화는 완만한 반응률을 나타내는 경향이 있다. 또한 유기체가 언제 다음 강화가 올지 예측할 수 없기 때문에 소거가 천천히 진행된다.

예) 낚시

⑦ 토큰강화(token system 또는 token economy)

토큰강화는 계획된 프로그램을 실시하여 기대 행동이 일어날 때 아동에게 토큰(스티커, 딱지 등)을 주어 소정의 행동이행 점수가 성취되면 후속 강화물인 음식물이나 칭찬, 장난감 같은 것으로 교환하여 행동을 수정하는 기법으로, 아동의 행동과 학습효과를 향상시키기 위해 유익하게 사용할 수 있는 방법이다.

2) 바람직하지 못한 행동을 감소시키는 행동수정의 방법

(1) 상반된 행동의 강화

바람직하지 못한 행동의 발생률을 감소시키기 위해 상반되는 행동을 긍정적인 강화를 통해서 조건화하는 것이다. 긍정적인 강화는 개인으로 하여금 부정적인 요소를 갖지 않게 하며, 개인의 행동을 더 효과적으로 조성시킬 수 있다. 따라서 바람직하지 못한 행동대신에 다른 바람직한 행동을 강화하면 나쁜 행동은 차츰 소거되고 새로운 행동이 학습된다는 법칙에 근거를 두고 있다.

예) 학급에서 말썽피우는 학생의 경우-〉 책임감 있는 자리를 주는 것.

공부를 잘 하지 않는 아이-〉 책을 보고 있을 때 칭찬을 하는 것

(2) 소거

행동이 더 이상 강화될 수 없도록 이제까지 주어지던 강화를 차단하면 그 행동의 발생률이 낮아지다가 결국 없어지는 현상을 말한다.

(3) 벌

스키너는 불쾌한 자극에 기초를 둔 모든 형태의 행동 통제의 적용을 철저히 반대하였다. 그러나 벌의 장점으로는 바람직하지 못한 행동을 신속히 제거하는데 효과가 가장 빠르고, 현실에서 가장 많이 사용되고 있다. 혐오 자극 통제의 두 가지 방법으로 벌과 부적(negative)강화가 있으며 ① 벌: 어떤 표적 행동을 감소시키는 것. 예) 지각생에게 청소당번을 시킴. ② 부적강화: 부적 자극을 제거하여 어떤 표적 행동의 발생빈도를 증가 시키는 것이다.

예) 전기쇼크를 주다가 멈추면 쥐는 레버 누르기를 필사적으로 학습한다.

벌은 이러한 정점에도 불구하고 벌이 소거되면 행동은 다시 일어나며 다만 반응 경향만 감소시킨다. 바람직한 방법으로는 ‘강화로부터 격리’와‘과잉교정(overcorrection)’이 있다.

① 격리

행동을 하는 데 있어서 긍정적 강화를 얻을 수 있는 기회가 없어진다면 행동의 빈도는 감소하게 된다. 이 기법은 다른 기법보다 혐오스럽지 않고 주의 깊게 적용하면 보다 큰 효과를 즉석에서 볼 수 있다. 공격성, 난폭성, 자기파괴 행동에 유용하다. 이때 필요한 조건으로는 격리를 시키기 전 문제 행동이 발생하는 장소에는 반드시 그 문제 행동을 강화하고 있는 요소가 있다는 확증이 있어야 한다. 또한 일시적으로 격리되어 있을 방소에는 강화 자극들이 없어야 한다.

② 과잉교정

문제 행동이 빈도수가 높게 나타날 때 유용하며, 대안 행동이나 효과적인 강화 인자가 없을 때 유용한 기법이다. 내담자의 문제 행동이 발생하게 되면 즉각적으로 상황을 재구성하도록 한다. 예를 들어 가정이나 교실에서 물건을 집어 던져 어지르는 행동을 하였을 때, 즉각적으로 청소를 하고 예전의 상태보다 나은 상태로 만들게 한다. 또한 이런 것을 다른 대상들에게 사과하도록 하는 방법이다. 이 방법은 잘못된 행동유발 직후 최대한 빠른 시간에 실행되어야 하며, 실행자는 문제 행동을 하는 자의 교육적 기능을 잘 수행할 수 있는 자가 되어야 한다. 또한 과잉교정 시 다른 기법들과 연합하여 사용하면 좋은 결과를 얻을 수 있으며, 과잉교정의 간격은 가능한 한 짧아야 한다.

(4) 혐오 자극법

내담자의 상락한 요청 없이는 윤리적 문제로 사용을 꺼리며, 동물실험에서 많이 사용한다.

① 파블로프식 혐오법(Pavlovian aversion)

문제 행동을 없애기 위해서는 그것을 유발하는 자극이 생길 때마다 불쾌한 자극을 짝지어 줌으로써 처음 자극이 생기지 않게 하는 방법이다.

예) 술을 먹고 싶은 충동이 올 때마다 약한 전기 자극을 주는 것.

② 조작적 혐오법(operant aversion)

문제 행동이 일어났을 때 전기 자극 등을 처벌의 형태로 주는 방법이다.

예) 술을 먹게 되면 전부 토할 때까지 전기 자극을 주는 것

(5) 자극포화법(stimulus saturation)

문제 행동을 충족시켜 줄 수 있는 역치 이상의 자극을 제시함으로써 내담자로 하여금 질려 버리게 하여 소거하는 방법이며, 강박 행동 환자에게 흔히 쓰인다.

예) 담배나 술을 끊지 못하는 사람에게 질리도록 술이나 담배를 주어서 쳐다만 보아도 싫게 만드는 것.

(6) 심상에 기초한 기법

① 체계적 둔감법(systematic desensitization)

대표적으로 체계적 둔감법이 있다. 행동주의 치료의 선구자인 조셉 울프(Joseph wolpe)가 고전적 조건 형성의 원리에 기초를 두고 불안과 회피반응을 다루기 위해 만들었다. 불안과 불안이 없는 상태는 공존하지 못한다는 상호제지의 이론을 바탕으로, 자극과 불안반응의 조건 형성을 깨뜨리게 되어 불안을 감소 또는 억지 시킨다. 먼저 불안을 없애기 위하여 상반되는 반응으로 이완을 선택하게 한다. 치료자는 내담자의 불안 자극 위계표를 구성하고, 점진적 이완 훈련을 통해 이완되었을 때 자극 위계표의 가장 약한 자극부터 상상하게 한다. 불안을 느끼는 자극을 완벽하게 견뎌내게 되면 다음 단계로 불안 자극으로 넘어가게 된다. 즉 낮은 단계의 불안부터 높은 수준의 불안으로 체계적으로 감강하여 실행하는 것이다. 체계적 둔감법은 동물이나, 죽음, 상처, 성관계 등의 두려움을 없애는 데 효과적이며, 백일몽, 식욕부진, 강박증, 충동증, 떨림, 우울증에도 효과적이다.

가. 이완훈련

근육이 이완된 상태에서는 불안이 일어나지 않는다는 원리에 따라 모든 근육을 이완시킨다. 팔을 시작으로 해서 머리, 목, 어깨, 등뼈, 가슴, 그리고 다리부분의 순서로 이완시키며, 내담자는 매일 30분 정도 이완을 연습해서 그 차이점을 느끼게 되면 둔감화 절차를 시행한다.

나. 불안 위계표 작성

내담자가 자신의 불안을 명확하게 인식하지 못할 때 공포나 불안을 일으키는 장면과 관련된 장면의 목록을 작성하고, 목록에 대한 주관적인 불안 정도를 수치로 표시한다. 자기보고식의 불안위계에 대한 수치는 0~100까지의 수치로 구분하며, 수치의 비교에 따라 불안의 정도를 측정할 수 있게 된다. 이 때 불안과 관계된 장면이 약한 것에서부터 강한 순서로 위계를 정하며, 낮은 불안의 수준을 아래에 작성하고 높은 수준의 불안은 위에 작성하여 수치화 한다. 대략 15개 이내의의 불안을 위계표로 작성한다. 비행공포증 환자의 불안 위계는 다음과 같다.

가. 비행기를 타고 하늘을 난다.	100
나. 비행기 좌석에 앉아 있다.	90
다. 비행기 탑승을 준비한다,	80
라. 탑승할 비행기를 멀리서 바라본다.	60
마. 공항에 들어간다.	50
바. 공항 주변에서 비행기 소리를 듣는다.	40
사. 여객기를 타는 것에 대하여 대화를 나눈다.	20
아. 여행계획을 세운다.	10

다 체계적 둔감법의 실시

이완훈련을 통해 불안을 제거하는 훈련으로, 불안이 낮은 장면에서부터 시작하여 불안이 높은 장면으로 올라가면서 실시한다. 실시 도중 치료자는 불안 위계표에 작성된 불안을 위계에 따라 구체적으로 설명하여 내담자로 하여금 상상을 하게 하고 내담자는 상상도중 불안이나 불쾌한 감정을 느끼게 되면 손가락이나 기타 다른 방법으로 표현한다. 낮은 수준의 불안이 완전히 극복되면 상위 불안으로 진행을 한다.

7) 기타 방법

(1) 질책법

어떤 방식으로든 인정하지 않는 표시를 하는 것이다. 질책의 이점은 부적응 행동이 발생한 직후에 쉽게 적용할 수 있으며 준지가 필요 없다는 것이다. 상대편에게 신체적 불편을 주지 않으며 사용 시 주의할 점은 간단하고 예리해야 하며 적절한 행동에 대한 인정과 연합되어야 한다.

(2) 내폭요법(implosive therapy)

아동이 도피할 수 없는 환경 속에서 공포 자극이 나타나게 치료 상태를 준비하는 것으로 내폭 요법자들은 처음부터 아동이 일으킬 수 있는 가장 무서운 장면을 가능한 한 생생하게 심상하는 것을 지속적으로 반복하게 하여 심적포화를 느낌으로써 지치게 하는 방법이다.

(3) 홍수법(flooding)

불안을 소멸하는 한 방법으로 아동을 조건 자극에 계속 노출시켜 불안한 장면에 직면하여 스스로 이겨내게 지시하고 강요하는 방법이다.

예) 자동차를 무서워하는 아동의 경우 아동을 자동차에 태우고 매일 몇 시간씩 자동차를 태우고 다니며 이겨낼 것을 지시하는 방법

(4) 주장 훈련(assertive training)

행동주의 기법 중 가장 인기를 많이 얻고 있는 자기주장 훈련에서는 사람들은 자신의 느낌, 생각, 신념, 태도를 표현할 권리가 있다는 기본가정을 바탕으로 한 기술훈련의 한 형태이다. 어떤 상황에서든지 자신의 의사를 정확히 표현할 수 있는 행동을 할 수 있도록 내담자의 행동목록을 증가시키고 타인의 감정이나 권리에 대해 민감하게 반응하는 방식으로 자기표현을 할 수 있도록 가르치는 데 목적을 두고 있는 기법이다. 대인관계를 불안이나 위축된 행동을 수정하는 데

주로 사용되며, 상대방의 권리를 침해하거나 불쾌하게 하지 않은 범위 내에 자신을 나타낼 수 있도록 학습된 행동이다.

다음은 벨렉과 헤르센(Bellak & Herscn)의 여섯 가지 임상적인 전략이다.

① 교시

치료자는 내담자에게 그의 특수한 행동을 말해 준다. 명확한 교시는 내담자가 눈을 맞추고 소리를 높일 수 있게 도와준다.

② 피드백

교시가 끝나고 일련의 행동을 실행하는 내담자에게 주어지는 치료자의 논평을 말한다. 긍정적 또는 부정적 피드백은 뚜렷한 행동변화가 일어나는 것을 보여 준다.

③ 모델

때때로 치료자는 내담자가 흉내 내도록 하기 위해 바람직한 행동을 적극적으로 보여 주기도 한다. 살아 있는 모델이나 비디오테이프로 된 모델이 쓰인다.

④ 행동연습

치료기간 동안의 역할놀이이다. 인간관계 상황에 대한 효율적인 또는 비효율적인 행동들이 비판되며 여러 상황에서 실행된다.

⑤ 사회적 강화

내담자가 바람식한 빈응 을 했을 때 내담자를 칭찬하는 것이다. 칭찬을 통해 목표반응이 점진적으로 조형된다.

⑥ 과제

주장 훈련의 통합된 면은 행동적 본질에 대해 특수한 과제를 부과하는 것이다. 이런 과제를 통해 내담자는 치료기간에 배운 것을 실제 생활로 옮겨 간다. 그리고 새로운 학습을 실제의 인간관계 상황에 적용시킬 수 있다. 내담자는 요구를 받아들이기도 하고 거절하기도 하며 적절한 때에 자신의 감정과 생각을 표현할 수 있다. 내담자는 자신의 과제를 이행하는 데 직면하는 어려움을 겪으면서 보다 주장적일 수 있다.

(5) 모델링

반두라(Albert Bandura)는 발달에 있어서 모델링의 역할과 인간 행동의 조형을 강조하였다. 개인이나 집단 모델의 행동 과정이 생각, 태도 그리고 행동을 위한 자극으로 관찰자에게는 비춰진다고 하였다. 바람직한 행동을 습득하는 데 있어서 관찰자는 관찰학습을 통해 시행착오 없이 습득할 수 있으며, 혐오 자극 역시 직접적으로 경험하기보다 모델링을 통해 습득 발달한다고 주장하였다. 반두라는 모델링에 있어서 중요한 세 가지 효과를 제시하였다.

① 새로운 반응이나 기술을 인지 및 실행한다.

다수 모델의 관찰을 통해, 보다 긍정적이고 바람직하며 새로운 행동유형으로 통합한다.

② 모방을 통한 공포반응의 억제한다.

관찰자가 가지고 있는 불안을 타인 행동의 관찰을 통하여 공포를 억제할 수 있다. 즉 개를 무서워하는 내담자에게 개와 친하게 지내는 사람의 모습을 관찰시킨다. 즉 내담자는 아무런 피해도 입지 않으며 공포는 줄어든다.

③ 다른 사람의 반응을 유발시키는 단서를 제공한다.

유명한 10대 배우가 바람직한 행동을 하는 모습을 보였을 때 관찰자는 그 행동을 따라 하는 모습을 보인다. 관찰학습에 필요한 모델의 유형은 다음과 같다.

가. 살아있는 모델

치료자는 내담자가 긍정적으로 원하는 성격의 모델이 될 수 있으며 이때 내담자에게 적절한 행동, 사회적 기술을 가르치며 태도와 가치에 영향을 미칠 수 있다.

또한 내담자에게 부적절한 영향도 줄 수 있다.

나. 상징적 모델

다양한 상황에서 성공적으로 사용될 수 있다. 모델의 행동을 필름, 비디오테이프 또는 다른 녹음 기구를 통해 내담자에게 보여 주며, 두려운 상황을 겪지 않고 내담자로 하여금 두려움이나 불안을 감소시킬 수 있다.

다. 복합적 모델

복합적 모델은 집단과 관계가 깊으며, 관찰자와 비슷한 특성을 지닌 집단이나 온정적 모델이 관찰자의 행동변화에 높은 효과를 보인다. 관찰자는 태도를 바꿀 수 있으며 새로운 기술을 학습할 수 있다. 관찰자는 다양한 행동유형을 집단 속에서 경험할 수 있으며 그중 자신에게 적합한 행동의 대안을 찾을 수 있는 점이 복합적 모델에서의 가장 큰 장점이다.

(6) BASIC ID: 성격의 일곱 가지 기능

라자루스의 복합모형 접근법의 핵심은 인간이 움직이고, 느끼고, 접하고, 상상하고, 생각하고, 관계하는 데 있어서 복합적인 존재라는 전제이다. 그는 성격의 기능을 행동(behavior), 정서적 반응(affective response), 감각(sensation), 상상(image), 인지(cognition), 인간관계(interpersonal relationship) 그리고 생물학적 기능(biological functioning)이 일곱 가지 기능인 BASIC ID로 구분하였으며, 이들 간의 상호작용에 의해 인간의 기능 정도가 결정된다고 보았다. 비록 이런 양식들은 상호작용적이지만 이것들은 분화된 기능을 갖고 있으며 유용한 영역으로 나누어진다. 각 영역에서 발생되는 문제인 일탈 행동, 불유쾌한 감정, 지루한 상상, 스트레스를 주는 인간관계, 부정적 지각 그리고 생리학적 불균형의 교정을 시도한 기법이다.

내담자는 여러 가지 특수한 문제로 인해 고통을 받기 때문에 여러 가지 특수한 치료법을 적용하는 것이 효과적이다. 복합모형 치료자는 내담자가 치료에서 보다 많이 배우게 될수록 옛날의 문제를 재경험하는 기회는 더욱 줄게 될 것이라고 생각한다. 따라서 내담자의 변화를 가져오는 것은 복합적인 기법들의 기능이다. 이때 활용된 기법으로는 행동연습, 최면, 명상, 모델링, 역설적 기법, 이완훈련, 자기 지시 훈련, 자기 주장 훈련, 빈 의자기법 등과 같은 기법들이다.

(7) 행동계약

행동계약은 상담자와 내담자, 또는 부모나 친구를 포함, 의논의 과정을 거쳐 정해진 기간 내에 각자가 할 행동을 분명하게 정하고 그에 따른 강화계획을 작성한 후 그 내용을 서로가 지키기로 계약하는 것이다. 계약이 이행되면 보상이 내담자에게 주어진다. 행동계약은 내담자와의 약속을 전제로 하기 때문에 자발적 참여를 높일 수 있다. 치료 도중 양측의 협의에 따라 수정이 가능하여 현실감을 높일 수 있고, 계약서를 작성하고 서명함으로써 상화관계가 부적절할 때 더욱 효과적이다. 그러나 보상에 있어서 터무니없게 높은 기대가치를 부여하지 않는 것이 중요하며, 과제의 중요도에 따라 보상의 정도도 높아져야 한다. 따라서 계약내용은 계약실천 가능성, 보상의 시기, 보상 기회의 빈도, 보상의 무게, 계약관계 등을 명확하게 고려하여 양측 합의하에 작성해야 한다.

(8) 역할극

일상생활 속에서 내담자가 가지고 있는 부적응 행동을 현실적 장면이나 극적 장면을 통하여 역할 행동을 시행함으로써 적응 행동으로 바꾸는 기법이다. 행동주의 심리치료 뿐만 아니라 다른 이론의 심리치료자들도 쓰는 방법이다.

① 문제를 파악하기 위한 역할극

특정상황의 문제발생 원인을 정확히 인식하지 못할 때 내담자의 어떠한 특정 행동이 어떠한 과정을 통해 부적응적 반응과 결과를 불러일으키는지 확인하는 역할극이다.

② 역할 전환

타인과의 관계에서 입장을 바꿔 역할극을 함으로써 상대방을 이해하는 방법이다.

③ 시연으로 일반화를 위한 역할극

새롭게 학습한 행동을 실생활에 활용하기 위해 사전에 연습하여 일반화하는 역할극이다.

(9) 인지적 행동수정

내담자의 행동수정을 위해 내담자의 잘못 인지된 인지구조를 수정하는 것이다.

① 비합리적이고 자기 파괴적인 생각 → 합리적이고 자기 긍정적인 생각으로 교체
② 자기와의 대화로 유도 → 합리적이며 긍정적인 생각을 스스로 말하고 생각한다.
③ 긍정적 자기 대화를 행동으로 표현 → 결과를 측정한다.

(10) 자기지도

자신이 스스로 자신의 행동을 수정할 프로그램을 진행하며 치료자는 과정을 돕는다. 자기강화나 자기와의 행동계약에 의해 이루어지는 과정은 다음과 같다. 목표 설정 → 표적 행동 설정 → 자기 행동 기록 → 프로그램설계의 과정을 통해 이루어지며 계약에 관련된 사람들의 참가, 서명이 이루어진다.

군상담의 실제

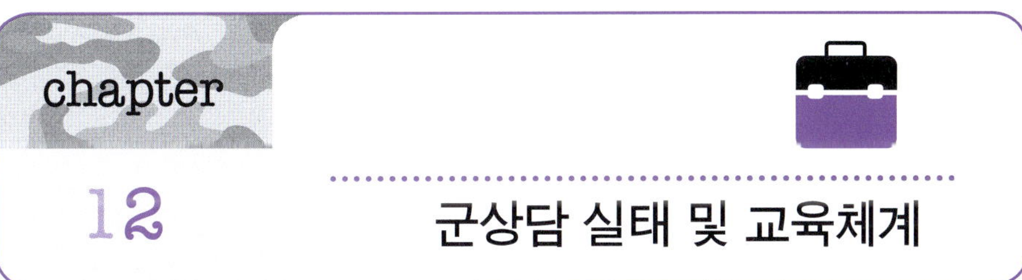

chapter 12 군상담 실태 및 교육체계

1 군상담의 현 실태 및 필요성

1) 현 실태

(1) 상담 주관부서의 모호함

군에서는 제대별로 인사, 정훈, 군종, 리더십센터, 야전부대별로 자체 혹은 지역상담기관과 연계하여 상담교육을 진행하거나 실무자를 양성하는 등 체계적으로 주관하는 부서가 부재한 상태이다. 따라서 각 군과 지역별로 규격화된 교육시간과 내용 등 커리큘럼이 통일되어 있지 못한 가운데 상담실무자등을 양성하고 있다. 각 군별로 리더십센터에서 상담교육을 통합하여 진행하고는 있지만 양성 과정, 보수교육 과정, 야전부대와의 교육의 연계체계가 이루어지지 못하고 있는 실정이다. 또한 일부 상담관련 단체들이 국방부와 각 군별로 연계함으로써 일관성 부족 및 중복교육의 문제가 있다.

(2) 부대임무 중심의 상담

군에서의 상담은 내담자 중심의 호소문제 해결보다는 부대의 임무수행과 사고 예방을 위하여 내담자의 적응력 향상을 위한 면담의 수준에 머무는 경우가 많다. 면담의 경우 간부 개인이 생각하고 의도하는 방향으로 방향을 정하여 이끌어 가는 경우가 많으며 비전문적인 면담의 형태는 오히려 병영의 분위기를 나쁘게 하는 현상이 생기기도 한다.

(3) 군상담의 비표준화

상담기법, 심리검사 방법 및 심리치료 기법은 정신분석치료, 현실치료, 인지치료, 미술치료, 에니어그램 및 MBTI 성격검사, 군인성검사(KMPI) 등 다양하다. 그러나 군에서는 장병들의 호소문제와 집단의 특성을 고려한 표준화된 상담기법과 상담모델이 부실한 상태이다. 따라서 지휘관의 선호성과 군상담사의 전문성 및 성향에 따라서 상담의 기법이 달라지는 현상이 나타나고 있다.

(4) 전문 인력의 부족

사회 환경의 변화에 따라서 군에 입대하는 장병들의 가치관, 사생관 및 적응력 등이 변화하고 있지만 군의 환경과 사회 환경에 따른 장병들의 행동에 관하여 심도 있게 연구할 수 있는 전문가가 부족한 실태이다. 따라서 민간 외부상담 전문 연구기관들에 의존함으로써 군의 조직문화 등 군의 특성을 잘 반영하지 못한 연구 결과가 오히려 군의 상담기법과 영역에 혼재되어 장병상담의 실제적 도움이 되지 못하고 있다. 또한 2015년 말 기준으로 병영생활 전문 심리상담관 1명당 도움·배려병사(구 관심·보호병사) 155명을 담당하는 등 상담인력 부족은 매우 심각한 실태이다.

(5) 병영생활 부적응 식별의 문제

병영생활에 회의를 지닌 병사가 군 복무에 대한 회피와 편한 보직을 위하여 거짓으로 문제를 호소하는 경우 이를 면밀히 검증하고 조치하는 객관적인 매뉴얼이 부재함으로 인해 지휘관 및 장병들의 근무에 부담을 느끼고 있다. 고의적 부적응 장병들로 하여금 부대 임무수행을 위한 직무 몰입도 저하와 부대 구성원들의 부정적인 영향은 부대원들의 스트레스가 상호간의 불신이 확대될 수 있다. 그러나 일선 부대에서는 부대의 골칫거리로 부대원 모두의 어려움으로 나타나게 되는데 정책적인 차원에서 부대의 지휘 부담을 줄여줄 수 있는 가이드라인이 마련되어야 할 것이다.

(6) 상담의 낙인 문제

군에서는 장병들이 자발적으로 개인적인 호소 문제를 상담하기보다는 간부들에 의해서 상담에 임하게 되는 경우가 많다. 부대에서는 장병들의 개인의 문제에 대하여 관심이 있기보다는 부대 운영에 지장이 있을 때 적응의 문제로 상담전문가에게 의뢰되기 때문에 실질적인 개인의 문제는 은폐되는 경우가 많다. 또한 공동생활을 하는 병사들이 상담을 하게 되면 상담을 하게 된 시간과 장소 등이 노출되고, 부대 부적응 문제 등은 부대원들에게 노출되어 낙인의 문제가 발생할 수가 있다. 특히, 국방부의 관심병사 분류기준에 의하면, 자살 우려자, 사고유발 고위험자, 구타 및 가혹행위 우려자나 진단도구 검사결과 관심소견자 등 이외에도 훈련소 입소기간인 신경교육기간은 물론 자대배치 후 복무기간 동안 결손가정, 신체결함, 경제적 빈곤자 등을 무조건 B등급(중점관리대상) 관심사병으로 분류해 관리하고 있다.

2) 필요성

군에서는 군조직의 임무 수행을 위하여 군 내 인성교육 및 고충처리 전문가인 병영생활 전문 상담관, 군종장교, 주임원시, 헌병, 법무 및 인사 관련자들과 협조하여 장병과 군인가족의 심리·정서적 문제를 예방하여야 한다. 또한 심리치료의 전문가로서 내담자의 문제를 명확히 규정하기 위해 장병, 가족과 군 규정과 방침 등의 정보를 수집하여 문제의 원인을 명확히 사정하고, 이에 따른 심리치료를 제공해야 한다. 군에서 상담전문가는 장병의 심리정서적 문제의 원인을 파악한 후 병영생활 전문 상담관 및 관련자들과 협조하여 개별상담, 집단 상담, 가족치료 등의 전문적 심리치료를 담당하여야 한다. 만약 군 내부의 전문가만으로는 문제 해결이 불가능할 경우 지역사회의 자원을 활용하는 것도 고려할 필요가 있다.

둘째, 장병과 군인가족의 심리·정서적 문제는 개인의 인성적 특성에 의해 발생하기도 하지만 지리적, 경제적, 사회심리적 혹은 사회환경적 영향이 중요한 역할을 한다. 따라서 복무 부적응 병사에 대해서는 지휘관에게 지휘조치를 건의하고 빈곤가정의 병사는 병영 환경에 적응하도록 경제적 원조를 하며, 잦은 이동으로 적응하지 못하는 가족과 자녀를 대상으로 지역사회에 적응하는 프로그램을 개발하고 적극 참여하는 방안도 강구되어야 한다.

셋째, 군상담사는 부대 장병, 복지 관련 전문가, 가족 및 부모와 함께 대상 장병 문제의 원인과 이를 예방하기 위한 방안을 함께 토의하고 교육시켜 문제의 예방과 해결에 도움을 준다. 예를 들어, 병영 내 부적응 병사가 발생하면 지휘계통 및 관련 간부에게는 병사의 부적응 원인과 특징, 심리적 상태, 병영 내 동료 및 선·후임 간의 관계 등을 설명해 주고, 부모에게는 성장 과정과 병영문화의 차이와 부적응 자녀 문제의 원인을 이해하게 해 주고 이를 해결하는 역할을 해야 한다.

넷째, 군상담사는 병원에서 근무하는 의료사회복지사와 정신의료사회복지사와 연계하여 정신적 질환과 육체적 질병으로 입원한 환자의 상담을 도우며, 환자가 회복 후 부대에 복귀하여 정상적 임무를 수행할 수 있도록 하는 역할을 담당해야 한다.

다섯째, 군상담사는 군대 내·외의 타 전문직과도 협력하여 병영생활지도나 전역 후 장병의 진로를 결정하도록 도와주어야 한다. 예를 들어, 장병에게 자기계발 프로그램을 소개하고, 전역을 앞둔 장병이 전역 후 진로에 대한 상담과 취업준비 및 알선 등의 기회를 갖도록 지원해 주어야 한다.

여섯째, 군상담사는 병영문화개선을 위해 노력해야 한다. 부대별로 오랜 전통의 병영문화가 장병들의 부대 적응에 주요한 요인이 되는 것이다. 더욱이

악·폐습은 병영 저변에 잠재하면서 근절시키기 어려운 특성이 있기 때문에 군인신분이 아닌 군상담사는 병영문화개선을 위한 연계자로서의 역할을 통해 개선해 나가야 한다.

3) 군상담에서 고려할 사항

군에서 장병들의 상담을 일반 상담과 같은 방법으로 진행하는 것은 효과를 기대하기 어렵고 오히려 부정적인 결과를 가지고 올 수 있다. 따라서 다음과 같은 접근이 필요하다고 할 수 있다.

첫째, 지휘관, 군상담 실무자, 주임원사 등 군 간부에 의한 상담모델

일선 부대에서 지휘계통의 제대별 간부들이 상담자가 되어 실시하게 되는 면담 형태의 상담이다. 개인의 호소 문제를 포함하여 부대의 적응과 동료 관계 개선을 위하여 그의 군인관을 포함한 현재의 정체성을 이해하고 부대에 잘 적응하도록 하는 방법으로 진행된다. 따라서 간부에 의한 상담은 상담에 대한 전문성이 부재하고, 부대 임무 수행을 위한 1차적인 보직 수행을 하기 때문에 전문적인 상담이나 장기간 상담을 하는 것은 바람직하지 않다.

둘째, 병영생활 전문 상담관을 포함한 군상담 전문가에 의한 상담의 목적과 범위는 전문적인 상담 및 치료기법을 적용하게 된다. 개인의 심리적인 어려움과 군 부적응의 문제를 해결하는 데 주안점을 두어야 한다. 따라서 상담에 관한 적절한 회기와 장소 등이 필요하다.

2 군상담의 일반적 목표

많은 상담이론들은 각 이론의 특성만큼이나 다른 목표를 갖고 있다. 이 같은 목표들의 공통점을 보면 다음과 같다.

〈표 12-1〉 **상담의 목표**

1. 행동변화의 촉진, 2. 대처기술의 향상, 3. 의사결정력 증진, 4. 대인관계능력 신장, 5. 자유롭고 책임 있는 행동의 증진, 6. 잠재능력 촉진, 7. 부정적 감정의 이해와 관리

(1) 행동변화의 촉진

군과 병영에서의 상담의 목표는 내담자가 보다 더 병영과 직업에 잘 적응하고 만족스런 삶을 살 수 있도록 행동의 변화를 가져오는 것을 목표로 하고 있다. 여기에는 외형적 행동변화, 신념이나 가치의 수정, 의사결정이나 대처기술의 개선, 정서적 스트레스 수준의 경감 등이 포함된다.

(2) 대처기술의 향상

상담자는 개인적 또는 병영의 문제를 지닌 내담자로 하여금 개인의 문제와 군 조직에서 효율적인 방법으로 잘 대처해 나가도록 돕는 것을 목표로 한다.

(3) 의사결정력 증진

삶은 선택과 결정의 연속적 과정이기 때문에 합리적 의사결정은 매우 중요하다. 장병들의 상담 과정에서도 내담자는 스스로 중요한 결정을 하여야 한다. 상담자가 하는 일이란 내담자가 정보를 수집하고 결정하는 데에 나쁜 영향을 미치거나 관련 있는 개인적 특징이나 정서적으로 걱정되는 점을 명확히 해주거나 걸러주는 것이다. 그러나 군에서는 개인의 이익과 조직의 이익이 충돌하는 과정에서 조직의 임무가 우선 되어야 하기 때문에 개인정인 의사결정력을 제한해야 할 경우가 발생한다.

(4) 대인관계 능력 신장

장병들은 병영 또는 업무 수행 과정에서 많은 시간을 상하동료들과의 상호작용에 소비한다. 그러한 과정에서 군인들은 동료, 상하급자 간, 부대업무수행 문제 등 여러 상황에서 많은 어려움에 봉착한다. 상담에서는 이러한 타인과 관계의 질을 향상시키도록 도와주는 데에 목표를 둔다.

(5) 잠재능력 촉진

상담은 내담자에게 자기 탐색의 기회를 제공하고 이 과정을 통해서 자신의 능력과 특성을 발견하도록 한다. 다시 말해 내담자가 자신을 자각하고 수용, 개방함으로써 자아실현을 돕는 것을 목표로 한다. 특히, 의무복무를 하는 병사들의 경우는 수동적인 자세를 취하기 때문에 병사 자신에게 잠재되어 있는 능력과 특성을 발견하도록 해 준다.

(6) 자유롭고 책임 있는 행동의 증진

상담에서는 내담자가 스스로 자유 의지로 행동하고 그 결과에 대하여 책임을 질 줄 알도록 하는 것을 목표로 한다. 상담자는 내담자로 하여금 자신의 행위와 결정에 대하여 생각하게 함으로써 자신의 진정한 자유의 한계를 평가하도록 해 준다.

(7) 부정적 감정의 이해와 관리

초보상담자는 내담자의 불안이나 슬픔, 분노를 제거해 주려는 유혹에 빠질 수 있는데 이렇게 되면 내담자는 강화를 받아서 이것에 목표를 두게 된다. 상담자는 부정적 감정은 만족스런 삶을 살아가는 삶도 존재하고 있다는 것을 깨닫게 해 줄 필요가 있다. 전문 상담자라면 내담자가 고통에 직면해 있다 하더라도 스스로 자신의 삶의 의미를 끄집어 낼 수 있도록 도와주는 것이지 상담자의 가치나 의미를 내담자에게 강요하는 것은 아니다.

3 군상담과 부대 임무수행과의 관계

군에서의 상담을 위해서는 일반 상담과 달리 고려해야 할 부분이 있다.

즉, 군상담에서는 '상담'의 측면과 '부대임무수행'이라는 부분을 동시에 고려해야 한다. 일반적으로 상담은 상담자와 내담자 간의 비밀이 보장된 가운데 상담이 진행되는데 반하여 군상담은 제3자(지휘관, 간부 등)가 내담자의 호소문제에 대하여 지휘조치를 통하여 알게 되는 경우가 대부분이다. 따라서 군상담사는 이 두 가지를 잘 고려해서 상담을 진행해야 한다. 군에서의 상담은 내담자(장병)의 호소문제가 부대 지휘에 영향을 미치게 되는 경우가 대부분으로서 상담자가 내담자의 문제를 해결하기 위해서 비밀을 유지하기 힘들게 된다. 또한 내담자의 문제를 해결하기 위해서는 지휘관을 포함한 부대의 협조와 조치가 필요하게 된다.

병영생활에 부적응하는 병사가 발생하게 되면 개인의 문제뿐만 아니라 부대의 임무수행에 부정적이게 되며 지휘부담은 물론 부대원들과의 관계에 악영향을 미치게 된다. 지휘관을 포함한 간부들은 사고 예방과 부적응 병사를 24시간 밀착해서 관찰 및 관리해야 하는 문제가 발생한다, 또한 동료 장병들의 경우 부적응 병사가 병영생활 전반적인 분위기에 악영향을 미치게 됨으로써 구타 및 가혹행위 등 악폐습이 발생하게 된다.

병영에서 부적응 병사 및 각종 호소 문제를 지닌 병사들의 경우 지휘계통 간부들을 통하여 1차적으로 상담이 이루어지게 된다. 1차적 상담 실무자로서 간부는 다음과 같은 영영에서 군상담이 다루어지도록 해야 한다.

① 내담자의 호소문제에 대한 진단: 주요문제, 증상, 그동안의 사건 등
② 지휘계통에서 다룰 수 있는 내용 여부: 전문인력, 상황, 여건 등
③ 비밀보호와 지휘조치 간의 균형 및 조화 방법
- 장병들에게 어느 수준까지 지휘조치가 될 것인가에 대한 내용 제시
④ 병영 내부의 상담의 경우 내담자의 문제를 해결하는 데 주요한 타인 유무

에 대한 확인

⑤ 내담자 상담 내용에 대한 상담 내용 일지관리

4 군상담의 분야

군상담은 일반적인 상담과는 달리 장병들의 개인적인 문제뿐만 아니라 각종 부대의 문제와 연관되어 있으므로 군조직적인 문제와 연관된 특징이 있다. 따라서 군상담에서는 군조직적인 특성을 고려하여 병영문화와 조직원들의 문제를 이해한 가운데 상담이 진행되어야 한다. 따라서 군에서의 상담은 군 간부에 의한 상담자(지휘관, 주임원사, 교관, 훈육관 등)와 전문적인 상담사(병영생활 전문 상담관) 및 외부 상담 전문가에 의해서 진행되며 군상담과 연관된 분야는 다음과 같다.

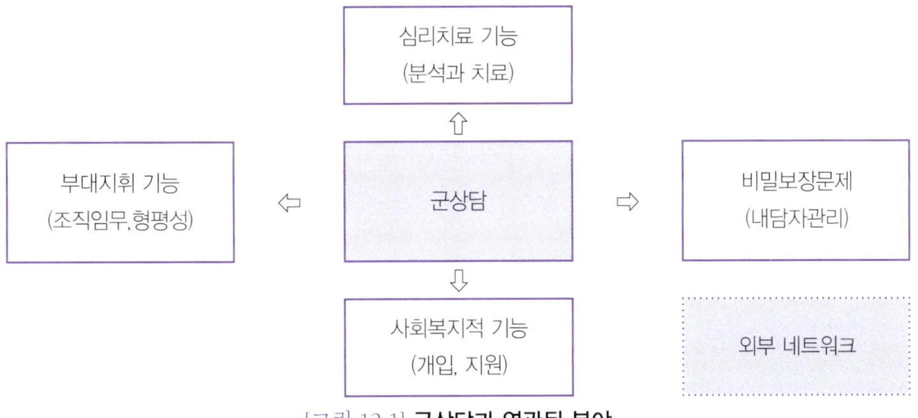

[그림 12-1] **군상담과 연관된 분야**

(1) 부대 지휘기능

병영생활에 적응하지 못하는 장병, 개인주의적 성향, 부여된 임무수행을 함에 있어서 능력이 떨어지는 자 등의 문제를 통합하는 기능을 한다. 또한 장병들의 성격과 성향 및 심리적인 특성과 개성을 바탕으로 부대의 임무 수행을 위하여

하나로 통합할 수 있는 지휘역량을 강화하는 기능을 한다.

(2) 심리치료적 기능

자살충동, 부적응, 문제 행동, PTSD, ADHD, 우울증, 공황장애, 불안장애, 근무 부적응 등에 대한 심리치료

(3) 사회복지적 기능

병영에서 장병 및 부대관리적인 측면에서 심리상담적인 문제를 예측하고 예방하는 진단과 개입을 실시한다. 또한 장병의 생태체계적인 요인으로 인하여 발생하는 문제 해결을 통하여 정상적인 근무를 할 수 있도록 돕는다.

(4) 고의 및 허위 부적응 장병에 대한 조정

허위 부적응 태도(자살, 불안, 폭행 등)를 보이는 장병들에 대한 조정

(5) 외부 전문기관과의 연계

군 내부적 자원으로 해결할 수 없는 전문적인 호소 문제 또는 외부 전문가를 통하여 효과적이라 판단되는 경우에 전문적인 네트워크를 구성하여 활용하게 된다.

5 군상담의 기대효과

군상담은 각종 개인의 호소 문제와 부대 임무수행적인 측면에서 효용성, 필요성, 발전성과 직결된 문제이다. 따라서 군에서 상담은 장병들이 긍정적으로 병영생활을 할 수 있어야 하며, 군조직 관리에 효과적이어야 한다.

〈표 12-2〉 군상담의 기대효과

개인 차원	부대 차원
· 개인의 호소 문제 해결 · 심리적·정서적 안정을 유지 · 동료·상하급자와의 원만한 대인관계 유지 · 병영생활에 대한 적응력 향상 · 부대 임무 수행력 향상 · 개인과 조직의 비전적 역할 수행	· 부대의 임무수행에 긍정적 · 사고 예방 효과 · 조직 몰입도 향상 · 부대의 사기 증진 · 부대원들에 대한 존중과 배려심 증대 · 리더십 역량 강화 · 업무의 능률 향상

6. 군에서의 상담교육 체계

우리 군에서는 간부 양성 및 보수교육기관과 리더십센터 등을 중심으로 상담에 대한 교육과 연구를 진행하고 있다. 그러나 군 간부들은 전문적인 상담 교육과 임상경험 및 전문적인 상담 사례에 대한 경험이 부족한 실태이다. 따라서 군에서 장병들에 대한 상담은 실시하고 있으나 내담자 중심의 문제 해결보다는 부대 임무수행을 위한 적응력 향상을 위한 면담의 수준에 머무는 경우가 많으며 이로 인한 다음과 같은 문제가 발생하게 된다.

첫째, 간부 개인이 생각하고 이해하는 방식으로 상담의 방향을 결정하게 된다. 상담의 이론과 기법보다는 개인의 군 경험과 사고방식으로 병사들을 면담하거나, 상급 지휘관 및 상급자의 의도에 따라서 면담을 하게 된다.

둘째, 비전문적인 면담의 형태는 병사들이 개인의 문제에 대하여 직접적으로 호소하여도 형식적으로 처리하거나, 오히려 병영의 분위기만 나빠지는 현상이 생기게 된다. 이는 면담에 대한 불신과 효용성에 대한 의문이 생기게 되고, 장병 및 가족들로부터 부정적인 평가를 받게 된다.

셋째, 외부 기관과 네트워크을 연결할 때 자신과 이해관계 혹은 도움이 되는 비전문가에 의뢰함으로써 실질적으로 장병의 상담에 도움이 되지 못하는 경우가 발생하게 된다. 또한 외부 상담 프로그램을 분석 없이 군에 도입하여 치료프로그램으로 활용함으로써 오히려 역효과를 나타내는 경우도 나타날 수 있다. 상담은 군조직의 발전과 부대원의 복지적 욕구를 견고히 하는데 있어서 군상담에 대한 전문 인적자원을 편제화하고, 작전과 인권 및 복지에 대한 관계를 설정하고 체계화 되어야 한다. 또한 상담교육체계를 수립할 때 다음과 같은 사항을 고려해야 할 것이다.

〈표 12-3〉 군상담 교육체계와 고려요소

<table>
<tr><th>구분</th><th>고 려 요 소</th></tr>
<tr><td>리더십교육 체계와 연계(표준화)</td><td>· 군 역량모델을 기반으로 군상담역량 모델 정립
· 리더십 과목과 상담관련 과목의 연계성 정립 (정체성과 범위 설정)</td></tr>
<tr><td>Plan–Do–Check–Action((P–D–C–A) 모델 적용</td><td>· 인적자원 변동으로 인한 교육체계 혼란방지
· 시스템에 의한 운영 중심
· 매년 부대별, 제대별 지휘관 및 장병의 요구수준 심사분석을 통해 상담 교육 체계 개선
계획 수립 (Plan) ⇨ 실행 (Do) ⇨ 측정 (Check) ⇨ 지속 개선 (Action)
상담계획 (대상, 자원 등) / 양성 및 보수교육 / 교육결과 분석 / 문제시정 개선사항</td></tr>
<tr><td>사례분석을 통한 문제 해결 중심 교육</td><td>· 군상담교육은 '사례 중심형'으로 교육되어야 한다.
· 제대별, 대상별, 유형별 사례분석 위주로 교육</td></tr>
<tr><td>상담역할 및 요구 수준</td><td>· 조직관리자 – 상담관리 – 대대급 이상 지휘관
· 상담전문가 – 전문적 상담 – 병영생활 전문 상담관 등
· 상담실무자 – 준전문적 상담 – 훈육관, 주임원사 등
· 일반 간부 – 면담 – 분대장급 이상 간부</td></tr>
<tr><td>상담역량 교육 중점</td><td>· 군상담실무자가 활용 가능한 실용적 교육모델 구성
· 상담을 위한 사례관리 체득
- 교육수료 후 상담투입 가능 수준
· 군 특성을 고려한 전문적 교육 중점 실시
· 위기 대상을 위한 상담지식 습득
· 단계별 군상담 교육 모델(안)
초급 교육 ⇨ 보수 교육 ⇨ 전문가 교육
상담실무자 교육 – 면담 수준 – 상담 적용 – 능력 습득 ⇨ 상담실무자 보수 교육 실습과 사례 교육 (토론위주) ⇨ 외부전문기관 연계 힉위 등 게빌</td></tr>
</table>

7 육군상담의 실태

장정의 병사들이 훈련소에 입소한 후 훈련병으로서의 상담을 받는 것을 시작으로 자대에 배치되어 제대할 때까지 지속적으로 계속되는 상담은 다음과 같이 진행된다.

1) 신병입대

장정들이 신병교육대(논산 훈련소, 각 사단 신병교육대)에 입소하게 되면 군인화 교육과 함께 상담은 다음과 같이 진행된다.

첫째, 개인 신상자료를 작성한다.

둘째, 군인성검사(병무청 인성검사)를 실시하여 정밀진단 병사를 선별하고 특기분류 시에 활용하며, 검사결과 자료는 교육연대 및 자대에 보내어 지휘참고자료로 활용하게 한다.

셋째, 신체검사를 통해 건강검진을 하고, 약물복용여부, 문신자 등을 파악한다.

넷째, 병무청 입영사무소와 협조하여 전과 사실 유무를 파악한다.

다섯째, 입소대대에서 교육연대로 훈련병 인계 시 관련 자료를 통보한다(논산훈련소의 경우).

2) 신병교육대(훈련소 교육연대)

구분	내 용
입소 당일	· 개인별 신상명세서, 나의 성장사, 생활기록부 작성 · 소대장 - 입소자료, 나의 성장사 분석 및 관심훈련병 파악 - 전과자, 약물복용자, 정밀 신체검사 대상자, 성격 장애자, 결손가정 위주로 관심훈련병 파악 · 중대장, 소대장은 관심훈련병 및 군인성검사 이상자에 대하여 면담을 실시한다.
신병교육 기간	· 분대장, 소대장: 훈련병 상담실시 · 관심병사를 지정하여 매뉴얼에 따라 밀착 상담 및 관리 · 제대별(분·소·중대), 주기적(일일·주간·월간) 신상결산 실시 (수양록 점검, 환자진료 결과 확인, 가정통신문 발송, · 심각한 부적응 훈련병은 병영생활 전문 상담관에 상담 의뢰 · 수료 시에 전 훈련병에 대하여 종합의견, 훈련성적 및 기타 각종 신상자료를 동봉한 후 봉투에 봉인하여 개인이 자대에 제출하도록 한다.

관심병사 선정 및 관리 과정(육군 기준)

병무청 인성검사(징병 신체검사)
복무 부적응자 걸러냄

⬇

훈련소 군인성검사(KMPI)
부적합 판정시 귀가 조치 또는 관심병사 분류

⬇

자대 배치 후 지휘관 면담
가정형편, 성격 등 감안해 관심병사 분류(소대장–대대장 집중 관리)

※ 관심병사 중 2주 단위로
1기수당 20명 정도가 자살 방지 프로그램인 '비전 캠프' 입소

3) 자대(개인별 소속 근무부대)

구분	내용
전입 시	– 분대장·소대장 · 각종 신상관리 자료를 분석하여 개인 신상을 파악한다. (생활지도기록부, 나의 성장사, 신상명세서, 군인성검사 결과, 전과 기록, 훈련 성적) – 중대장·대대장 · 전입 이등병 집단 또는 1:1 면담 실시 · 상담 내용 개인신상 확인, 이성문제, 건강문제, 군생활 질문사항, 애로 및 건의사항 확인, 정신교육, 필요 시 부모와 통화.
부대생활 중	– 신병 전입 후 약 3달간 특별 관찰 및 적응화 유도 – 부대 적응기간 후 첫 휴가 전·후 상담 실시 – 이 후 개인의 신상변동 및 문제 발견 시 상담(도움·배려 병사 수시) – 매주 1회 분대장 병력결산 간담회 실시 · 참석: 중대장이 주관, 분대장과 소대장 · 내용: 분대원 주간 생활 및 면담 실태 보고(도움·배려 병사 위주) 애로 및 건의사항 접수, 중대장 정신교육 등 – 정신질환자, 복무 부적응자는 중대장 및 대대장 상담 후 → 병영생활 전문 상담관, 정신과 진료, 군종장교 상담 실시

4) 육군상담의 현실

(1) 부적응 병사 위주·형식적인 상담

일반부대에서는 상담이 지휘관을 포함한 간부들이 작전 및 훈련 등의 업무적인 부담감으로 부적응의 문제를 지닌 병사 위주로 진행되고 있는 실정이다. 문제병사와의 면담도 면담기록부 작성이나 문제발생 시에 대비용으로 작성되는 경향을 지니고 있다. 따라서 복무 부적응의 원인이 무엇인지, 문제 해결을 위해 조치해야 할 사항은 무엇인지를 파악하지 못하는 형식적인 면담으로 그치는 문제가 있다.

(2) 상담환경의 미흡

개인의 욕구 문제를 해결하기 위해서는 비밀이 보장되어야 하는 경우가 대부분이다. 그러나 병사들끼리 동고동락하고 동료들과 일과가 동일한 가운데에서는 상담이 자유로울 수가 없다. 또한 군 간부들에 의한 면담의 경우에는 더욱 그러하고, 병영생활 전문 상담관과의 상담도 동료들이 상담 시간과 과정을 인지하게 됨으로써 군생활에 대한 문제를 호소하기에는 자유롭지 못하게 된다. 특히 직접적으로 부하들과 직접 대면하면서 지휘하는 부대장 및 소대장의 경우, 부대관리 등의 업무로 인하여 시간을 내어 상담하는 것은 어려움이 있다.

(3) 상담의 전문성 부족

병사들에 대한 상담을 실시하는 간부들은 전문적인 상담교육을 받지 못한 가운데 상식적 수준의 상담을 실시하는 경우가 대부분이다. 또한 집체교육을 통하여 실시하는 상담교육은 상담에 대한 기초교육 위주로 진행되므로 전문적인 상담을 실시하지 못하게 되는 문제가 있다.

(4) 교육기관의 교육 실태

상담교육은 개인 상담 위주로 구성되어 있으며 교육기관과 야전부대 간에 서로 연계성 있는 교육이 진행되지 못하는 문제가 있다. 또한 집중적인 인성교육을 포함한 집단 상담의 기법은 체계적인 교육과 프로그램의 개발이 요구되고 있다.

8 해군상담의 실태

해군은 부대별로 병사들의 신상파악 수준의 면담을 실시하고 있는 실태이다. 해군에서는 상담이라는 용어 대신 신상파악과 선도라는 용어를 사용하고 있다.

1) 신상파악 절차

1단계 교육부대	· 최초 신상파악 · 인원관리 프로그램(개인신상기록부) · 교육기간 중 관찰한 사항 기록 · 관찰 내용 · 훈련에 임하는 태도, 병영생활 적극성 여부, 전우와의 · 인간관계, 성격, 특기 및 신상에 관한 사항
2단계 부대 배속 후	· 신상파악 기준 분류: A·B·C 등급(전입자 1달 이내) · B·C 등급 분류자는 차상급 지휘계통으로 보고한다. · 차상급 신상파악 책임자는 C급으로 분류된 자가 타당하게 분류되었는지를 확인 후에 지휘관에게 보고한다. · 지휘관은 C급 병사의 선도 및 해결방안을 강구한다. · 필요 시 상급지휘관에게 지휘보고한다.

2) 해군 신상파악분류기준

등급	분류기준	조치사항
A급	· 신상에 문제가 없는 병사	· 2개월에 1회 이상 면담
B급	· 개인적인 고민으로 직무수행에 다소 지장을 초래하나 사고발생의 우려가 없는 자	· 차상급자: 월 1회 이상 면담 · 생활태도 관찰기록 유지 · 특이사항 지휘관에 보고
C급	· 개인적인 고민이 많고 성격상 사고 발생의 우려가 있는 자 · 이미 1회 이상의 사고를 발생 시켜 징계 이상의 처벌을 받은 자로서 지속적인 선도를 필요로 하는 자	· 지휘관 월 2회 이상 면담 · 지휘자로~지휘관 지휘계통에서 관찰하고 선도 · 자체 해결 불가 판단 시 상급부대 보고

3) 선도 방법

① 지휘관은 정신교육을 실시하고 지휘조치를 한다.

② 참모는 종교 활동에 참여하도록 유도하고, 군종장교는 인격지도 교육을 법

무장교는 군법교육을 실시한다.

③ 동료 및 선임자는 형제적 결연을 맺거나 선도병을 운영하고 집단지도를 실시한다.

④ 상담 전문가를 통한 상담을 의뢰한다.

9 공군상담의 실태

공군에서는 군 간부들에 의해 면담 수준의 상담이 이루어지고 있다. 따라서 상담이라는 용어는 부분적으로 사용되고 있으며, 훈육관리 또는 면담이라는 용어가 보편적으로 사용되고 있다.

1) 훈육관리 실태

(1) 교관 및 훈육관의 상담 전문성 향상을 통한 훈육 강화

① 기술교관 과정의 상담교육 강화

교관과 훈육관으로 보임하기 전에 상담기술에 대한 교육을 실시한다.

상담교육 시간은 12시간으로 상담이론, 교육심리, 인간심리의 이해, 심리검사, 상담기법 등을 실시하고 있다.

② 상담기본 과정 운영

교관 재임기간 중에 '상담기본 과정'을 실시하여 교육사령부 교관 및 훈육관들을 대상으로 상담 관련 교육을 24시간(상담기본이론, 스트레스와 정신건강, 상담 및 면담기법, MMPI 이해 및 활용, 교유분석 등)을 실시한다.

③ 상담전문 훈육관 운영

심리학, 교육학, 사회복지학 석사학위를 소지한 상담분야 전공자로서 심리상담사 혹은 심리치료사 자격을 소지한 자을 상담전문 훈육관으로 운영한다.

(2) 입체적인 상담 및 훈육관리 체계정립

① 정기면담 횟수 조정 및 집중면담 실시

양성교육 과정에서는 정기면담을 시간을 이용하여 관심병사를 분류하고 관심병사로 분류된 경우에는 수시로 집중면담을 실시하고 있다.

② 주별 면담 및 면담의 표준화

면담의 형식을 표준화함으로써 면담을 내실화하고 면담의 성과향상을 위한 노력에 힘쓴다.

- 훈련단: 서면 면담(1주차), 초도 대면 면담(2~3주차), 중간 대면 면담(3~6주차)
- 특기학교: 초도 서면 면담, 대면 면담(1~2주차), 중간 서면 면담(3주차)

(3) 신병 훈육관리의 체계화

① 간편형 MMPI(207문항) 검사 및 훈육자료로 활용

② 교육기간 중 TA검사 실시

(4) 특기생 면담 실시

① 외박 전 교관 및 훈육관이 면담인원을 지정하고 기본군사 훈련단 신상자료를 검토하며 관심인원 명단 및 MMPI 이상자를 확인한다.

② 외박 전에 단체 면담, 서면 면담, TA검사 결과 분석 후 중점관리 대상자를 분류한다.

③ 외박 2일 전에 지휘관 정신교육을 하고 훈육관은 중점관리 대상자를 대상으로 개별면담을 실시한다.

④ 외박 하루 전에 훈육관은 개별면담 결과를 학교장에게 보고하고 외박 복귀 후에는 중점관리 대상자를 수시로 면담한다.

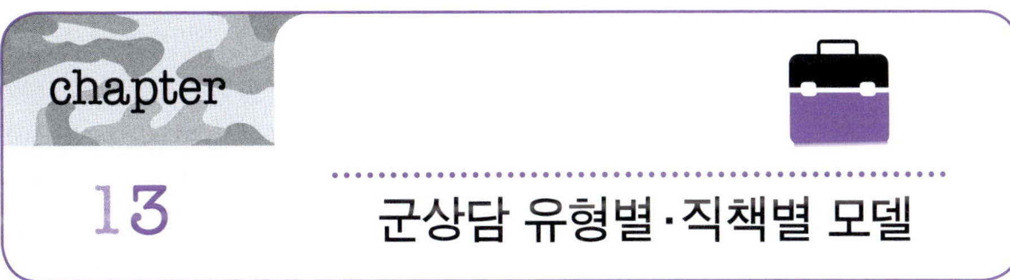

chapter 13 군상담 유형별·직책별 모델

1 유형별 모델

사회는 매우 복잡하고 다양함에 따라 클라이언트들의 호소문제도 다양하고 복잡하게 나타나고 있다. 마찬가지로 군대라는 조직에서 생활하는 장병들도 유사한 호소의 문제 또는 특수한 호소문제들을 지니고 있으나 군대라는 환경에서 나타나는 대표적인 문제 유형이 있다. 따라서 각 상담문제 유형별로 적절한 상담 방법 및 상담 조치 방법에 대하여 살펴보면 다음과 같다.

1) 전입신병 상담

신병교육을 마치고 부대에 배치되는 신병들은 자신이 근무하게 될 부대에 대하여 온갖 망상과 함께 두려움으로 가득 차 있다. 인솔자와의 첫 만남과 대화, 이동 및 위병소 통과, 생활관에 도착하여 앞으로 같이 생활하게 되는 선임병들과 만나는 순간까지 모든 상황이 새로운 충격과 두려움으로 느껴지게 된다. 이러한 두려움과 다르게 부대원들의 친절과 환대, 따스함, 군대에 대한 긍정적인 첫인상이 된다면 부대생활에 잘 적응하게 되지만 그렇지 못할 경우에는 군대 생활에 적응하지 못하게 된다. 따라서 신병들이 군에 잘 적응할 수 있도록 부대 차원에서 세심한 준비를 하여야 한다.

(1) 상담자: 분대장, 소대장, 중대장, 대대장

(2) 전입 신병의 특징

① 근무하게 될 부대에 대하여 막연한 불안감과 어색함을 가지게 된다.

② 선임병들과 부대 환경 및 생활방식에 대하여 두려워한다.

③ 스트레스와 긴장감을 갖게 된다.

④ 개인적인 신상에 대하여 노출하는 것을 주저할 수 있다.

(3) 상담의 목표

① 전입신병이 편안하게 느낄 수 있도록 라포를 형성한다.

② 상담을 통하여 신병의 장단점과 문제점을 파악한다.

③ 새로운 환경에서 잘 적응할 수 있도록 두려움을 해소해 준다.

④ 전입 과정에서의 조치

신병 인수 시	· 지휘관은 인솔자의 임무와 자세를 교육하고 확인 · 인솔자의 복장, 언행이 귀감이 될 수 있도록 조치 · 부대에 대한 자긍심을 갖도록 하고 두려움을 해소
↓	
차량 이동 간	· 불안감을 갖지 않도록 긴장 완화를 위한 대화 유도 - 전입 환영, 부대 소개(간략), 변화된 병영 생활 등 · 인솔자는 심리적인 안정감을 갖도록 부위기 조성
↓	
부대 도착 시	· 부대 정문 통과 시 - 근무자의 절도 있는 제식, 약식 환영 · 부대 생활관 도착 시 - 전입신병 환영(진심으로 반기고, 친절한 첫마디) - 편의시설 및 일과시간 계획을 알려 준다. - 계획된 시간 사용으로 무료하고 불안하지 않도록 한다. - 기간병사와 신병과의 불필요한 접촉 통제(지휘 관리) - 선임병의 장난 섞인 농담과 대화 금지

(4) 효과적인 상담 방법

① 관계(라포) 형성

- 신병을 따뜻하게 환영하고 부대의 장점을 소개한다.
- 사전 기록된 개인 신상에 대하여 자연스럽게 대화 형태로 이야기 한다.
- 의례적·형식적인 느낌을 주거나 심문하듯이 진행하지 말아야 한다.
  불안해하고 질문에 단답형 대답하는 수동적 상담 자세를 보이게 됨

② 자기노출과 정보 제공

- 상담자(지휘자~지휘관)은 적절한 자기노출을 통해 신병과 자연스럽게 라포 형성이 가능하게 된다.
- 상담자는 부대생활과 관련 도움이 될 만한 사항을 알려 준다.
- 상담자는 편안한 정서를 나타내고, 상대를 배려하는 자세를 갖는다.

③ 긍정적인 자기암시

- 군생활에 대한 긍정적인 기대감을 갖도록 한다.
  예) "피할 수 없으면 즐기면 된다.", "근무 잘할 수 있을 것 같다." 등
- 스스로 스트레스를 해결할 수 있는 마음을 갖도록 한다.

(5) 바람직하지 못한 상담 내용

① "요즘 군대가 얼마나 좋아졌는지 알아? 그것도 적응 못하면 남자도 아니야!"

② "신병 때는 몸으로 하는 거야 목소리도 크게 하고! 그래야 좋아하지"

③ "괴롭히는 선임병 있으면 보고해, 내가 영창 보낼 테니까!"

(6) 상담 후 조치

① 상담 후 문제가 될 만한 사항에 대해서는 지휘계선을 통해 지속적인 관찰을 한다.

② 전임 상담 후 조치가 필요한 문제가 있다고 판단이 되면 지휘계통으로 보고하고 전문적인 상담을 하도록 한다.

2) 복무 부적응 문제

사회에서 자유롭게 생활하다 입대한 신세대 장병들은 병영생활에 적응하지 못하고 집단적으로 따돌림을 당하거나 구타 등 가혹행위를 당하거나 부대를 무단 이탈하기도 하며, 우울증상을 보이고 심지어는 자학 및 자살을 하는 사례가 발생하고 있다. 복무 부적응 문제로 어려움을 호소하거나 겪게 되는 병사들을 식별하고 효과적으로 상담하는 방법은 다음과 같다.

(1) 상담자: 분대장, 소대장, 중대장

(2) 복무 부적응 병사의 특징 및 식별 방법

① 병영생활에서 대인관계를 기피하거나 소극적인 성향을 나타낸다.
② 정서적으로 불안정하고, 자신감이 부족하며 매사에 눈치를 본다.
③ 모든 문제에 의욕이 없고 일과와 부여된 임무 수행을 잘 하지 못한다.
④ 간부 및 선임병과 동료들에게 인정을 받지 못하고 집단 따돌림을 당한다.
⑤ 매사에 불만을 동기들에게 자주 토로하거나 경직된 태도를 보인다.

(3) 대표적 유형 및 원인

① 부대 전임 후 적응에 어려움을 겪는 경우
② 훈련이나 업무 등을 수행하는 데 어려움을 느끼는 경우
③ 주어진 임무와 역할을 본인이 감당하기 힘든 경우
④ 개인적인 성격의 결함에서 오는 경우

(4) 효과적인 상담 방법

① 관계(라포) 형성

복무 부적응으로 인한 불안, 우울, 열등감, 자존감 저하, 자신감 부족 등에 대하여 공감하고 심리적 안정에 도움을 준다.

예) "병영생활을 하면서 정말 힘이 들었겠구나! 나하고 함께 좋은 해결책을 찾아보자", "군대 생활하면서 속마음을 털어 놓을 대화 상대도 없고 마음이 많이 아프겠구나!"

② 부정적 사고를 긍정적 마인드로 전환

병사의 자존감과 자신감을 고취시켜 줌으로써 부정적인 생각과 수동적인 병영생활에 긍정적 마인드를 갖게 하고, 인격적으로 가치 있는 자신을 발견하게 해 준다.

예) "누구나 처음에는 힘들고 잘하지 못하는 거야! 너무 못하는 것만 생각하지 말고 하나하나 잘하도록 노력해 보자!", "잘하려고 하는데 잘 안될 때가 있지? 나도 그랬단다, 스트레스 받지 말고 차근차근 해보도록 해라!"

(5) 바람직하지 못한 상담 내용

① "너를 괴롭히는 선임병이 있으면 보고해, 내가 영창 보낼 테니까!"

② "너부터 잘하려고 해야지! 그래야 선임병들이 좋아하지"

③ "군대에서는 시키는 대로만 하면 되는 거야, 선임병들도 다 너 같은 시절을 겪고 병장이 된 거야 !",

④ "시간이 지나면 다 해결되는 거야!" 등

(6) 상담 후 조치

① 복무 부적응의 수준에 따라 소대장(중대대장), 병영생활 전문 상담관, 군종장교, 군의관 등과 상담할 수 있도록 한다.

② 업무 수행 중 지휘관(자)이 중간 지도 및 격려한다.
③ 내담자가 긍정적으로 변화해 가는 모습에 대하여 적극적으로 지지해 주고 격려한다.

3) 가정 문제 상담

최근에는 여러 가지 문제로 인하여 해체 가정이 늘어나는 가운데 가정 문제로 인하여 휴가 등에서 복귀하지 않는 경우나 근무지를 무단 이탈하는 문제가 발생하고 우울증 등의 문제로 자살하는 사례가 발생하고 있다, 가정 문제로 어려움을 호소하거나 겪게 되는 병사들을 식별하고 효과적으로 상담하는 방법은 다음과 같다.

(1) 상담자: 분대장, 행정보급관, 주임원사

(2) 특징 및 식별 방법

① 휴가나 외박 복귀 후 우울하고 불안해한다.
② 업무에 전념하지 못하고 대인관계를 기피한다.
③ 동료나 상급자에게 의존적이거나 배타적인 태도를 보인다.

(3) 대표적인 유형 및 원인

① 부모의 이혼이나 별거로 인한 가정 해체로 불안정한 경우
② 가족 중 한사람이 사망하거나 큰 사고를 당한 경우
③ 가족의 최저 생계를 유지하기 어려운 경우
④ 부모의 재혼으로 인하여 가족관계가 불편한 경우
⑤ 가족 중에서 암이나 불치의 병에 걸린 경우

(4) 효과적인 상담 방법

① 관계(라포) 형성

병사들이 가정 문제로 인하여 겪고 있는 불안, 우울, 고통 등의 감정을 충분히 공감하고 수용해 줌으로써 신뢰할 수 있는 관계를 형성한다.

예) "부모님이 이혼하시려 한다며 얼마나 걱정이 되겠니? 복귀하고 나서 집안 문제로 걱정이 돼서 아무것도 손에 안 잡히겠구나!"

② 감정 조절법

병사로 하여금 가정 문제로 인한 스트레스를 내려놓고 자신의 감정을 자연스럽게 조절하게 한다.

③ 해결 유무 구별

가정의 문제는 군 복무 중에 있는 자신이 해결할 수 있는 통제력 밖의 문제임을 인식하게 한다.

④ 대안 수립

현실적으로 직접적인 문제 해결 방법이 없을 때 상담자는 병사와 함께 차선책을 찾거나 적절한 대안을 찾도록 한다.

(5) 바람직하지 못한 상담 내용

① "가정 문제는 문제이고 너는 너야, 가족들 문제로 네 인생을 망칠 수 없는 거란다."

② "네 인생을 열심히 살면 되는거야! 그러니까 군생활 열심히 해!"

③ "너만 불행한 거 아니야! 더 불쌍한 집안도 많아!"

④ "부모가 이혼하는 집이 하나 둘이 아니야. 그러니까 근무나 열심히 해"

(6) 상담 후 조치사항

① 가족들의 문제에 대하여 서신이나 통화를 할 수 있도록 한다.

② 가정이나 친지들에게서 오는 연락은 상담자와 상의 후 지휘조치 한다.

③ 가족들과 함께 가정의 문제에 대하여 상담한다(가족상담).

④ 필요한 경우에는 휴가 조치 등 부대 차원의 지휘 조치를 강구한다.

4) 성격문제 상담

병영생활을 하는 데는 성격적인 문제로 인하여 많은 영향을 미치게 된다. 내성적인 성격으로 인하여 소극적이거나 대인 기피증이 생기기도 한다. 이런 경우 집단 따돌림을 당하거나 심한 경우에는 자해 및 분노조절을 잘 하지 못하는 사례와 심지어는 자살을 하는 경우가 발생하기도 한다. 성격문제로 어려움을 호소하거나 겪게 되는 병사들을 식별하고 효과적으로 상담하는 방법은 다음과 같다.

(1) 상담자: 분대장, 소대장

(2) 특징 및 식별 방법

① 매사에 부정적인 말을 하고 자존감이 낮으며 자신감이 부족하다.

② 자신에 대한 남들의 말과 평가에 민감하다.

③ 혼자 따로 떨어져 어울리지 못하고 소극적인 태도를 나타낸다.

④ 말이 적으며 대화하기를 기피한다.

⑤ 감정기복이 심하고 냉소적이다.

⑥ 지나치게 걱정과 불안해하며 몸이 아프다고 호소한다.

(3) 대표적인 유형 및 원인

① 부모의 무관심이나 애정결핍으로 인해 자존감이 부족하다.

② 부모의 과잉통제나 학대 및 방임으로 인해 반발심을 나타낸다.

③ 부모의 과대평가나 과잉보호로 인해 이기적이고 배려가 부족하다.

④ 어려운 일이나 곤란한 문제를 회피하거나 타인의 욕구로 인하여 신체화 증상 호소

⑤ 성장하면서 마음의 상처를 받은 경우

(4) 효과적인 상담 방법

① 관계(라포) 형성

병사의 지금여기(now & here)에서의 심리상태에 대하여 충분한 공감과 수용한다.

예) "마음이 편하지 않아서 많이 괴롭겠구나!", "동료들에게 감정을 다 표현하고 나서 나중에 후회했겠구나!"

② 긴장과 불안 해소 훈련

근육이완과 불안심리 조절법 실시

③ 부정적 사고의 긍정화

관계형성을 통하여 성장 과정에서의 충격적인 경험을 이야기하도록 하고, 부정적인 감정을 정화시키고, 부정적인 사고(자기 비하, 부정적 사고 등)를 긍정적인 사고로 전환시켜 준다,

(5) 바람직하지 못한 상담 내용

① "남자가 왜 그렇게 자신이 없어? 대범하게 행동해라!"

② "군대에서 참을성이 없고 급한 것이 문제야 매사에 신중하기 바란다!"

③ "걱정한다고 해결되는 것 하나도 없어! 마음을 편하게 먹어!"

④ "세상을 자기 마음대로 살 수만 없어! 자기감정을 다스려야 해!"

(6) 상담 후 조치사항

① 자해 및 자살을 시도할 가능성을 확인하고 적절히 조치한다.

② 성격적인 문제는 장기간의 상담이 필요하여 인내심을 가지고 지속적 상담을 실시한다.

③ 성격이나 정신건강의 문제가 심각한 경우는 병영생활 전문 상담관, 외부 전문가 등에게 의뢰한다.

6) 대인관계 문제 상담

군 복무 중인 병사들은 외부와 차단된 병영의 좁은 공간에서 24시간을 공동으로 생활하게 된다. 대인관계가 원만하지 못하고 부적절하게 되면 집단 따돌림을 당하거나 가혹행위의 대상이 되어 사회적인 문제로 확대되기도 한다. 대인관계 문제로 어려움을 호소하거나 겪게 되는 병사들을 식별하고 효과적으로 상담하는 방법은 다음과 같다.

(1) 상담자: 분대장, 소대장, 부소대장 등

(2) 특징 및 식별 방법

① 장병들과 잘 어울리지 못하고 자존감이 낮다.

② 말이 거의 없으며 매사에 소극적이고 자신감이 없다.

③ 모든 일을 힘들어하고 열외하려고 한다.

④ 말이 적으며 대화하기를 기피한다.

⑤ 병사들 사이에 따돌림을 당한다.

(3) 대표적인 유형 및 원인

① 대인관계의 경험과 관계유지 기술이 부족하다.

② 이기적이고 자기 중심적이다.

③ 상황이나 조직의 특성에 맞게 자신이 희생하고 기여하지 못한다.

④ 동료들과 잦은 말다툼이나 언쟁이 심하다.

⑤ 내성적이거나 혹은 자기 중심적이다.

(4) 효과적인 상담 방법

① 관계(라포) 형성

병사의 입장과 심리상태에 대하여 충분한 공감과 수용한다.

예) "네 주변에는 아무도 없어 외롭지?", "아무도 너를 이해하지 못해 힘들지?", "선임병들이 너를 괴롭혀서 힘들지?"

② 통찰

병사 스스로가 자신의 문제를 스스로 깨닫도록 해 준다.

③ 대인관계 기술 훈련

상담자와 내담자가 상호 역할을 바꿔서 역할 연습을 함으로써 대인관계 기술을 배우도록 한다.

(5) 바람직하지 못한 상담 내용

① "남자들은 서로 싸우면서 친해지는 거야!"

② "네 성격이 모가 나서 그래!"

③ "좀 더 마음을 네가 열어서 다가가 봐! 다 내탓이라 생각해 봐!"

④ "네가 너무 이기적이라고 생각을 해봐라!"

(6) 상담 후 조치사항

① 동료병사들에게 긍정적으로 대하도록 유도한다.

② 분대에 대한 정신교육을 통해 원만한 인간관계를 유지하도록 한다.

③ 내담자의 변화하는 모습을 지켜보며 지속적인 관심과 격려를 해 준다.

7) 건강문제 상담

군 입대 전부터 또는 복무 중에 생긴 건강문제는 훈련이나 부대 일과를 진행하는 데 어려움을 겪게 된다. 매사에 자신감이 부족하게 되고, 업무를 수행하는 데 곤란하게 됨으로써 동료 및 부대원들과의 관계가 원만하지 못하고 집단 따돌림의 대상이 되기도 하며, 심리적인 부담감이 가중될 수가 있다. 건강문제로 어려움을 호소하거나 겪게 되는 병사들을 식별하고 효과적으로 상담하는 방법은 다음과 같다.

(1) 상담자: 분대장, 행정보급관 주임원사, 군의관 등

(2) 특징 및 식별 방법

① 건강에 대하여 지나치게 과민반응을 보이며 외진을 요청한다.
② 아파서 그러는데 꾀병이라고 생각한다고 하며 우울 증세를 보인다.
③ 적절한 치료를 받지 못하거나 통증이 계속되면 부적응을 나타낸다.
④ 훈련과 부대의 힘든 일과에 열외해서 병사들 사이에 따돌림을 당한다.
⑤ 상급자에게 고통을 자주 호소하고, 의존하는 자세를 보인다.

(3) 대표적인 유형 및 원인

① 신체적인 질병으로 주어진 임무를 제대로 수행하지 못한다.
② 정신적인 스트레스로 인해 심인성(정신적인 문제가 신체증상으로 나타남) 증상을 호소한다.
③ 건강상의 이유로 동료와 어울리지 못하고 소외감을 느낀다.
④ 정신적, 육체적인 꾀병을 부리는 경우가 나타난다.

(4) 효과적인 상담 방법

신체적 질병과 정신적 질환의 경우 상담 및 진료를 통해 환자의 기질적 질환,

심인성 증상, 꾀병 유무를 확인한다.

① 기질적 질환

기질적 질환인 경우 증상의 수준에 따라 군 내부에서 치료 혹은 사회의 병원에서 치료할 것인가를 판단하여 외진, 입실, 후송과 청원휴가 조치를 한다.

② 꾀병

병사가 근무 및 훈련 등을 기피하기 위하여 꾀병을 부리는 경우가 발생하게 된다. 이 경우 증상에 대하여 지나친 관심을 가지지 말고, 비난하지 말며, 잘하고 있는 분야에 대하여 격려함으로써 병사 스스로가 자신의 문제를 스스로 깨닫도록 해 준다.

예) “네가 아픈데도 불구하고 열심히 업무를 처리하여 믿음직스럽구나!”

③ 심인성 증상

심인성 증상의 경우에는 가급적 언급을 하지 않으면서, 근무로 인한 스트레스를 받고 어려워하는 이유를 공감해 주며, 증상이 심리적인 원인 때문이라는 것을 깨닫게 하고 현실적으로 적절한 대처 방안을 같이 찾아본다.

(5) 바람직하지 못한 상담 내용

① “너 훈련하기 싫어서 꾀병 부리는 거 아니야?!”

② “그 정도 아픈 것 가지고 꾀병부리는 거야? 하라면 해!”

③ “그 정도 아픈 것 가지고 열외하면 훈련할 병사가 어디 있어?”

④ “너 군기가 빠져도 너무 빠졌구나!! 정신력으로 견디는 거야!”

(6) 상담 후 조치사항

① 의무대 또는 외진을 통해 신체적 진료 및 치료를 하게 한다.

② 내담자의 질병문제를 병사들에게 알려 주어 따돌림을 받지 않도록 한다.

③ 신체허약, 만성 피로 등의 경우 적절한 휴식과 운동을 할 수 있도록 하며 필요시 보직을 조정해 준다.

8) 성문제 상담

최근 들어 우리 군에는 여군의 비율이 높아지는 추세이며, 동성 간의 성적 학대 및 추행으로 고민하고 호소하는 경우가 증가하고 있다. 성적 피해문제로 어려움을 호소하거나 겪게 되는 병사들을 식별하고 효과적으로 상담하는 방법은 다음과 같다.

(1) 상담자: 병영생활 전문 상담관, 여성 고충 삼담관, 군의관, 군종참모 등

(2) 특징 및 식별 방법

① 겉으로 보기에는 특별한 이유 없는데 순간적인 분노를 나타낸다.
② 심한 모욕감이나 수치심으로 인하여 동료나 대인관계를 피한다.
③ 불안한 모습을 보이며 매사에 소극적으로 임한다.
④ 성적인 농담을 자주하며, 과도하게 신체적인 접촉을 한다.
⑤ 걸음걸이, 말투, 목소리 등이 부자연스럽게 행동한다.
⑥ 병사들 사이에 따돌림을 당한다.

(3) 대표적인 유형 및 원인

① 동성애를 고민한다.
② 성폭력 및 성추행을 당한 경우
③ 어릴 때부터 성 정체성이 없는 경우
④ 성적 호기심 및 성적 취향이 특이한 경우

(4) 효과적인 상담 방법

① 감정 정화법

수치심이나 분노 및 죄책감 등의 감정을 적나라하게 표현하도록 한다. 예를 들어 "김 병장을 죽이고 싶도록 밉겠구나!, 다른 동료 병사들이 알게 될 까봐 두려웠겠구나!"등

② 관계형성

성적인 문제(예; 동성애)에 대한 선입견이나 편견 없이 개방적인 자세로 내담자의 문제를 수용하고 공감해 준다.

예) "창피하고 부끄러워서 아무에게도 말도 못하고 얼마나 마음 고생이 심했니?", "성적으로 비정상이 아니냐 얼마나 고민이 많았니?" 등

③ 통찰

동성애나 성추행 등의 부정적인 경과에 대하여 본인 스스로 인지하게 한다. 올바른 성에 대한 인식과 건강하고 바람직한 성을 이해함으로써 생산적인 삶을 살아갈 수 있도록 한다.

④ 후속조치와 비밀보장의 한계 설득

가해자에 대하여 성범죄 등에 관한 법률적·지휘적인 신속하고 적절한 후속조치와 비밀보장에 대한 한계성을 설명한다.

(5) 바람직하지 못한 상담 내용

① "살나보넌 별의별 일 나 겪세 되는 거야 그냥 지나가다가 미친개한테 물렸다고 생각해!"

② "시간이 약이야 시간이 지나면 다 잊게 되는 거야!"

③ "너 정말 문제가 있는 것 같다. 당장 의사 찾아가 봐"

④ "그런 상황을 네가 조심했어야지! 다 본인 처신하기 나름이야!"

(6) 상담 후 조치사항

① 병영생활 전문 상담관, 여성 고충 상담관에 의한 성교육을 실시한다.

② 지휘관에 의해서 성군기 문란행위 및 처벌규정에 대하여 교육한다.

③ 성추행 가해자에 대해서는 법무장교의 조언을 받아 조치한다.

④ 동성애의 경우 인성지도 및 성(性)인지 교육과 정신과 진료를 실시한다.

⑤ 부대 내 성폭력과 성추행은 단호한 대응책과 신고체계를 유지한다.

9) 자살문제 상담

최근 들어 군 복무 중에 복무염증과 가족관계, 부대 내에서의 따돌림 등으로 삶에 대하여 회의를 느껴서 자살을 시도하는 경우가 연 평균 100여 명에 이르고 있다. 자살자의 경우 대부분 개인적·병영환경적 원인에 의해서 복합적으로 발생하나 그 해결책을 찾지 못해 우울증으로 발전하게 된다. 개인별 원인에 의한 자살자 현황은 ① 복무 부적응 → ② 가정 문제 → ③ 염세비관 → ④ 이성 → ⑤ 경제문제 순으로 나타나고 있다. 자살 문제에 대하여 고민하고 있는 병사들을 식별하고 효과적으로 상담하는 방법은 다음과 같다.

(1) 상담자: 병영생활 전문 상담관, 주임원사, 군종참모, 자살 예방 교관 등

(2) 특징 및 식별 방법

① 자살 우려자 식별 know-how 및 관심

- 수양록 및 SNS 등에 '자살징후' 기록: 자살자 82% 징후 노출

② 신병교육 단계

- 입영신체검사(보충대/입소대대): 정신과 간이 진단을 통해 이상자 식별
- 정밀 신체검사(병원급): 정신과 전문의 확인
- 신(新)인성검사: 정신·심리·인성이상자 식별

- 군 자살 예방 교육프로그램(QPR) 기본교육 및 상담: 자살에 대한 올바른 이해(스트레스, 우울증) 및 극복 방법 자살징후 및 경고신호 식별, 조치 및 보고요령 교육, 신병교육대 간부와 연계한 상담 활동 전개
- 신병교육기간 상담 및 관찰(5주)

구 분	내용
교관의 면담에 의한 식별	– '나의 성장기', 인성검사 결과 확인
관찰에 의한 식별	– 전우조 활동을 통한 24시간 밀착 관리 – 조교에 의한 일일관찰, 상향식 결산 보고
기타	– 가정통신문, 신병교육대 홈페이지

(3) 자대복무 단계

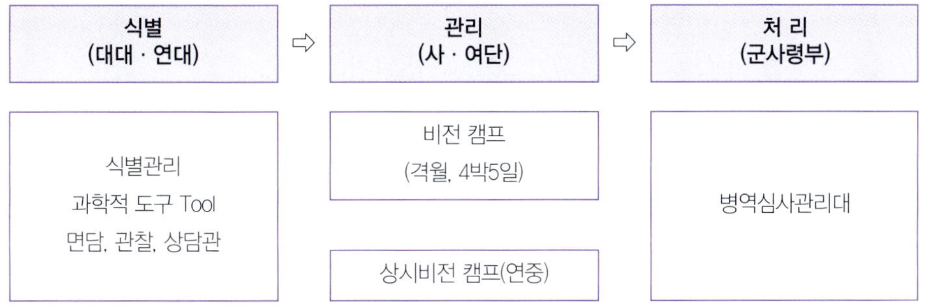

③ '전입신병 집중관리'를 통한 보호 및 관심병사 관찰

- 1단계(1주차): 보호 및 관심병사 1차 분류(전우조 및 1:1 간부 멘토)
- 2단계(2~3주차): 보호 및 관심병사 2차 분류
  신(新)인성검사: 병 상호간 평가를 통하여 복무 적응도 판단
- 3단계(4~8주차): 보호 및 관심병사(A·B·C) 분류
  신(新)스트레스 진단검사: 대인관계, 신상문제, 심리특성, 정서반응 등
  군 자살사고 예방 프로그램(QPR) 확인: '이등병 선진병영 캠프'를 통해 자살 우려자 집중 식별(자살 예방 전문교관 및 병영생활 전문 상담관)

(4) 대표적인 유형 및 원인

① 동기생들에게 죽고 싶다는 표현을 자주 한다.

② 수첩이나 노트 등에 삶을 비관하며 죽음에 대해 동경하는 내용을 기록한다.

③ 매사에 의욕이 없고 우울 증상을 보인다.

④ 근무 중 생각에 잠기거나 한밤중에 잠을 못 이루고 뒤척인다.

⑤ 자신이 아끼던 물건이나 돈을 동료들에게 준다.

⑥ 평소보다 심하게 말을 많이 하거나 말이 없어지고 사람을 피한다.

(5) 효과적인 상담 방법

① 감정 정화법

자살을 하려는 이유와 현재의 괴로운 감정을 모두 표출하도록 한다.

예) "김 일병 괴로운 일이 있으면 모두 털어 놔 봐라!" 등

② 관계형성

자살하려는 심정을 비판 없이 들어주고 내담자의 문제를 수용하고 공감해 준다.

예) "정말 얼마나 힘들면 자살까지 하려고 생각했겠니?"

③ 통찰

내담자가 자살 후 자신을 아끼는 사람들의 반응에 대하여 생각해 보도록 한다.

예) "네가 죽으면 부모님을 포함해서 너를 사랑하는 친지들이 얼마나 힘들어 하겠니?"

④ 대안 마련

자살의 이유를 해소할 수 있는 현실적인 다른 방법을 찾도록 한다.

예) "지금 이 상황을 해결해 나가려면 어떻게 하면 좋을까?", "어렵고 힘든 상황을 극복하고 성공한 사람들도 많단다. 우리 함께 문제를 해결해 보도록 노력해 보자!"

(6) 바람직하지 못한 상담 내용

① "죽는다고 모든 것이 해결되는 게 아니야 죽은 사람만 불쌍한 거야!"

② "너만 힘든 게 아니야 그건 책임회피에 지나지 않는 비겁한 짓이야!"

③ "네 인생은 네 거야!", "누가 책임지는 거니? 네 책임이야" 등

④ "남자가 그까짓 일로 고민해서 살기 싫으면 남자도 아니야!"

(7) 상담 후 조치사항

① 병영생활 전문 상담관, 자살 예방 전문교관의 자살 예방 교육을 실시한다.

② 자살 우려자 전원 정신과 군의관 상담 및 진단을 실시한다.

- 우울증 진단 시: 병원 입원 및 치료
- 우울증 미진단 시: 비전 캠프 입소 조치

③ 비전 캠프 수료 및 병원 치료 후 복귀 시 집중 관리

- 1:1 멘토 및 전우조 지정 24시간 밀착관리
- 분대원, 야간 불침번 등 릴레이 감시 임무 실시

④ 장병 출타 전·후 자살사고 예방 활동을 강화한다.

외박 · 휴가 1주 전 (신상 결산)	· 중대장급 지휘관에 의한 맞춤식 신상관리 · 보호관심병사 및 이등병 · 자살 예방 교관, 병영생활 전문 상담관 병행 · 주간 신상결산 시 휴가자 포함 실시 · 휴가자 비상연락대책(친구, 애인 등)상태 확인
출발 1~3일 전 (사고 예방교육 상담)	· 휴가자 출발 1~3일전 · 중·대대장급
출타 중	· 다양한 방법에 의한 접촉유지: 지휘관(자) · 서신, 전화, 핸드폰, 인터넷 등 · 부모, 애인, 친구와 전화통화: 중소대장, 행정보급관
복귀 시	· 부모 및 친지 동반복귀 권장: 보호관심사병 · 부모 복귀 출발 전 본인 및 부모 전화 통화

⑤ 현역 부적합자 식별 조치

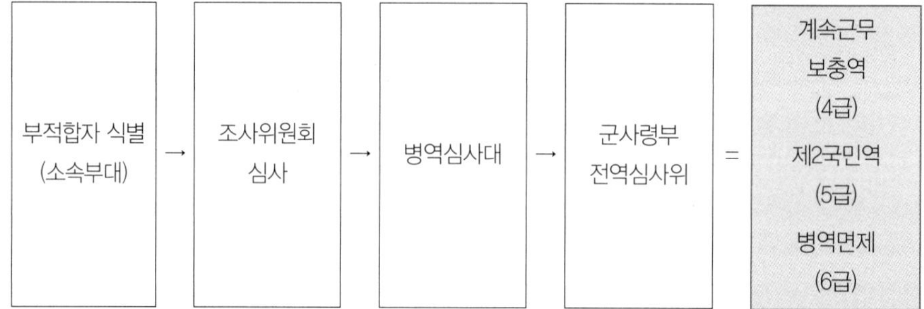

가. 병역심사관리대

입소(군생활 적응장애 및 자살 우려자) → 관찰(인성검사MMPI-Ⅱ, 병영생활 전문 상담관, 정신과 개별상담) → 치료(집단 및 개별치료, 치료 불가 시 심신장애 전역)

나. 전역심사위원회: 주 2회

다. 군 병원 입원중인 자살 우려자: 의무 조사 심위→ 전역심사위

– 병 5~6급: 심신장애 전역, 병 4급: 퇴원 병역심사 관리대 입소

10) 진로문제 상담

병사들은 병장이 되고 제대 날짜가 다가오게 되면서 전역 후 진로에 대한 고민을 하게 된다. 특히 복학 등 학업에 대한 문제, 취업에 대한 문제로 인하여 불안해하고 괴로워하게 된다. 부대 임무와 진로에 대한 문제로 고민하다 보면 스트레스가 증가하여 후임병을 괴롭히거나 본인 스스로 무기력 증상에 빠져 임무수행을 잘 못하게 되는 경우가 있다. 진로 문제로 어려움을 호소하거나 겪게 되는 병사들을 식별하고 효과적으로 상담하는 방법은 다음과 같다.

(1) 상담자: 중대장, 주임원사 등

(2) 특징 및 식별 방법

① 전역을 앞두고 식욕이 없거나 체중이 급속히 감소한다.
② 밤에 잠을 잘 못 이루고 고민한다.
③ 전역을 앞두고 후임병들에게 짜증과 신경질을 자주 낸다.
④ 전역 후 불안한 마음을 주변 장병들에게 자주 이야기 한다.
⑤ 휴가 후 진로에 대한 내용을 검색하고 문의한다.
⑥ 병사들 사이에 혼자 있는 시간이 증가한다.

(3) 대표적인 유형 및 원인

① 전역 후 무엇을 할 것인가에 대한 걱정을 한다.
② 입대 전 다니던 대학과 학과가 마음이 들지 않아 복학여부를 고민한다.
③ 입대 전 다니던 직장과 일에 마음이 들지 않아 복직여부를 고민한다.
④ 대학 복학과 취업 및 창업의 선택에 대하여 고민한다.

(4) 효과적인 상담 방법

① 관계 형성

전역 후 진로문제로 고민하면서 제대 전, 군생활을 하는 동안 고민하는 심정을 남의 일같이 생각하지 않고 비판하지 말고 공감하면서 들어준다.

예) "김 병장 제대 후 복학을 할지 아니면 수능을 봐서 새롭게 입학을 할지 고민이 되어 답답하겠구나!"

② 통찰

병사의 가치관, 성격, 적성, 직업흥미도, 성취도 등을 고려하여 병사 스스로가 본인의 진로에 대하여 판단하도록 도움을 준다.

예) "진정으로 내가 하고 싶은 것이 무엇이지? 복학을 통하여 그 꿈을 이룰 수 있는 가를 스스로 판단해 보도록 하자", "진로와 직업을 선택하는 것은 인생에 있어서 매우 중요한 사건이기 때문에 충분한 시간을 두고 생각해 보자" 등

③ 정보 제공

커리어넷 등 진로와 직업 및 학과 정보를 검색할 수 있도록 하고, 병사의 성격, 개인적인 능력, 환경, 제한요소 등을 고려하여 합리적인 의사결정을 하도록 도와준다.

④ 대안 수립

여러 가지 대안 중에서 내담자의 욕구와 실현 가능성 등을 고려하여 최선 및 차선책을 대안으로 마련하고, 필요하다면 부모 및 가족의 참여를 할 수 있도록 한다. 또한 부대의 가용 범위 내에서 청원 휴가 등을 조치하여 본인의 진로 문제가 부대의 운영에 문제가 되지 않도록 조치한다.

⑤ 자기효능감 증진

자신의 진로 문제에 대하여 진지하게 생각하게 함으로써 자기효능감을 증진

시키도록 한다.

(5) 바람직하지 못한 상담 내용

① "제대하면 뭐든지 할 일이 있을 거야 굶어 죽기야 하겠니?"

② "너무 걱정하지 마라, 제대하고 나서 걱정해도 되는 거야!"

③ "사회에 나가면 다 방법이 있어 그러니까 군생활 마무리 잘해!"

④ "그런 걱정을 미리 하다보면 군생활 마무리 잘 못하게 된다!"

(6) 상담 후 조치사항

① 로 및 직업 관련 사이트를 통해 본인이 자료를 검색하도록 한다.

② 전문 상담기관이나 지역사회나 인근 대학진로 지도 전문가와 연계한다.

③ 지역의 취업 및 일자리 협력망 기관과 연계한다.

④ 전역 시까지 지속적인 관심을 기울이고 도움이 되는 정보를 제공한다.

2 직책별 상담모델

장병들에 대한 상담은 상담전문가에 의해서 진행되기도 하지만 병영생활에 대한 애로 및 고충사항을 비롯하여 군생활을 원활하게 하기 위하여 분대장 및 소대장을 비롯하여 군종장교 등 직책별로 상담을 진행하게 된다. 이러한 직책별 상담은 면담의 수준이라고 볼 수 있으며 심리검사나 심층상담은 병영생활 전문상담관을 비롯한 상담 전문가에 의뢰하여 상담과 심리치료를 받도록 하는 것이 바람직하다. 직책별 상담 모델을 살펴보면 다음과 같다.

1) 동료 상담

(1) 개요

2015년부터 도입하여 실시하고 있는 동료상담은 병사들과 유사한 연령과 계급의 분대장, 군종병, 의무병 등이 또래 또는 동료 상담자로 임무를 수행하게 된다.

(2) 상담 수준

① 동료상담자는 병영생활 과정에서 문제를 지닌 복무 부적응 병사나 가정 문제, 이성문제, 건강상의 문제가 있는 병사들의 초기 상담자로서 역할을 수행하게 된다.

② 동료상담자는 병사들의 하루하루 신상의 문제에 대하여 고민을 들어주고 공감해 줌으로써 마음의 안정을 갖도록 지도한다.

③ 동료상담자는 필요 시에 소대장이나 중대장에게 내담자의 문제를 보고하여 조치를 받도록 한다.

④ 병영생활 과정에서 고민을 경청하고 공감해 줌에 따라 정서적 안정을 유도할 수 있다. 또한 복무 부적응 등 문제병사에 대한 조기발견 및 진단으로 병영사고 및 사건을 예방할 수 있으며 개인의 문제를 해결하는 효과가 있다.

2) 초급 상담

(1) 개요

초급간부에 의한 상담은 일반 병사들과 비슷한 세대로, 유사한 가치관을 가지고 생활하면서 24시간 밀착하여 동고동락하는 소대장이나 부소대장이 초급 상담자가 된다.

(2) 상담 수준

① 전입신병에 대하여 초기 상담을 실시한다.

② 초급 상담자는 상담에 대한 기초이론과 병무청 인성검사와 군인성검사(KMPI)와 같은 군에서 실시하는 검사의 해석 내용을 이해할 수 있는 수준을 유지한다.

③ 병사들과 영내에서 직접적인 상담을 하면서 그들의 고민 문제를 듣고 해결해 줄 수 있는 일반적인 상담 수준을 보유한다.

④ 문제병사에 대해서는 보다 더 구체적인 문제를 파악하고 해결 방법을 강구할 수 있는 상담기법에 대하여 이해할 수 있도록 유지한다.

⑤ 문제를 지닌 병사들의 초기 상담자로서 멘토 상담자의 역할을 한다.

⑥ 성격적인 문제를 지닌 병사에 대해서는 인성검사를 통하여 나타난 문제점을 확인하고 지속적인 관찰과 지도를 할 수 있어야 한다.

⑦ 건강문제를 지닌 병사의 경우 수시로 확인하여 건강상의 문제로 근무에 지장이 없도록 조치하며, 필요 시 진료를 받도록 조치한다.

⑧ 소대장이나 부소대장으로 지속적인 관찰과 상담을 통하여 부대원들의 애로사항을 들어주고 조치해 준다.

⑨ 초급상담자는 필요 시에 중대장에게 내담자의 문제를 보고하여 조치를 받도록 한다.

⑩ 자살 우려자, 성격문제 등으로 고민하는 병사들에 대해서는 전문적인 상담을 받도록 건의해야 한다.

(3) 기대효과

근무에 문제가 있는 병사를 파악하여 지속적으로 병사들의 신상변화를 확인하며, 문제가 있는 병사에 대해서는 공감과 수용을 통해 호소 문제를 해결하고 부대생활에 잘 적응하도록 돕는다. 또한 군복무 부적응 등의 문제가 있는 병사에 대한 조기발견 및 진단으로 조기에 문제를 예방하고 해결하여 안정적인 부대를 유지한다.

3) 중급 상담

(1) 개요

중급상담은 병사들의 보직 부여, 휴가나 외출외박 및 경계근무 편성, 진급이나 일과 후 병영생활의 통제 등 행정권을 가지고 있는 중대의 중대장 및 중대행정보급관과 중급 상담자가 된다.

(2) 상담 수준

① 전입신병에 대하여 초기 상담을 실시한다.

② 초급 상담자는 상담에 대한 기초이론과 병무청 인성검사와 군인성검사(KMPI)와 같은 군에서 실시하는 검사의 해석에 대한 기초적인 지식을 갖추고, 전문가의 인성검사 해석 결과 내용을 이해할 수 있는 수준을 유지한다.

③ 병사들과 중대장실 등에서 직접적인 상담을 하면서 그들의 고민 문제를 듣고 보다 더 구체적으로 해결해 줄 수 있는 상담 수준을 보유한다.

④ 집중 인성 교육 진행절차에 대하여 이해할 수 있도록 유지한다.

⑤ 중급 상담자는 군생활의 경험과 상담에 대한 지식 및 자신에게 부여된 권한의 범위 내에서 상담 및 지휘조치를 할 수 있다.

⑥ 가정적인 문제로 고민하는 병사는 부모 및 친지와의 상담이나 포상휴가를 조치하고, 복무 부적응 병사나 전입신병에 대해서는 후견인 또는 전우조(buddy system)를 편성해 주거나 보직을 조정해 준다.

⑦ 성격적인 문제를 지닌 병사에 대해서는 인성검사를 통하여 나타난 문제점을 확인하고 병영생활 전문 상담관이나 군종장교의 도움을 받아 선도할 수 있도록 지도한다.

⑧ 건강문제를 지닌 병사의 경우 수시로 확인하여 건강상의 문제로 근무

에 지장이 없도록 조치하며, 필요시 진료를 받도록 조치한다.

⑨ 중급상담자는 필요 시에 대대장에게 내담자의 문제를 보고하여 필요한 조치를 받도록 한다.

⑩ 자살 우려자, 성격문제 등으로 고민하는 병사들에 대해서는 전문적인 상담을 받도록 조치한다.

⑪ 전역이 임박한 병사들에 대해서는 진로에 대한 조언과 집중 인성 교육을 진행할 수 있는 기초적인 능력을 보유해야 한다.

(3) 기대효과

근무에 문제가 있는 병사를 파악하고 기초상담자의 상담결과를 바탕으로 개인 상담을 실시하며 문제의 원인이 무엇인지를 확인해서 해결할 수 있다. 또한 집중 인성 교육 프로그램을 통하여 근무 중 발견되지 않은 개인의 문제를 집단 차원의 문제와 개인 차원의 문제로 파악하고 적절한 조치와 해결방안을 도출할 수 있다.

4) 고급 상담

(1) 개요

군에서 고급상담은 간부 및 병사들의 호소 문제를 상담할 수 있도록 다양한 상담과 심리치료 기법을 통하여 문제를 파악하고 해결해 줄 수 있는 능력을 갖춘 병영생활 전문 상담관 및 군종장교, 상담교관 등이 고급 상담자가 된다.

(2) 상담 수준

① 문제가 발견된 내담자들과 직접적인 상담을 통해 문제나 고민을 해결해 줄 수 있는 전문적인 개인 상담 및 집단 상담을 진행한다.

② 부대별로 초급 간부들에게 상담의 기초이론과 방법을 교육할 수 있는 능력과 수준을 유지한다.

③ 병영 내 별도로 설치된 상담실 등에서 전문적인 상담을 할 수 있는 능력을 보유한다.

④ 인성검사를 해석할 수 있는 능력을 구비하여 내담자의 구체적인 문제를 파악한다.

⑤ 내담자가 호소하는 문제를 해결할 수 있는 능력을 갖추고 전문적인 상담과 치료를 할 수 있는 수준을 유지한다.

⑥ 고급 상담자는 인성검사를 통하여 발견된 내담자에 대하여 전문적인 상담을 실시하고 자살 우려자 및 병영생활에서 발견되는 문제에 대하여 상담 및 심리치료를 할 수 있도록 유지한다.

⑦ 가정적인 문제로 고민하는 병사는 부모 및 친지와의 상담을 실시하고 필요 시 지휘조치를 위한 포상휴가, 보직 조정 등을 지휘계통에 건의한다.

⑧ 성격적인 문제를 지닌 병사에 대해서는 인성검사를 통하여 나타난 문제점을 확인하고 상담 및 심리치료를 진행한다.

⑨ 고급상담자는 필요 시에 대대장에게 내담자의 문제를 보고하여 필요한 조치를 받도록 한다.

⑩ 자살 우려자, 성격문제 등으로 고민하는 병사들에 대해서는 심층 상담을 실시하고 정신과 등의 전문적인 상담을 받도록 조치한다.

(3) 기대효과

근무에 문제가 있는 간부 및 병사에 대하여 집중적인 개인 상담을 통해 문제가 무엇인지를 확인하고, 문제 해결을 위한 치료와 지속적인 상담을 해 줄 수 있으며, 집중 인성 교육을 통해서 부대 내의 발견되지 않은 집단 차원의 문제와 개인적인 문제를 파악하고 이에 대한 적절한 조치와 해결방안을 제시할 수 있다. 또한 부대의 간부(초급, 중급 상담자)에 대한 상담교육을 통해 상담의 전문성을 향상시키는 데 기여할 수 있다.

〈표 13-1〉 직책별 상담모델 요약

구분	동료상담	초급상담	중급상담	고급상담
상담자	분대장, 군종병, 의무병 동기생	소대장, 부소대장	중대장 행정보급관	병영생활 전문 상담관, 군종장교
상담 목표	· 문제 병사 파악 · 공감 및 문제 완화	· 전입신병 1차 상담 · 문제사병 문제 파악 및 조치 건의	· 전입신병 안정화 · 문제사병 문제 · 파악 및 조치건의	· 병사의 심리정서적 호소 문제 파악 · 해결 및 지휘조치 건의
상담 능력	· 동료상담 능력 구비 · 기초상담기법 이해	· 일반적 상담 방법 이해 · 개인 상담기법 숙지 · 인성검사 결과에 따른 병사 관리법 숙지	· 구체적인 개인 상담 능력 구비 · 집단 상담 능력 구비 · 인성검사 이해	· 개인 및 집단 상담 실시를 통한 개인과 부대 운영 조언 · full-battery실시 및 해석능력 구비
문제 해결 수준	· 복무 부적응, 자살, 성적 문제 파악 · 지휘계통으로 보고 · 건강, 이성, 가정 문제 파악 및 공감	· 이성 문제(공감) · 대인관계(개선) · 성격 문제(이해) · 복무 부적응(멘토)	· 가정 문제(조치) · 복무 부적응(멘토 지정, 지휘 관심)	· 심리 및 정서를 포함한 다양한 호소 문제 파악 · 해결 및 지휘조치 건의
역할	· 병사 신상파악 및 · 관찰 보고 · 애로사항 건의	· 신상파악 · 수시 관찰 및 상담 · 상담능력 자기계발	· 애로사항 조치 및 지도감독 · 상담을 통한 문제 지휘조치	· 전문 상담능력 구비 · 간부 상담교육

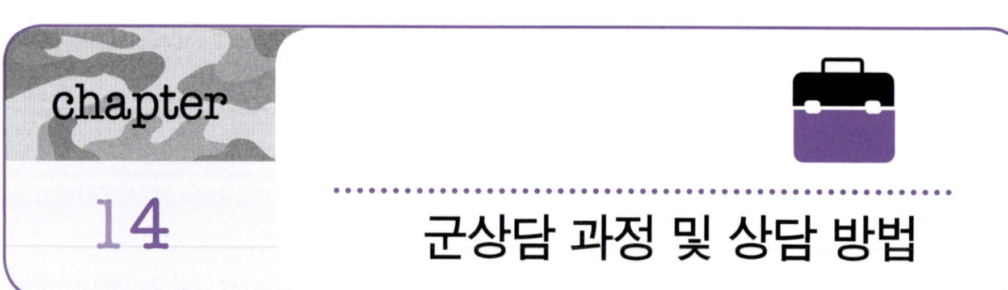

chapter 14 군상담 과정 및 상담 방법

1 병영에서의 상담

군대의 상담 과정에서 상담자는 내담자에게 정보를 제공할 수 있으나 정보 제공 자체가 상담은 아니다. 상담에서 조언, 권고, 충고 등과 군에서 상당한 부분이 면담으로 차지하고 있으나 직접적인 대화나 면담은 상담으로 볼 수가 없다. 또한 상담이 간접적인 방법으로 이루어진다고 해도 설득, 유도, 권고에 의해서 태도, 신념, 행동을 변화시키는 것은 어렵다. 어떤 일은 개인에게 할당하거나 해결책을 제시하는 것과 군에서 직책과 계급을 이용하여 강요나 경고 또는 지시에 의해 행동을 변화시키는 훈육 역시 상담이 될 수는 없다.

1) 상담자의 역할

(1) 관찰자 역할

상담자는 내담자가 자신과의 사이에서 어떤 일이 일어나고 무엇이 나타나고 있는가를 관찰하고 이해하면서 조절하는 전문가이다.

(2) 시범자 역할

상담자는 내담자를 대하는 태도 속에서 내담자가 문제에 대처하는 방법을 배울 수 있는 모델로 모습을 보이는 것이 중요하다.

(3) 격려자 역할

상담자는 내담자가 자신의 문제 해결을 위한 시도가 보일 때 지지하며 격려하게 되면 내담자는 스스로 문제 해결을 시도하게 된다.

(4) 직면자 역할

상담자는 내담자가 말이나 비언어적인 행동을 할 때 내담자에게 스스로 직면하도록 하는 역할을 한다.

(5) 수용자 역할

상담자는 내담자를 인간으로 존중하고 인정하며 내담자 감정을 공감하는 등 내담자를 있는 그대로 받아들이는 게 필요하다.

(6) 조력자 역할

상담자는 내담자가 자신의 잠재력과 여러 가지 장점들을 발견하여 새롭게 태어나도록 돕는 역할을 할 수 있다.

2) 상담 전 준비 단계

(1) 상담 시기

① 병사가 상담 요청 즉시

② 관심병사: 지속적 상담

③ 휴가 외출 외박 전후

④ 전입신병: 전입과 동시

⑤ 사고 예방 및 발생 직후

⑥ 신병 부대 적응 및 동화 필요 시

⑦ 보직 등 신상 변동 시

⑧ 전역 임박 시

(2) 상담 장소

① 비공식 장소(상담실, 식당, 휴게실 등)를 선정하는 것이 바람직하다.
지휘관실 등 공식적인 장소는 개방적이고 진솔한 대화 유도가 곤란

② 타 부대원으로부터 방해받지 않는 장소가 좋다.
상담 중 사람이 출입하거나 인접해 있으면 집중과 비밀유지가 곤란

③ 부대 내에서 가장 온화하고 아늑한 장소가 좋다.

(3) 시간계획

① 가능하면 일과시간 중에 실시하여 자유 시간을 보장하도록 한다.

② 주의 집중 차원에서 상담시간은 1시간 이내가 바람직하다.

③ 상호간에 심신이 피곤할 경우 집중력이 떨어지므로 여유 있는 시간을 선택한다.

④ 일상적인 병영생활 속에서 자연스러운 시간을 택해 지속적으로 상담한다.

(4) 정보 수집

① 신상기록부 내용 분석: 가정, 학력, 성장 과정, 질병유무, 이성문제 등

② 검사 결과: 병무청 인성검사, 군인성검사(KMPI) 등

③ 병영생화에 대한 평가 내용: 간부, 동료, 선임병사 등

2 군상담 과정

1) 상담실시 단계

상담은 상담자가 내담자와 만나기 시작해서 종결될 때까지 여러 번의 면접을 거치는 일련의 과정이다. 한두 차례의 면접으로 내담자의 관심사와 문제가 해결되는 경우도 있지만 대개는 교육 기관에서 5회 내지 6회 이상에서 20여회에 이르는 면접이 진행된다. 상담이 단 회기에 끝나든 20회 이상이 진행되든 그 과정을 단계적으로 구별해 볼 수 있다. 상담을 단계적으로 생각하는 것이 상담 과정의 이해와 효과적인 상담 진행에 도움이 될 뿐만 아니라, 상담기술 훈련에도 지침이 될 수 있다. 다음에 설명되는 5단계의 상담 과정은 동기조성, 촉진적 관계의 형성, 목표 설정, 실천 행동 계획 및 평가를 중심으로 하고 있다.

〈표 14-1〉 상담의 단계

① 동기조성 및 구조화 → ② 촉진적 관계의 형성 → ③ 목표 설정 및 문제 해결을 위한 노력 → ④ 실천 행동의 계획 → ⑤ 실천결과의 평가와 종결

(1) 1단계: 동기조성 및 구조화

먼저 내담자에게 자신의 걱정거리, 문제, 찾아온 이유를 말하도록 한다. 이때 상담자는 내담자의 진술에 주의하면서, 그의 비언적인 행동을 관찰하고 문제가 무엇인지를 파악한다. 또한 상담에 대한 내담자의 기대와 느낌을 명료화하여 내담자가 상담 과정에 적극적으로 참여하도록 이끌어 주며, 상담 과정의 방향과 골격을 분명히 한다. 내담자들은 흔히 상담자가 자신의 문제를 직접 해결해 주기를 바라거나 문제에 대한 해답 및 행동 방향을 제시해 주기를 기대한다. 따라서 상담자는 구조화를 통해서 내담자로 하여금 상담에 대한 인식을 갖게 하여, 상담의 진행 과정에 대한 두려움이나 궁금증을 줄일 수 있다.

구조화는 상담의 효과를 최대한으로 높이기 위해 상담의 기본 성격, 상담자 및 내담자의 역할 한계, 바람직한 태도 등을 설명하고 인식시켜 주는 작업이다. 이런 점에서 구조화는 일종의 내담자 교육이다. 구조화에 포함되는 사항은 상담의 성질, 상담자의 역할과 책임, 내담자의 역할과 책임, 상담의 목표 등이다. 아울러 시간적, 공간적이 제한 사항도 포함된다.

(2) 2단계: 촉진적 관계의 형성

이 단계에서는 상담자와 내담자가 솔직하고 신뢰감 있는 관계를 형성하게 된다. 내담자가 상담자에게서 느끼는 전문적 숙련성, 매력, 신뢰성 등은 내담자로 하여금 상담에 대해 긍정적인 기대를 갖게 하는 요인이다. 상담의 촉진적 관계 형성을 위해서는 상담자의 적극적 경청, 공감적 이해, 내담자에 대한 수용적 존중, 성실한 자세 및 구체성 등이 필요하다.

(3) 3단계: 목표 설정 및 문제 해결을 위한 노력

이 단계에서는 문제에 관한 내담자의 감정 표현을 촉진시키고, 제시된 문제를 구체적으로 정의한다. 이 과정에서 현재의 '문제 행동'과 바람직한 '목표 행동'에 대한 내담자의 자각과 문제 해결 과정에서의 실제적인 노력을 촉진하는 것이 필요하다. 이를 위해 문제 및 상담목표에 관련된 내담자의 감정 및 생각을 탐색하고 정리하는 것이 바람직하다. 탐색을 통해 내담자는 자신과 생활 과정에서의 주요 경험 및 사건들을 이전보다 분명히 그리고 통합된 시야에서 재인식하게 된다. 내담자 자신에 대한 이러한 자각이 이루어져야 상담목표에 도달하기 위한 실제적 노력을 하게 된다. 탐색의 대상에는 내담자의 관심사, 문제의 형성 배경, 충격적인 경험, 방어기제와 습관적 행동, 상담효과 등에 관련된 느낌 등이 주로 포함된다. 이때 고려해야 할 점은 내담자들이 도중에 그만두려고 하거나 직접적인 혹은 간접적인 저항이 생길 수 있다는 것이다. 이러한 심리적 부담과 저항은 상담의 목표 행동에 대한 상담자와 내담자간의 개념의 차이, 목표 행동을 위한 수행기술의 부족, 또는 상담자와 내담자 양자 간의 의사소통 문제의 차원에서 탐색되고 조정되어야 한다.

(4) 4단계. 실천 행동의 계획

자각과 합리적 사고의 달성만으로 상담이 끝나는 것은 아니다. 내담자들은 상담을 받고 있는 동안에는 앞으로 모든 문제가 잘 해결될 것같이 예상하지만, 실제 생활에 부딪혔을 때 당황하는 경우가 많다. 따라서 내담자의 새로운 견해나 인식이 실생활에서 실현되도록 내담자의 의사 결정이나 행동계획을 도울 필요가 있다. 이 단계에서는 이루어져야 할 목표는 내담자의 구체적인 행동절차를 협의하고 세부적인 행동계획을 작성하는 것이다.

(5) 5단계: 실천결과의 평가와 종결

종결은 주로 내담자와 상담자의 합의에 의해 이루어진다. 내담자가 종결을 희망하더라도 아직 불충분하다는 판단이 설 경우에는, '잘 대처해 나가는지 서로 확인해 보기 위해'상담을 당분간 계속하도록 권유하는 것이 바람직하다. 또한 내담자의 입장에서는 상담을 '종결한 후 다시 문제가 발생하지 않을까?', '앞으로 혼자서 해결할 수 있을까?' 등 우려와 더불어 불안해하는 경우가 있다. 상담의 종결을 상담자가 자기를 거부하는 것으로 생각하는 내담자도 있으므로 상담자는 내담자가 이러한 문제에 갑자기 직면하지 않도록 서서히 종결 시킨다. 즉 종결 무렵에는 2주일이나 3주일의 간격을 두고 만나는 것이 바람직하다. 종결에 앞서 그동안 성취한 것들을 목표에 비추어 평가하거나 설정해 놓은 목표에 도달하지 못한 이유를 토의해야 한다. 종결에 즈음하여 상담의 전체 과정을 내담자로 하여금 요약하게 할 수도 있다. 또한, 문제가 생기면 다시 상담자를 찾아올 수 있다는 추후 상담의 가능성을 제시한다. 상담 결과가 만족스럽지 못한 경우에는 상담과 상담자의 한계에 대해서 명백히 밝히고, 필요하면 다른 기관이나 다른 상담자에게 의뢰하는 것이 바람직하다.

앞에서 기술한 5단계의 상담 과정은 대체적으로 시간의 흐름에 따라 설정된 것이긴 하지만 실제 상담 과정에서는 이런 분류가 분명하지 않고 서로 중복되거나 생략되는 경우도 있다. 예를 들어 촉진적 관계 형성을 이루는 태도나 기술은 상담 과정의 어느 단계에서나 요구되며, 구조화도 상담 초기에만 필요한 것은 아니다. 5단계의 상담 과정을 더 집약하여 설명하면, 내담자의 말에 주목, 경청하고 그 말에 대한 이해를 표시하여 상담자와 내담자 관계를 맺은 다음 행동방향의 제시 등 실제적 문제 해결을 꾀하는 과정으로 이루어진다. 집약된 상담 과정은 상담 1회기 내에서의 면접 진행 요령에도 해당된다. 한 번의 내담자 말에 상담자는 경청, 주목하고 그렇게 하여 얻은 내담자 말의 의미, 감정 등에 대한 이해를 표현한 후 문제 해결과 관련된 선호적 반응으로 마무리 지을 수 있다.

2) 초기면접

상담 과정에서의 '초기면접'은 상담의 성패를 좌우한다. 초기면접에서는 첫째, 내담자와의 관계형성 둘째, 내담자의 문제파악 셋째, 상담에 대한 오리엔테이션 넷째, 비밀성의 보장이 이루어져야 한다.

상담의 과정을 초기(intake), 사정(assessment), 치료(treatment)의 3단계로 분류할 수 있다. 초기 과정이란 문제(욕구: need)를 가진 사람이 그것을 해결하기 위해 원조 받을 필요를 인식하고 사회사업 기관 또는 시설을 방문하여 그 기관의 전문사회사업가와 접촉하여 기관과 개인의 욕구를 조절하는 과정을 말한다. 초기면접(접수상담)은 내담자의 방문동기, 문제 및 욕구를 파악하고 보다 적합한 서비스를 제공하기 위해 실시하는 상담으로 일반적으로 전화 또는 방문을 하여 상담일시를 예약한 후 각 서비스로 인계하게 되는 과정이다. 직업재활에서 평가 단계에 속하며, 내담자 개인에 관한 정보를 얻는 초기면접(intake interview)으로 시작되고, 내담자의 신체 상태와 장애 정도, 장애가 직업 활동에 미치는 영향 등을 파악하는 일반적 의료검사가 뒤따른다. 초기면접에서 직업 재활상담사는 내담자가 직업재활 서비스를 필요로 하는 이유파악, 재활기관의 역할과 기능에 대한 정보 제공, 내담자와의 라포 형성, 내담자 개인정보 획득, 내담자가 받아야 할 의학적, 직업심리평가에 대한 정보 제공 등의 역할을 한다.

(1) 초기면접의 목표

첫째, 내담자가 자기의 관심사를 자유롭게 말할 수 있도록 편안하고 수용적인 분위기를 조성하고 둘째, 내담자 문제의 배경 요인을 탐색한 후 셋째, 적절한 상담 계획을 수립하는 것이라고 말할 수 있다. 다음에 초기면접에 관련된 상담자의 접근 방법, 주요 기법 등을 고찰해 본다.

이 세 가지 요소는 초기면접을 이끌어 가는 상담자가 성취해야 할 목표이지만, 초기면접의 진행 단계의 전부라고는 볼 수 없다. 왜냐하면 '수용적 분위기'는 내담자로 하여금 자유롭게 자기의 관심사를 말할 수 있게끔 하는 면접의 기본 조건이며, 특히 초기면접의 전 과정에서 요구되는 것이라 하겠다. 따라서 이러한 수용적인 분위기를 특징으로 하는 상담관계의 준비 및 형성은 초기면접 과정의 첫 부분에서부터 상담자의 주도하에 이루어져야 하는 것이고, 그다음에 내담자에 의한 자유로운 관심사의 표현부분은 상담관계의 형성 단계와 더불어, 또는 상담관계 형성 단계에 뒤따르는 초기면접 별도의 주요 단계로 구별하여 이해할 필요가 있다.

(2) 초기면접의 단계

① 상담관계의 준비 및 형성

내담자와의 상담관계 형성을 위해 '라포' 형성을 위해 노력한다. '라포'란 상담자와 내담자 사이에 서로 믿고 존경하는 삼성 교류에서 이루이지는 인간관계를 말한다. 라포 형성을 위해서 상담자는 내담자에게 진실성과 공감 및 수용의 자세를 보이며, 내담자의 인격을 존중하여야 한다.

〈표 14-2〉 라포 형성을 위한 활동

① 내담자에게 긍정적 언사로 대할 것	② 내담자에게 문제 해결 확신 줄 것
③ 상담자가 내담자를 격려해 줄 것	④ 긴장이나 불안 해소 위한 유머 사용
⑤ 문제 해결을 위해 객관적 자료 제시	⑥ 상담자 자신의 개인사례 제시
⑦ 내담자의 말을 출발점으로 진행	⑧ 내담자 부정적 태도 수용 위한 노력

② 내담자의 자유로운 관심사의 표현

③ 문제의 배경요인에 대한 탐색

④ 상담의 목적 및 접근 방법에 대한 합의

가. 상담관계의 준비 및 형성

상담자가 내담자를 만날 때의 첫 과제는 신뢰감을 바탕으로 한 상담관계를 형성하는 일이다. 상담관계의 형성을 위해서는, 처음에는 기법의 적용보다는 수용적이고 온화한 태도로 내담자에게 깊은 관심을 나타내는 것이 무엇보다 중요한 일이다. 이러한 상담자의 태도와 관심이 보여져야만 내담자가 상담자를 믿고 편안한 상태에서 이야기를 할 수 있게 된다. 다음에 상담관계의 형성에 관련된 여러 가지 요소들을 검토한다.

나. 내담자의 관심사 표현(경청과 주목)

경청은 "내담자가 생각이나 느낌을 자유롭게 표현할 수 있도록 적극적이고 능동적으로 반응하는 것"으로 대개의 사람들이 실천하기 어려운 행동이다. 즉 사람들이 듣기는 하되 경청하지 않는다. 경청은 상대방의 언어적 및 비언어적 의사소통을 지각하고, 이 지각을 나타내 보이는 시도라고 말할 수 있다. 상담자가 질문과 경청을 동시에 하기는 힘든데 그 이유는 내담자가 대답하는 동안 다음 질문을 생각하고 있기가 쉽기 때문이다. '내담자는 몇 살인가?', '내담자가 어디에 살고 있는가?', '내담자가 독신인가 혹은 기혼자인가?', '내담자의 학교 성적은 어떤가?'등과 같은 질문은 내담자 쪽에서 중요시하지 않는 한 불필요하고 의미 없는 반응을 끌어내기 마련이다. 만일 내담자가 이러한 자료를 중요하게 생각하는 경우에는 적절한 분위기에서 상담자가 경청한다면 내담자 스스로 그러한 정보를 제공하는 수가 많다. 연속적인 질문이나 심문하는 듯한 상담자의 태도는 상담에 대한 내담자의 인상을 나쁘게 만든다. 경청함으로써 내담자로 하여금 모든 것을 말하고 표현하도록 하는 것이 중요하다.

〈표 14-3〉 **경청 방법**

① 내담자의 비언어적 반응에 대한 경청 내담자의 눈, 몸짓, 손, 발동작 등에 대한 경청 예) 내담자를 똑바로 바라본다. 개방된 자세를 취한다. 내담자 쪽으로 몸을 기울인다. 내담자의 눈을 일치. 이완된 자세를 취한다. ② 상담자의 언어적 반응을 통한 경청 단순 음성 반응(내담자 이야기의 흐름에 따라 반응) "그래", "그랬구나", "아~", "으흠","응", "참"등 단순한 반응만으로도 내담자에 대한 관심을 기울이고 있다는 것을 표현

경청의 효과는 첫째, 수용의 효과(내담자로 하여금 자신의 이야기가 수용되고 있음을 느끼게 해 준다), 둘째, 집중의 효과(내담자의 이야기의 흐름과 주제에 대한 파악이 용이해진다). 셋째, 감정표현 고양효과(내담자의 이야기를 더욱더 구체적으로 표현할 수 있도록 해 준다)를 준다.

〈표 14-4〉 **경청의 사용 '예'**

내담자: 뭐가 뭔지 모르겠어요, 요즘 들어 엉망이 되어버렸어요 상담자: 음…… 그래? (내담자와 같이 비장한 표정으로) 내담자: 원래 제가 이런 놈은 아니었는데……(눈물을 글썽이며) 상담자: (휴지를 건네며) 많이 힘들었겠구나 내담자: 가족들의 얼굴만 보면 너무 괴로워요 상담자: 아~~ 그랬구나(고개를 끄덕이며) 내담자: (얼굴을 감싸며)제가 뭘 그렇게 잘못했는지 모르겠어요. 상담자: (등을 어루만지며)그래 많이 힘들었겠구나!

상담 간 내담자가 보일 수 있는 감정에 대한 비언어적 행동은 다음과 같다.

〈표 14-5〉 **비언어적 행동**

지루함	· 테이블을 두드리거나 낙서를 함 · 볼펜을 똑딱거리거나 턱을 고이는 행동
자신감	· 정자세로 있거나 고정된 자세로 머리를 들고 계속 시선을 맞춤 · 곧게 서거나 안정된 시선 접촉을 계속 유지
부정적 태도	· 의자 깊숙이 앉거나 빤히 쳐다보는 행동 · 빈정거리는 대꾸를 하거나 손을 깍지 끼고 팔짱을 끼는 행동
좌절감	· 눈을 비비고 한쪽 귀를 당기거나 호흡이 짧아짐 · 손을 비틀거나 온몸의 자세를 자주 바꾸는 행동
관심솔직	· 상담 도중 상담자 앞으로 지향함
개방열의	· 팔을 펼친 채 의사 끝에 앉음

다. 문제배경 요인의 탐색

이 단계에 들어서면 상담자는 앞의 단계보다 적극적인 자세를 취하면서, 질문을 통해 내담자의 문제 배경을 탐색하게 된다. 문제의 배경 요인은 대체로 다음의 세 가지 영역으로 나누어 탐색하는 것이 바람직하다고 생각된다.

첫째, 전체적인 배경: 내담자의 주요 생활경험, 성격 및 대인관계 행동양식, 문제의 발단과 현재의 상태 등

둘째, 문제에 대한 대처 방식: 문제에 대한 내담자의 지각 내용, 느낌(핵심 감정), 대처 행동, 내담자의 대처 방식의 효율성 등

셋째, 내담자의 잠재 능력과 심리 치료적 요인: 내담자의 정서적, 지적, 환경적 잠재 능력, 상담 과정에서 활용될 수 있는 내담자의 능력 요인

넷째, 상담의 목적 및 접근 방식에 대한 합의

이 단계에서 중요한 것은 상담에 대한 구조화이며, 내담자로 하여금 상담의 과정 및 방향에 대한 긍정적 기대를 갖도록 하는 것이다. 대체로 상담자에 의한 구조화가 바람직하게 이루어지면 상담의 목적 및 접근 방식에 관한 내담자의 합의는 자연스럽게 이루어진다고 본다.

(3) 초기상담의 내용

자유롭게 자신의 문제를 말할 수 있는 관계의 조성은 초기 상담의 성패를 좌우하는 중요한 것이다. 친절하고 정중한 접대와 면접 시의 안정된 장소의 제공은 처음 상담함에 있어서 느낄 수 있는 불안을 제거하여 저항없이 자신의 문제를 표면화하게 한다. 내담자 스스로 본인이 찾아온 목적에 대해 자신의 문제를 적절한 시기에 자신의 용어로 말하도록 한다. 상담자는 내담자가 한 이야기를 요약, 정리하여 상담자가 정확히 이해했는지 확인한다.

초기 상담 시에는 문제에 대한 일반적인 해석과 상담의 다음 단계를 설명한다. 내담자에게 줄 기관의 서비스와 한계 및 타 기관 의뢰에 대한 친절한 설명이 필요하다.

초기 상담의 장소는 외부의 소음으로부터 차단되며, 상담 중에 다른 사람에게 방해를 받지 않아야 한다. 안락의자와 원탁의 두 가지 종류를 준비하여 내담자가 편안한 좌석을 선택하도록 한다.

① 문제의 성격 규명

내담자는 최근에 닥쳐온 문제 혹은 오랫동안 해결하지 못하고 고난을 당해 왔던 문제를 단독으로 처리할 수 없게 되어 기관을 찾게 된다. 상담자는 문제의 성격, 진정한 욕구를 파악하여 기관에서 어떠한 도움을 줄 것인가 결정한다. 내담자가 현재 인식하고 있는 문제가 근본적 문제가 아닐 경우도 있으며, 기관에 지나치게 큰 기대를 갖는 경우도 있다. 상담자는 개개의 사실이 지니고 있는 의미를 인식하고 전문적 지식과 관찰에 의해 문제의 성격을 식별해야 한다.

② 문제의 중요성

내담자 자신이 문제에 대해 어떠한 주관적 의미를 부여하는가는 상담진행에 있어 방향을 제시하는 역할을 한다. 그러므로 상담자는 내담자의 주관적인 문제 인식도를 이해하고자 노력을 기울여야 한다. 동시에 상담자는 자신의 전문적 지식과 가치관으로서 문제의 의미를 관찰하는 통찰력을 가져야 할 것이다.

③ 문제의 근본적 원인

무엇이 현재의 문제를 초래하게 되었는가, 언제 시작되었는가, 어떻게 하여 이와 같은 결과를 초래하게 되었는가, 왜 내담자에게 이러한 일이 일어나리라고 생각 되었는가 등에 관심을 가져야 한다. 내담자의 표면에 나타난 문제에 대해 토의 규명해 나가는 과정을 통해 진정한 근본적 원인파악이 가능해진다.

3) 중기상담

상담이 4~5회 이상 진행된 상태로 문제를 명확히 파악하고, 어떤 방법과 절차를 적용할 것인가를 결정한다. 내담자는 문제에 대한 자각과 합리적 사고가 촉진되며, 상담자와 내담자는 실천 행동을 모색하고 내담자는 실천에 옮긴다.

〈표 14-6〉 **중기상담의 진행 요령**

① 내담자의 감정표현을 촉진하고 제시된 문제를 다시 구체적으로 인식하도록 한다.
② 내담자의 감정 및 생각을 탐색, 정리하는 것이 바람직하다.
③ 내담자의 심리적 부담이나 저항을 줄이도록 노력한다.
④ 내담자와 상담자의 의사소통을 통하여 가능한 실행에 옮기도록 한다.
⑤ 상담자는 내담자를 적극적으로 지지하고 격려한다.

〈표 14-7〉 **중기상담 요령 '예'**

① 내담자의 현재 문제에 대한 구체적 진술과 전후 상황을 자세히 검토한다. ⇒ "동료가 나를 싫어한다."(어떻게 싫어하나), "나를 따돌린다."(언제부터) ② 내담자가 느끼는 감정에 주목하고 이에 공감을 한다. ⇒ "나는 열심히 하는데 알아주는 사람이 없다."(너의 심정을 잘 몰라주는구나.) ③ 동료관계, 일과 후 사정 등 전체적인 생활에 대하여 파악한다. ⇒ 동료와 관계를 어떻게 하는가? 일과 후 무엇을 하는가? 등 파악 ④ 가정에서 성장 과정을 파악한다. ⇒ 가족관계, 가정에서 위치, 부모님의 기대, 부모님의 성격 등 파악 ⑤ 내담자의 장점, 긍정적 활동, 자신감을 높이는 활동 등을 파악한다. ⇒ "동료와 좋은 관계를 맺고 있구나", "맡은 일을 열심히 하는구나" ⑥ 내담자가 충분한 감정을 표현하도록 하고 이를 공감한다. ⇒ 우울한 경험에 집착하지 말고 긍정적인 측면도 있음을 자각시킨다. ⑦ 내담자에게 과거 경험이 현재 행동에 영향을 미친다는 사실을 통찰시킨다. ⇒ 집에서 인정받지 못하여 오는 감정들이 지금도 민감하게 작용한다는 것을 자각 ⑧ 내담자의 경험을 자세히 파악하고 해결 방법에 대해 분석한다. ⇒ 문제 해결 방법을 모색하고 실천하도록 격려한다. ⑨ 내담자의 생각을 긍정적인 방향으로 나아가도록 한다. ⇒ 부정적 → 긍정적으로 / 소극적 자세 → 적극적인 자세로 변화

4) 상담의 종결

종결은 상담 과정을 마무리하는 것으로 상담자와 내담자가 설정한 상담목표가 만족스럽게 달성됐다는 상호동의가 이루어졌을 때를 말하지만 이전 단계에서도 내담자가 문제 해결이 안 되며 상담이 별로 도움이 되지 않는다고 생각할 때 내담자가 원한다면 언제든 종결이 이루어질 수 있다. 그러나 정상적으로는 내담자가 상담자의 조력 없이 자신의 힘으로 문제 해결을 할 수 있다는 자신감을 갖게 될 때 상담이 종결된다 하겠다. 종결 단계에서 내담자는 상담회기들을 통해 자신이 얼마나 성숙했는가를 인식하고 획득한 지식과 기술을 바탕으로 다양한 상황에서 대처할 수 있다는 자신감을 갖는다. 상담 활동에 대한 전반적인 요약과 평가를 하면서 내담자는 자신의 변화를 발견한다. 상담자와의 친숙한 조력관계를 청산하면서 이별의 아픔을 경험하지만 독립적인 삶을 위해 필요한 과정임을 인식한다. 그리고 상담관계를 마무리한 후 삶에 대한 새로운 방식의 계획을 세운다.

종결 단계에서 상담자의 중요한 역할은 내담자가 설정한 상담목표가 달성되었는지를 확인하는 것이다. 만약 내담자가 해결하지 못한 어떤 과제가 있으면 상담자는 그 미해결 과제를 해결할 수 있도록 조력한다. 내담자의 변화된 상태에 대해 피드백을 제공한다. 상담 전 과정에 대한 요약과 목표달성에 대한 확인을 바탕으로 상담을 종결해도 괜찮은지의 여부를 최종 평가한다. 상담자는 친숙한 관계의 갑작스런 청산으로 비롯되는 내담자의 상실감을 인식하고 내담자의 특성을 고려하여 종결에 대한 준비를 해야 한다. 상담자는 의뢰 또는 종결로 상담관계를 끝낸다. 여기서는 상담자가 알아야 할 의뢰와 종결에 관련한 몇 가지 절차와 의무를 살펴보고자 한다.

(1) 의뢰

만약 상담자가 내담자의 욕구를 충족시킬 수 없다고 판단된다면 내담자를 다른 기관이나 상담자에게 의뢰하는 것을 고려해 보아야 한다. 상담자가 내담자의 욕구를 주의 깊게 평가했다면 다음과 같은 원칙과 절차를 따라야 한다.

첫째, 상담자는 먼저 다른 기관이 필요한 도움을 줄 수 있는지를 알아보아야 한다. 이를 위해서는 지역사회에 있는 조력기관(건강가정지원센터, 의료기관, 상담소 등)에 대한 철저한 정보, 즉 각 기관의 정책, 프로그램, 비용 그리고 한계점 등에 대해 알고 있어야 한다. 각 기관의 규칙과 모든 관련된 법적 의무를 아는 것 또한 중요하다.

둘째, 적절한 기관이 선정되었으면 상담자는 그 기관에서 의뢰를 받아 줄 만한 사람과 그 사례를 논의해야 한다. 그러나 이때 내담자에 관한 비밀스런 정보는 노출하지 않도록 주의해야 한다.

셋째, 의뢰하는 것이 적절 하다고 판단되었다면 이제 내담자와 함께 이 문제를 논의해야 한다. 상담자는 내담자를 특정한 기관에 의뢰하기로 한 결정을 솔직하고 분명하게 설명해 주면서, 내담자가 의뢰에 대비하도록 해야 한다. 내담자에게 상담자의 제안에 대해 의견을 말해 보도록 하고, 가능하다면 실제 결정을 내리는 데 참여하도록 해야 한다. 만약 상담자가 내담자를 더 이상 도와줄 수 없다고 하면 내담자가 자신의 문제는 해결될 수 없다고 생각하는 등 부정적인 생각을 할 수도 있으므로 주의하여 제안해야 한다.

넷째, 의뢰에 대한 동의가 이루어졌으면 내담자가 언제 어디로 가서 누구에게 도움을 요청할 것인지를 정확하게 알 수 있도록 확실히 준비해야 한다. 위탁기관을 찾는 첫날 상담자가 내담자와 동행해 주어야 할 경우도 있을 것이다.

다섯째, 상담자는 의뢰기관에 내담자에 관한 정보를 제공해 주는 데 주의해야 한다. 그 정보는 다음과 같은 내용들을 포함해야 한다.

① 내담자의 문제 또는 요구에 대한 분명한 진술
② 지금까지 내담자에게 상담한 내용의 요약
③ 내담자에게 필요한 구체적인 도움에 대한 내용
④ 의뢰에 대한 내담자의 느낌 표시

여섯째, 의뢰가 끝난 후에 의뢰한 기관이 공동의 노력을 하자는 요청을 해오는 경우는 상담자는 그에 대한 준비를 해야 한다. 상담자가 그 사례에 계속 적극적으로 참여하든지 않든지 간에, 상담자는 그 기관으로부터 상담의 진척 정도에 관한 보고서를 토대로 해서 의뢰가 유효했는지를 평가해야 한다.

의뢰에 관한 결정을 할 때 상담자는 무엇이 내담자에게 가장 좋을 것인가에 대한 판단을 그 기준으로 삼아야 한다. 내담자의 의뢰에 대한 문제를 다루면서 상담자는 늘 개방적이고, 정직하고, 지지적이어야 하며, 항상 내담자의 동의하에서만 행동해야 한다.

(2) 종결

상담관계의 종결은 상담 과정 중 어느 때라도 이루어질 수 있다. 가장 일반적인 경우는 상담관계의 목적이 달성된 때일 것이다. 종결은 상담 시작 단계에서 단지 한 가지의 주제나 문제만 다루기로 동의한 경우나 또는 구체적으로 상담을 몇 회기를 하기로 동의했는지에 따라서 다르게 이루어질 수 있다. 아무튼 상담자는 내담자의 문제 해결을 위해 적용해 왔던 상담전략의 결과에 대한 평가를 바탕으로 상담관계를 종결한다.

만(Mann, 1973)은 모든 치료요법에서 종결이 가장 어려운 것이라고 보았다. 왜냐하면 상실감은 실존과 관련된 문제이고 모든 사람이 대처해야 할 부분이기 때문이다. 그는 단기상담이든 종결에 대한 준비와 계획에 대해서 매 회기마다 토론해야 한다고 했으며, 내담자에게 어느 과정쯤 와 있는가를 상기시켜 주어야 한다고 했다. 가령, "이번이 10회기입니다. 앞으로 2회기가 남았지요. 이제 거의 마지막으로 접어드는데 어떻습니까?"라고 말해 준다(주은선 역, 2001에서 재인용).

오쿤(Okun, 2002)은 일반적으로 상담관계의 종결이 다음과 같은 네 가지 방식 중 어느 한 가지 방식으로 이루어진다고 하였다.

첫째, 상담자와 내담자가 설정한 모든 목표가 달성됐다고 느낄 때 종결이 이루어진다. 이 종결 방식은 내담자가 의미 있는 관계의 상실 때문에 슬픔을 느끼지만 긍정적인 종결 방식이다. 상담자와 내담자는 모두 보통 슬픔을 느끼며 다가오는 상실감에 대한 작별 불안을 경험할 수 있다. 상담자는 내담자가 목표달서에서 비롯된 성장 및 만족 감정을 느끼면서 떠날 수 있도록 작별 감정을 탐색하고 공유할 수 있다. 상담자와 내담자는 서로가 마지막 만남을 언제 할 것인가를 알고 작별 감정을 논의할 충분한 시간을 갖는 것이 중요하다.

둘째, 상담목표가 아직 달성되지 않았지만 상담자가 종결을 주도하여 이루어진다. 이 방식은 학기가 끝날 때 학교에서 혹은 직원이 자주 바뀌는 기관에서 나타난다. 이 경우에 상담자는 다가오는 종결에 대해 내담자에게 알려야 하며 서로가 종결로 야기된 감정을 충분히 탐색하는 것이 중요하다. 내담자는 흔히 분노감과 거절된 기분을 느낀다. 상담자는 자주 죄의식 및 불편함을 느낀다. 이상적으로 상담자는 종결되기 전에 의뢰하는 것이 바람직하다. 만약 상담자가 내담자와 효과적인 관계를 이루어 왔다면 내담자가 다른 상담자와 효과적으로 작업하는 것이 훨씬 용이할 것이다.

셋째, 조력 과정의 제3자가 종결을 요구하여 결정된다. 예를 들면, 건강보험회사는 평가를 위해 한 회기 혹은 두 회기를 허락해 준다. 상담자와 내담자는 상담관계의 본질, 목적, 목표에 동의하고 건강보험 직원은 몇 회기를 할 것인가는 전략의 선택과 이행에서 적응이 이루어질 수 있도록 전략 단계 이전에 혹은 전략 단계 중에 알려질 수 있다. 이러한 종결은 내담자의 최선의 이익이나 상담자의 전문적 판단에 따라서가 아니라 건강보험회사의 최선의 경제적 이득에 따라 이루어진다.

넷째, 내담자가 상담목표 달성 이전에 서둘러 상담관계를 종결시키는 방식이다. 이 경우에 내담자는 위협적 상황으로부터 도피하는 것일 수 있다. 그리고 상담자는 무력감과 부적절한 감정을 느낄 수 있다. 내담자가 성급한 종결을 원해 이루어지면 상담자는 이러한 성급한 종결이 누구의 문제인가를 결정하도록 노력해야 한다. 만약 내담자가 더 이상 상담받기를 거절하고 접근보다 회피를 선택하면 내담자의 문제일 수 있다. 반면에 상담자가 효과적인 조력관계를 발달시키지 못했거나 부적절한 전략을 선택한 경우는 상담자의 문제일 수 있다. 어떤 방식의 종결이건 간에 상담자는 내담자에게 긍정적 지지를 제공하고 조력의 필요가 미래에 발생하면 조력하는 데 관심이 있다는 것을 전달해야 한다. 위의 첫 두 가지 방식의 종결을 위해 와드(Ward, 1984)는 조력관계의 결과를 촉진하고 강화할 수 있는 네 단계를 다음과 같이 개념화하였다.

〈표 14-8〉 **종결을 위한 단계별 개념**

· 1단계의 개념: 목표달성의 평가 - 이 단계에서는 상담자와 내담자가 서로 호소하는 문제 혹은 증상이 감소되거나 제거됐는가를 알아보고 구체적으로 확인하기 위해 함께하는 과정이다. · 2단계의 개념: 상담관계 종결의 주제 - 이 단계에서 내담자는 관계 종결과 관련하여 상담자와 상담관계에 대한 자신의 감정에 대해 이야기한다. · 3단계의 개념: 자기의존을 위한 준비와 학습의 전이 - 이 단계는 미래에 대한 구체적 계획하기를 포함한다. · 4단계의 개념: 마지막 회기 - 마지막 회기는 내담자가 새로운 시작을 위한 마음가짐의 준비가 절정에 이른상태로 종종 가벼운 이야기나 좀 더 사회적 논의를 포함한다.

넬슨 존스(Nelson Jones, 2003)는 상담자와 내담자가 선택할 수 있는 다섯 가지 조력관계의 종결 형태를 다음과 같이 들고 있다.

① 확정된 종결

이러한 종결은 상담자와 내담자는 내담자의 문제를 해결하는 데 정확히 몇 회기를 상담할 것인가를 계약한 경우다. 확정된 종결(fixed termination)의 이점은 내담자의 의존성을 줄이고 내담자의 동기를 유발시켜 조력의 효과를 극대화할 수 있다는 점이다. 잠재적 단점은 내담자의 문제를 철저히 파악하기가 힘들며 내담자에게 필요한 기술을 철저히 훈련시키는 데 시간이 충분하지 않을 수 있다는 점이다.

② 목표를 달성한 경우의 합의된 종결

이러한 종결은 설정한 상담목표를 내담자가 충분히 달성했다고 상담자와 내담자가 동의할 때 상담관계가 끝나는 경우다.

③ 소멸적 종결

이러한 종결은 조력관계를 점진적으로 끝내는 경우다. 예를 들면, 소멸적 종결(faded termination)은 일주일에 한 번씩 만난 상담회기를 2주일에 한 번씩, 그런 다음 한 달에 한 번씩 등으로 서서히 횟수를 줄여 가며 종결하는 경우다.

④ 보조 회기를 가진 종결

이러한 종결은 상담관계가 종결된 일정기간 후에 보조 회기(booster session)를 갖는 것이다. 보조 회기의 목적은 새로운 기술을 가르치기 위해서가 아니라 터득한 기술을 공고히 하는가에 대한 내담자의 진전을 확인하고, 내담자를 동기화시키고, 실제상황에서 터득한 기술을 적용하는 데 따르는 어려움을 극복하도록 내담자를 조력하는 것이다.

⑤ 후속만남을 계획한 종결

이러한 종결은 종결 후에 상담자가 내담자와 전화, 서신, 전자 우편 등을 통해 후속만남을 계획하는 경우다. 이 경우에 전화와 서신 등은 보조회기와 같은 기능을 수행한다.

종결 단계에서 상담자는 내담자가 혼자서 문제에 대처할 준비가 되어 있는지를 평가해 보는 것 외에도 본인 스스로의 반응에 대해 자각하고 있어야 한다. 어떤 상담자라도 기꺼이 즐거운 마음으로 협력했고, 많은 진전이 있었고, 그래서 더욱 감사를 표현하는 내담자와 더 이상 만나지 못하게 된 것에 대해 서운함을 느낄 수 있을 것이다. 그러나 종결 여부의 적절한 판단 준거는 역시 내담자에게 최선의 이익이 되느냐 하는 것이다. 내담자에게 가장 좋은 것은 조만간 상담자로부터 독립하는 것이다. 종결 단계는 상담자가 가능하다면 내담자와 함께 상담에서 무엇이 일어났는지를 재검토해 보고 요약하면서 시작되어야 한다. 여기에는 상담의 원래 목적과 결과, 경과한 시간도 언급될 것이다. 상담을 끝낼 때 사용할 수 있는 적절한 말은 '내 도움이 필요하면 다시 찾아오시오'라는 것이다. 이때 상담자는 내담자가 스스로 문제에 대처할 수 있는 능력에 대해 확신하기 때문에 더 만나지 않아도 될 것이라는 기대를 표현해 주어야 한다.

3 군상담 방법

1) 반영

첫째, 내담자의 말과 행동에서 표현되는 기본적인 감정, 생각 및 태도를 상담자가 다른 참신한 말로 부연해 주는 것으로 상담자는 내담자의 기본적인 감정, 생각 및 태도를 참신한 말로 부연 설명해주는 것이다. 그러므로 반영은 상담자가 내담자의 심정을 이해하고 있다는 측면에 초점을 두고 사용하는 것이 바람직하다.

〈표 14-9〉 **반영 '예'**

내담자: "요즘에 너무 우울해요" 상담자: "기분이 우울하다니 내 마음도 좋지가 않은 것 같아요. 무슨 안 좋은 일이 라도 있나요?"

둘째, 반영을 사용할 때는 내담자가 말로써 표현하는 것뿐만 아니라 자세, 몸짓, 목소리의 어조, 눈빛 등 다양한 내담자의 행동 단서에 의해 표현되는 것을 반영해 주어야 한다.

〈표 14-10〉 **반영 '예'**

"지금 괜찮다고 말하고 있는데, 제가 보기에는 초조해 보입니다." "그 여자를 사랑한다고 말하고 있는데, 그 여자 이야기를 할 때마다 주먹을 꽉 쥐는군요."

셋째, 행동 및 태도의 반영이다. 상담자는 말로 표현하는 것뿐만 아니라 자세, 몸짓, 목소리의 어조, 눈빛 등에 의해 표현되고 있는 것도 반영해 주는 것이 필요하다. 특히 내담자의 언어 표현과 행동 단서가 차이가 나거나 모순을 보일 때에는 이를 반영해 주는 것이 필요하다.

넷째, 반영 시 유의사항은 다음과 같다.

① 내담자의 감정은 "큰 저류가 있지만 표류에는 잔물결만이 보이는 강물"과 같으므로 상담자는 잔물결 속에 감추어져 있는 저류와도 같은 내담자의 내면적 감정을 정확히 파악하여 내담자에게 전달해 주어야 한다.

② 반영해 주어야 할 주요 감정: 상담자와 내담자의 중심적인 감정을 잘 반영할 수 있기 위해서는 먼저 인간의 주요 감정을 분류해서 생각하는 것이 도움이 된다.

〈표 14-11〉 인간의 세 가지 감정

① 정적인 감정: 개성을 발휘하는 방향의 것 ② 부적인 감정: 일반적으로 개성을 구속하거나 자기 파괴적인 성질의 것 ③ 양가적 감정(정적인 감정과 부적인 감정이 동시에 병존하는 감정): 같은 시간, 같은 대상에 대해 혹은 그 이상의 상반되는 감정들이 공존하는 경우

다섯째, 반영의 문제점은 다음과 같다.

① 내담자의 말과 행동 중 어떤 것을 선택하여 그것을 어느 정도의 깊이로 반영할 것이냐가 문제다. 즉 선택 기준은 내담자가 표현한 말과 행동에 담긴 감정과 생각 중 가장 중요하고 강한 것이 어떤 것이냐에 따른다. 그러나 중요한 것은 내담자가 말로 표현한 수준 이상으로 깊이 들어가지 않는다는 것이다.

② "반영반응을 언제 하는 것이 가장 바람직한 것인가?"는 내담자의 말이 다 끝나기를 기다렸다가 반영하기보다는 의미 있는 느낌에 초점을 맞추기 위해 가끔 내담자의 말을 중단할 수도 있다(감정의 흐름이 중단되지 않도록 유의하며 말을 중단). 그러나 말을 너무 빨리 막아서 내담자의 감정의 흐름을 중단시킬 부담이 있다.

(2) 수용

수용이란? 내담자에게 관심을 기울이고 있으며, 내담자의 말을 받아들이고 있다는 상담자의 태도, 이는 상담자가 긍정적인 태도로 내담자의 가치, 행동에 대해서 중립적인 관심을 나타내는 것으로 내담자를 평가하지 않으려는 태도이다. 수용은 "예, 계속 하십시오"와 같이 짧은 문구로 표현되는 상담자의 반응과 수용의 방법에는 고개 끄덕이기, 시선 맞추기(시선위치: 눈, 입, 넥타이) 등이 있다.

(3) 장단 맞추기

장단 맞추기란? 대화하는 상대방의 분위기와 이야기 흐름에 장단을 맞추어 주는 반응을 말하며, 상담자가 내담자와 같은 신체반응, 정서반응, 지적반응으로 장단을 맞출 때 대화의 맛이 우러난다. 장단 맞추기는 우호적인 대화의 분위기를 잡고 대화의 흐름을 부드럽게 이어 준다.

〈표 14-12〉 **장단 맞추기'예'**

· '흐음', '음~ 그렇구나.', '아~ 그런가?', '그래서……', '아, 저런!' 등의 짤막한 반응.
· 어디 한번 들어보자', '더 자세히 이야기해 줄 수 있니?', '참 재미있는 생각이구나', 그때 무척 충격이 컸겠구나', '그게 아주 중요 했겠구나!'등 대화를 촉진하는 반응

(4) 구조화

상담 과정, 제한조건 및 방향에 대해 상담자가 정의를 내려 주어 바람직한 체계와 방향을 알려주는 노선 표시와 같은 것으로서 구조화의 방법으로는 첫째, 내용은 최소한으로 하는 것이 상담자, 내담자 모두 편안하게 느껴질 수 있다. 둘째, 구조화는 적절한 시점에서 이루어져야 효율적이며, 상담시간 및 내담자의 행동 규범에 관해서 구체적으로 정해야 한다. 구조화의 유형은 시간제한, 내담자의 행동 제한, 상담자와 내담자의 역할 구조화, 과정 및 목표의 구조화 등이 있다.

(5) 명료화

내담자의 말속에 포함되어 있는 것을 내담자에게 명확하게 해 주는 것을 뜻한다. 명료화는 내담자가 말하고자 하는 의미를 상담자가 생각하고 이 생각을 다시 내담자에게 말해 준다는 의미에서 말을 단순히 재진술하는 것과는 차이가 있다. 즉 명료화는 내담자의 실제반응에서 나타난 감정 또는 생각 속에 암시되었거나 내포된 관계와 의미를 내담자에게 보다 분명하게 말해 주는 것이다. 상담을 하다보면 대화 도중에 불명확한 대명사, 애매모호한 어휘, 뒤틀린 문법사용 등으로 혼란스러워질 때가 있는데 이런 경우 상담자는 지체 없이 명료화 기술을 적용할 필요가 있다.

〈표 14-13〉 **명료화'예'**

- "그것이 정확하게 무엇을 뜻하는 것이지?"
- "방금 ~스럽다고 했는데 잘 못 들었어. 다시 말해 줄 수 있겠니?"
- "김 상병이 마음에 들지 않는다고 했는데 어떻게 마음에 들지 않는지 그게 불분명하구나"

내담자가 자각하지 못하는 것을 상담자가 말로 표현해 줌으로써 내담자는 자기가 이해를 받고 있고 지금 상담이 잘 되고 있다는 느낌을 갖게 되어 편안함을 느낀다. 또 내담자로 하여금 미처 생각하지 못했던 측면을 생각하도록 하는 자극제가 되는 것이다.

〈표 14-14〉 **명료화**

- 내담자의 말을 비판한다는 인상을 주지 않도록 조심한다.
- 내담자의 말이 명확하지 않거나, 잘 이해되지 않았을 때 한다.
- 구체적인 예를 들어 명확하게 해 줄 것을 요청한다.
- 내담자의 진술에 대한 상담자 자신의 반응을 나타냄으로써 내담자 반응을 명료화 한다.
  "잘 이해하지 못하겠는데. 말하고자 하는 바를 좀 더 분명하게 말해 줄 수 있겠니?",
  "예를 들어서 간략하게 다시 말해 줄 수 있겠니?"

(6) 질문

① 질문 형태

첫째, 질문은 가능한 한 개방적이어야 하며, 한 번에 한가지씩만 질문한다.

둘째, 간결하고 명확해서 알아듣기 쉬워야 하며, 간접적인 질문일수록 좋다.

셋째, '왜'라는 질문은 가능한 피해야 한다.

넷째, 일단 질문한 다음에는 그 질문에 대해 충분히 생각할 시간을 주어야 하며, 내담자의 말에 귀를 기울여야 한다.

② 질문 시기

첫째, 상담자가 내담자의 말을 잘 알아듣지 못했거나 잘못 들었거나 이해하지 못했을 때

둘째, 내담자가 상담자의 말을 이해했는지 확인해 볼 때

셋째, 내담자가 지금까지 표현한 생각이나 감정을 보다 명확하게 탐색할 때

넷째, 내담자를 충분히 이해하기 위하여 자세한 정보가 필요할 때

다섯째, 하고 싶은 말이 더 있는데도 말을 계속하기 어려워하는 내담자를 격려할 때

③ 질문 요령

첫째, 폐쇄적 질문 및 개방적 질문

· 폐쇄적인 질문: "요즘 관계가 불편하죠?", "애인 만났어요?"

· 개방적인 질문: "요즘 관계는 어때요?", "휴가는 어떻게 보냈어요?"

둘째, 직접적인 질문 및 간접적인 질문

셋째, 이중질문하지 않기

· "내일 오겠어요? 아니면 모레 오겠어요?"(X)

넷째, '왜'라는 질문

· "왜 그렇게 했어요?"(X)

(7) 직면

지금까지와는 달리 내담자의 의견에 반박하는 것으로 직면은 내담자가 모르고 있거나 인정하기를 거부하는 생각과 느낌에 대해서 주목하도록 하는 것이다. 직면은 내담자의 변화와 성장을 증진시킬 수도 있지만 반대로 심리적인 위협과 상처를 줄 수도 있다. 그만큼 직면은 강력한 것이다. 따라서 상담자는 직면 반응을 사용할 때는 시의성, 즉 내담자가 그것을 받아들일 수 있는 준비가 되어 있는지 면밀히 고려해야 하며 상담자의 좌절과 분노를 표현하는 수단으로 사용하는 것이 아니고 내담자를 배려하는 상호신뢰의 맥락 하에 행해져야 한다.

〈표 14-15〉 직면의 사용 시기

- 내담자가 깨닫지 못하지만 말이나 행동에 불일치가 있는 경우
- 내담자로 하여금 자신의 욕구에 의해서만 아니라 다른 상황을 보아야 한다는 것을 지적하고자 할 때
- 구체적인 예를 들어 명확하게 해 줄 것을 요청한다.
- 내담자가 상담에서 어떤 화제에 대해 이야기를 회피하거나 다른 사람의 의견이나 느낌을 받아들이려 하지 않을 때

  예) "당신이 그 일에 헌신하는 듯 행동하는 것이 사실은 자기 고집을 꺾기 싫어 그러는 것 아닙니까?"
  "실제로는 변화하고 싶지 않은데 그런 자기를 숨기기 위해 상담에 열심인 척 하고 있다고 생각 해 보지 않았습니까?"
  "다른 사람들이 당신에게 화를 잘 내는 것이 아니라 당신이 다른 사람에게 항상 화가 나있다고 생각해 보면 어떨까요?"

(8) 해석

내담자에게 새로운 각도에서 자신의 문제를 이해하고 그의 생활경험과 행동을 설명함으로써 내담자에게 어떤 의미를 전달하고자 하는 상담자의 시도라고 볼 수 있다. 상담자의 해석이 내담자에게 도움이 되려면 첫째, 상담자의 해석이 받아들여질 수 있는 충분한 라포가 형성되어 있어야 한다. 둘째, 일단 해석을 했다면 해석을 수정해야 할 상황이 생기지 않는 한 일관성 있게 밀고 나가야 한다. 셋째, 해석은 내담자의 메시지 사실과 정보에 기반을 두어야 한다. 넷째, 해석은 내담자가 통제, 조절할 수 있는 것이 좋다. 다섯째, 해석은 부정적, 소극적 내

용보다 긍정적, 적극적 내용으로 구성하는 것이 좋다. 여섯째, 해석을 제공할 때 단정적, 절대적 어투보다는 감정적, 탄력적 어투를 사용하는 것이 좋다.

① 표현양식

단정 짓는 말보다는 개방된 진술을 사용하여 내담자의 저항의식과 방어기제 사용을 방지토록 한다.

〈표 14-16〉 **표현양식 '예'**

적절한 표현양식(의견, 권유)	부적절한 표현 양식(강요, 협박)
① 이 생각에 찬성하시는지요? ② 이렇게 말하는 것이 옳지 않을까요? ③ 당신은 ~라고 생각하는 것 같군요 ④ 곧이곧대로 말한다면~ ⑤ 당신은 이것이 유일한 해결책이라고 느끼는 군요.	① 나는 당신이 꼭 ~해야 한다고 생각합니다. ② 당신이 꼭 해야 할 것은~ ③ 내가 당신이라면 ~하겠는데요. ④ 그것을 하는 데는 단 한 가지 ~하는 길밖에 없습니다. ⑤ 나는 당신이 ~하기를 원합니다. ⑥ 만약 ~하지 않는다면 후회할 것입니다. ⑦ 당신은 ~하도록 노력해야 할 거예요.

② 해석의 시기

해석은 내담자가 받아들일 준비가 되어 있다고 판단될 때 조심스럽게 하는 것이 중요하며, 내담자가 거의 깨닫고 있으나 확실하게 개념화하지 못하고 있을 때에 해석을 해주어야 가장 효과적이다. 내담자가 스스로 거의 깨달은 후에 해석을 하거나 내담자가 스스로 해석을 내리도록 인도하는 것이 가장 현명하다. 내담자가 받아들일만한 준비가 안 되어 있을 때 해석하면 내담자는 심리적인 균형이 깨지고 몹시 불안해진다.

③ 해석의 단계

상담 초기 단계에는 감정의 반영이 지배적이며, 상담 중기 단계에서는 내담자의 성격과 태도를 명료화하는 해석을 실시한다. 흔히 구체적인 내용의 해석보다 심층적인 해석은 상담관계가 형성되는 중반기까지는 보류한다. 상담 후기 단계에는 구체적 해석을 한다.

4 효과적인 군상담 기법

1) 상담의 효과성 요인

① 자기노출과 정화, 일치 경험을 촉진하기 위한 것들로, 상담관계, 자기노출 과정화, 이완, 일치, 수용 경험, 교정적 정서 체험 등이다.

② 자기이해 경험을 촉진하기 위한 것들로서 정보 습득, 관점 변화, 인지적 통찰, 인지 수정, 자기 개념 또는 자기 효능감의 변화, 문제에 대한 설명, 가치화, 긍정적 자기암시, 치료적 재경험, 이타성 및 보편성 인식 등이다.

③ 대안 및 목표 설정 경험을 촉진하기 위한 것들로, 내담자 기대, 목표 설정, 계획 수립, 문제 해결 대안 수립 등이다.

④ 실행과 그 결과로 일어나는 바람직한 행동 변화를 경험을 촉진하기 위한 것들로, 둔감화, 성공경험, 대안 행동 학습, 사회적 기술 학습 등이다.

⑤ 기타 요인으로 생리와 관련된 심상, 최면, 바이오피드백, 식사, 운동, 약물 등이 있고 심리와 관련된 강화, 모델링, 의사결정, 역설, 주장 등이 있으며, 환경과 관련된 가족구조의 긍정적 변화, 가족 내 긍정적 의사소통 증진, 가족 내 역할 조정, 지지 기반 형성 등이 있다.

2) 효과적인 상담 방법

① 관계 형성	② 감정 정화법	③ 자기노출
④ 근육이완 훈련	⑤ 다양한 정보 제공	⑥ 관점 바꾸기
⑦ 통찰	⑧ 바람직한 사고의 교정	⑨ 자기효능감의 증진
⑩ 가치의 우선 순위화	⑪ 긍정적 자기암시	⑫ 적절한 목표 설정
⑬ 문제 해결의 대안 수립	⑭ 통제력의 유무 구별	⑮ 대인관계 기술 훈련
⑯ 부정적 사고의 긍정화	⑰ 강화와 벌	⑱ 증상 광고하기
⑲ 모델링	⑳ 역할 연습	

(1) 라포(rapport) 형성

라포(rapport) 형성이란 상담 면접에서 조화(harmony), 양립(compati bility), 상호 이해를 할 수 있는 감정이입(empathy)의 상태로서, 내담자와 군상담사 간의 업무상 관계(relationship)를 말한다. 라포형성을 통하여 상담이 시작되기 때문에 병영생활에서 갈등관계에 있는 병사를 상담하기 위해서는 상담 자체뿐만 아니라 평소 소대장이나 중대장이 병사들의 훈련, 근무 및 일과 중에 자연스럽게 병사가 최근 힘들어하고 있는 문제나 상황을 우회적으로 질문하고 상담 중에는 상담자와 내담자의 관계가 계급을 통한 상하관계가 아님 인격적인 관계임을 주지시키고, 상담자를 최대한 편하게 대하고 믿을 수 있도록 한다.

(2) 근육이완 훈련

근육이완을 촉진하기 위한 방법으로는 신체를 긴장시켰다가 이완시키는 방법, 신체적 힘을 점진적으로 빼는 방법, 심상을 통하여 이완을 유도하는 방법, 암시를 통해 이완을 유도하는 방법, 요가와 같은 운동을 통하여 이완하는 방법, 향기 및 목욕 등을 이용하여 이완하는 방법 등이 있다.

예) 전입 온 지 한 달된 김 이병에게 긴장이완 방법 적용

소대장: 김이병! 전입 온 지 얼마나 되었지?
김이병: 예, 한 달 정도 되었습니다.
소대장: 그렇구나! 요즘 병영생활은 어떠니?
김이병: 저는 잘하려고 하는데 긴장해서 그런지 자꾸 실수를 합니다.
소대장: 그래, 그럼 나하고 긴장을 한 번 풀어볼까?
(* 소대장은 자신이 잘 아는 긴장 완화법을 김이병과 같이 해본다)

(3) 자기 노출

자기노출은 상담자가 내담자와 신뢰할 수 있는 인간관계를 맺으려면 상담자는 자신을 내담자에게 나타내 보이는 것이 좋다. 즉, 상담자는 과거에 자기가 무엇을 했고, 어떠한 성격이며, 가치관과 인생관이 무엇이며, 삶의 목표가 무엇인지를 내담자에게 이야기 해 줌으로써 상호 이해의 폭을 넓힐 수 있다. 대화가 단절될 경우나 내담자가 자기 노출을 꺼려할 때 자연스럽게 상담이 지속될 수 있도록 하는 경우에 한하여 상남자는 자기 노출을 할 수 있다.

예) 말 안 듣는 선임병 때문에 힘들어 하는 소대장에게 중대장의 자기노출

중대장: 김소위! 요즘 무슨 고민이 있나?
소대장: 예. 요즘 말년병장들이 너무 말을 안 들어 미치겠습니다.
중대장: 그렇구나! 말년 병장들 정말 말 안 듣지? 나도 소대장 시절 말년 병장들이 말을 안 들어서 고생 좀 했지 하하하……. 그 놈들 두들겨 팰수도 없고 말이야 그때는 내가 군대생활 그만두고 싶더라고.
소대장: 어제도 진지보수 작업을 하는데 말년병장들은 작업은 하지도 않고 열외 해 있기에 야단을 쳤더니 최병장이 불손한 태도를 보였습니다.
중대장: 그랬구나! 나도 소대장 시절에 말년 병장들이 초소 근무도 안 서고 생활관 분위기도 엉망인 적이 있었지~~

(4) 감정 정화법

감정 정화법은 부정적인 감정을 언어 또는 비언어적인 행동을 통해 밖으로 표출함으로써 감정의 정화, 즉 신체 또는 정서적인 긴장의 감소와 이완, 억압에서의 해방감, 수용경험과 안도감, 그리고 상황에 대한 새로운 조망 등의 상담 효과가 나타난다. 그러나 감정 정화만으로는 상담의 효과가 제한적일 수 있다. 감정 정화 이후에 인지적 변화, 문제 해결 대안 수립, 실행, 정보 제공 등이 이루어졌을 때 상담의 효과가 크게 나타난다.

예) 집안 경제적 문제와 선임병의 괴롭힘으로 힘들어 하는 치이병이 고민

최이병: 소대장님! 요즘 너무 힘들어서 죽겠습니다. 집안 문제도 그렇고 선임병들 때문에도 힘이 듭니다.
소대장: 그렇구나! 요즘 병영생활에 힘이 드는 것이 많은가 보구나!
(* 소대장은 마음을 털어놓고 이야기할 수 있도록 유도한다.)

(5) 다양한 정보 제공

군에서 일반적으로 내담자들은 중요한 사항에 대한 정보를 전혀 모르거나 정보가 부족하여 잘못되거나 왜곡된 정보를 가지고 있는 경우가 많다. 이와 같은 경우에 내담자가 객관적인 정보를 습득하는 것은 상담에서 매우 의미 있는 일이다. 내담자는 객관적인 정보를 획득함으로써 자신의 잘못된 인식을 수정할 기회를 갖게 되어 결국 문제 자체를 해결하거나 문제에 대한 갈등이 줄어들게 된다. 군에서는 각종 전술훈련과 평가 등 부대 주요일정 등을 부대원들에게 알려 주고 예상되는 어려움을 상세하게 설명해 줌으로써 훈련에 대한 부담을 덜어 줄 수 있다.

예) 전역을 앞두고 진로문제에 고민하는 김병장 상담

김병장: 소대장님 제가 두 달 후에는 전역인데 전역 후에 무엇을 해야 할지 고민이 됩니다.
소대장: 진정으로 네가 하고 싶은 것이 무엇이지? 복학을 통하여 그 꿈을 이룰 수 있는 가를 스스로 판단해 보도록 하자. 진로와 직업을 선택하는 것은 인생에 있어서 매우 중요한 사건이기 때문에 충분한 시간을 두고 생각해 보자.

(6) 관점 바꾸기

관점은 대상을 관찰 또는 인식하는 기본적인 입장이다, 관점 바꾸기를 활용할 때는 문제 상황과 관련된 내담자의 기본 관점이 무엇인지를 밝히고, 이러한 기본 관점과 연관된 역 관점 도는 초월 관점을 취하여 문제 상황을 새롭게 인식해 보도록 촉진하는 과정을 거친다.

예) 선임병 문제로 힘들어하는 조일병 관점 바꾸기

김병장: 소대장님 김병장이 유독히 저만 미워하고 특히 저한테만 심부름과 일을 시킵니다.
소대장: 그래 힘들었겠구나! 그런데 이렇게 해 보면 어떨까? 시키기 '전에 제가 해보겠습니다' 하고 먼저 하면 좋지 않겠어? 내가 병장들한테 균형되게 업무를 할 수 있도록 교육하도록 하지.

(7) 통찰

통찰이란 예리한 관찰력으로 사물을 꿰뚫어 보거나 새로운 것을 발견하여 알아차리는 것이다. 즉, 의식하지 못했던 것을 의식하게 된다거나 전부다 더 넓고 깊게 인식할 수 있게 되는 것이다. 통찰을 촉신하기 위한 방법으로 구체화, 맞닥뜨림, 해석 등이 있다. 상담자는 통찰의 방법을 통하여 내담자의 혼란스럽고 불일치하며 통합되지 않은 경험의 일부를 통합하도록 촉진할 수 있다. 상담자가 자신의 과거 행동이나 앞으로 취할 행동의 결과에 대하여 통찰을 하도록 촉진하며, 자기의 행동이 타인에게 어떤 영향을 미치는지 혹은 타인의 행동이 자기에게 어떤 영향을 주는지, 현재의 환경이 자신에게 기대하고 요구하는 바가 무엇인지에 대한 통찰이 필요하다.

예) 최근 동기인 김상병과 다툰 이상병에게 통찰 유도

소대장: 이상병 며칠 전에 김상병과 다툰 적이 있었지?
이상병: 예, 소대장님.
소대장: 사실 오늘 너를 부른 것은 이상병 이야기를 듣고 싶어서야.
이상병: (침묵……)
소대장: 그래 이상병 생각에는 본인이 자주 동료들과 매사에 다투고 있다고 생각되지 않나?
이상병: 네 최근 들어 그런 것 같습니다.
소대장: 음………… 솔직히 소대장은 남자들이 이유가 어떻든 싸울 수도 있고, 의견 충돌이 생겨서 시비가 붙을 수가 있다고 생각하네…….
(*그러면서, 군에 오기 전에 생활, 고민 등을 알아보고 조언한다)

(8) 비합리적 사고의 교정(논박)

논박이란 일반적으로 인간을 이해하고 상담하는데 지(知: 사고, 생각, 신념), 정(情: 정서, 감정, 느낌), 의(意: 의지, 행동)라는 세 가지 측면이 핵심적 요소가 된다.

즉, 인간의 생각이 감정과 행동을 지배한다고 보면, 상담 장면에서 내담자의 생각을 바꾸면 자연스럽게 감정과 행동의 변화가 일어난다는 것이다 또한 논박이란 비합리적이고 자기 파괴적인 생각의 잘못된 점에 대하여 지적하고 반박하며 비합리작인 생각을 합리적이고 바람직한 생각으로 바꾸는 방법이다.

예) 군 입대 후 열심히 근무하던 최일병이
군 입대 전 사귀었던 여자 친구에게 이별을 통보 받고 삶에 회의를 느끼는 경우 상담

소대장: 요즘 무슨 고민이 있나? 얼굴이 안 좋아 보인다.
최일병: 예, 소대장님. 3년간 사귀던 여자 친구가 이별을 통보해왔습니다.
소대장: 그래? 마음이 많이 아프겠구나!
최일병: 대학교 C.C이고 제가 많이 좋아했던 친구인데 이렇게 이별을 통보 받으니 아무것도 할 수가 없습니다.ㅠㅠ
소대장: 그래 네 마음 충분히 이해가 된다. 나도 첫사랑으로부터 이별 통보 받았던 적이 있지. 그때 하늘이 무너지는 줄 알았지.
최일병: 지금 같아서는 찾아가서 너 죽고 나죽자는 심정으로 한바탕 뒤집어 놓고 싶습니다.
소대장: 그래? 그렇게 하면 무엇이 달라질까? 그보다는 보란 듯이 성공하고 더 나은 여자를 만나면 되는 거야.
(*그러면서, 군에 오기 전에 생활, 고민 등을 알아보고 조언한다)

(9) 자기효능감의 증진(self-efficacy)

자기효능감(self efficacy)은 캐나다의 심리학자 앨버트 밴듀라(Albert Bandura)가 제시한 개념으로 어떤 상황에서 적절한 행동을 할 수 있다는 기대와 신념이다. 자기효능감이 해야 할 일을 아는 것과는 같지 않다. 자기효능감을 측정할 때, 개개인은 그들의 기술과 이러한 기술들을 실행으로 옮기는 그들의 역량들을 평가한다. 자기효능감을 증진시키기 위한 방법으로는 성공경험, 대리경험, 설득과 격려, 결과에 대한 긍정적인 해석 등 네 가지가 있다.

예) 여단 인사장교가 순찰차 소초에 방문하였을 때
중대에 상황보고를 지연한 김상병을 소대장이 불러서 자기효능감을 증진하도록 상담한다.

소대장: 지난 번 여단 인사장교 순찰 문제로 많이 힘들었지?
최일병: 아…… 아닙니다. 괜찮습니다.
소대장: 아니야……. 솔직히 소대장도 처음에는 당황했는데 김상병이 갑작스러운 일이라서 그랬겠구나 라는 생각이 들더라고.
오늘 너를 부른 것은 야단치거나 책임을 묻기 위해서 부른 것이 아니고 너의 이야기를 듣고 싶어서 부른 거니까 편안 한 마음으로 이야기해 볼래?
최일병: 사실은 갑자기 당황스럽고, 내성적인 성격이라 말도 더듬고…….
소대장: 아! 그런면이 있었구나. 누구나 당황할 때도 있고 실수를 할 때도 있지만 그러면서 자신감 있게 자신의 약점을 보완해 나갈 수 있단다.
최일병: 지금 같아서는 찾아가서 너 죽고 나죽자는 심정으로 한바탕 뒤집어 놓고 싶습니다.
(*그러면서, 자기효능감이 증진될 수 있도록 한다.)

(10) 긍정적 자기암시

자기암시란 자기 자신에게 어떤 결과가 나타날 것이라고 반복해서 생각하는 것을 말하며 긍정적 자기암시는 자신에게 좋은 결과가 나타날 것이라고 생각하는 것이다. 긍정적 자기암시를 촉진하기 위한 방법은 명확하고 짧게 긍정적으로, 현재와 연관되게, 반복해서 자기 지시를 하며, 암시 결과에 대한 확신을 가지도록 하는 것이다.

예) 단독군장 구보를 할 때마다 너무 힘들어하는 김이병과 자기암시 상담

김이병: 군생활 하루 하루가 너무 힘듭니다. 매주 수요일 구보가 너무 힘들어서 죽을 것 같습니다.
소대장: 그래 힘들었겠구나!
그러나 피할 수 없으면 즐긴다는 말처럼 체력 단련한다고 생각하면 낫지 않을까?
(*힘들었을 때를 극복한 소대자의 경험을 설명하여 자기암시를 촉진하도록 한다)

(11) 가치의 우선 순위화

가치화란 어떤 대상에 대하여 주관적으로 중요성의 정도를 평가하는 것이다,

사람들이 스트레스나 갈등을 줄이기 위해서는 가치의 우선순위를 정하여 중요한 것부터 해결해 나가는 것이 필요하다, 또한 다수 중에서 하나를 선택해야 되는 상황에서는 우선운위가 높은 쪽을 선택하게 되는 것이다.

예) 장기복무를 지원할까 말까 고민하는 김하사의 가치 우선 순위화 상담

중대장: 김소위 요즘 무슨 고민이 있나?
김소위: 예, 요즘 진로문제로 고민이 있습니다. 군생활을 계속해야 할지 아니면 아버님이 연로하셔서 가업을 이어가야 할 것인지 고민입니다.
중대장: 아~그렇구나! 아버지 가업을 이어가는 것도 좋지 그런데 김하사는 어떻게 생각해?
김소위: 사실 저는 어렸을 때부터 꿈이 군인이 되는 것이었습니다. 그런데 아버님이 부쩍 가업을 이으라고 말씀을 하시니까 고민이 많습니다.
중대장: 그렇구나! 정말 고민이 많겠구나, 그런데 우리가 살다보면 그런 선택의 문제에 봉착하게 되는데 시간을 갖고 생각해 보자. 아버님의 뜻을 따를 때와 군인으로서의 길을 가는 것의 장단점을 잘 판단하여 부모님을 이해시키고 너의 미래를 계획하기 바란다.

(12) 적절한 목표 설정

적절한 목표 설정이란 상담을 통하여 성취하고자 하는 결과를 의미한다. 잘 설정된 상담목표는 상담자와 내담자 모두에게 방향성을 갖게 하여 상담 과정 중의 혼란감을 줄이고, 목표 달성을 위한 동기를 부여해 줌으로써 긍정적인 변화의 가능성을 증가시킨다. 목표 설정의 원칙은 다음과 같다.

① 내담자에게 중요하고 필요한 것을 목표로 설정한다.
② 구체적이고 명확하며 행동적인 용어로 설정한다.
③ 없는 것보다 있는 것에 초점을 두고 설정한다.
④ 현실적이고 성취 가능한 것으로 설정한다.

예) 말끝을 흐리고 더듬는 버릇 때문에 고민하는 하일병의 목표 설정

> 소대장: 하일병 무슨 일로 날 찾아왔니?"
> 하일병: 사실 저는 어렸을 때부터 말을 조금 더듬는 편입니다. 중학교 때부터 말끝을 흐리고 더듬는 버릇이 생겼습니다."
> 소내상: 그랬구나! 평소에 말은 별로 없지만 성실한 하일병에게 그런 고민이 있었구나!
> 자~ 하일병 제대하기 전까지 고치는 것을 목표로!
> 하일병: 네 알겠습니다.
> 소대장: 내가 말 더듬 고치는 여러 가지 자료를 찾아서 같이 한 번 연습해 보도록 하자 분명히 고칠 수 있을 거야! 걱정하지 마!

(13) 문제 해결의 대안 수립

의무복무를 하는 병사들은 문제 해결에 대한 대안이 없거나 부족하다. 따라서 내담자가 문제 해결에 대한 여러 가지 대안이 있다면 어떻게 반응해야 할지 모르는 혼란과 불안을 줄일 수 있다. 또한 구체적인 대처 방안 마련과 문제 해결에 대한 가능성이 증가된다.

예) 동기인 박 병장과 갈등문제로 고민하는 심병장의 고민 해결

> 심병장: 사실 소대장님께 고민이 있어서 왔습니다.
> 소대장: 아 그래? 무슨 고민이 있는 거지?
> 심병장: 동기생인 김병장이 사사건건 트집을 잡고 후임병들에게도 저를 험담하고 그렇습니다. 아마도 제가 분대장이 되어서 그런 것 같습니다
> 소대장: 그래……. 내가 박병장하고 면담하고 무엇이 문제인지 알아보도록 하지, 그리고 3분대장이 다음 주 제대를 하니까 박 병장을 3분대 장으로 보직하는 것을 검토하도록 하지

(14) 통제력 유무 구별

병영에서 스트레스를 적게 받기 위해서는 문제에 대해 통제가 가능한 부분과 통제가 불가능한 부분을 명확히 구분하여 이해하는 것이 필요하다. 특히, 통제가 불가능하고 자신의 노력으로 어떻게 할 수 없는 경우에는 결과를 받아들이는 자세가 필요하다. 현실적인 상황을 고려하여 욕구를 지연하도록 하고, 자신의 욕구와 가치가 일치하는 방향으로 자신의 시간, 행동, 기타 경험을 조정해 가도록 하거나, 비합리적인 기대를 수정하고 하고 합리적 기대를 가지며, 성공 경험을 촉진하는 방법 등이 있다.

예) 김상병이 난처한 가정상황과 애인 문제 등 고민 해결을 위한 통제 구분

소대장: 김 상병 어머님이 암에 걸리신 가운데 애인도 가정에 문제가 있다고 하니 마음이 몹시 착잡하겠구나!
김상병: 예 제가 군대에 있으니 어쩔 수도 없고 애인도 마음을 잡지 못하니 너무 힘이 듭니다.
소대장: 그랬구나! 어머님 증상은 좀 어떠니?
김상병: 계속 항암치료를 받으셔야 한답니다.
(* 소대장은 김상병이 가정 및 애인 문제로 인하여 군생활 적응 문제가 발생하지 않도록 지도하고 인지하도록 한다.)

(15) 대인관계 기술 훈련

내성적인 성격의 병사들은 병영에서의 대인관계의 어려움을 겪게 되는데 상담 장면을 통하여 훈련할 수 있다. 대인관계 기술에는 자기노출 및 개방, 자기주장, 의사결정, 관심 기울이기, 공감, 협의 기술 등이 포함된다.

(16) 부정적 사고의 긍정화

부정적인 사고란 자동적으로 떠오르는 생각 중에서 개인에게 부정적인 영향을 미치는 사고를 말한다. 부정적인 사고에는 흑백논리, 재앙화(자신에게 재앙이 닥친다는 생각), 긍정적인 측면 무시, 낙인찍기, 과도한 일반화, 자기 탓, 당위적 사고 등이 있다. 치료 전략으로는 객관화, 탈재앙화, 전환기법, 노출기법 등이 있다.

예) 풀이 죽어있고 웃지도 않으며 홀로 있기를 좋아하는 김병장 고민 상담

소대장: 김병장 요즘 무슨 고민이 있니?
김병장: 예 제가 군대에 있으니 자신감도 떨어지고 제대하면 무엇을 할까 고민이 됩니다.
소대장: 그랬구나! 그러나 그런 고민은 군생활 하면서 누구나 다 하는 거야. 그러니까 제대 후 문제는 그 때 가서 하도록 하면 어떻겠니?
김병장: 소대장님 말이 맞기는 한데 제대가 다가오니 걱정이 많이 됩니다.
소대장: 김병장 이 세상에 고민은 두 가지 밖에 없어 하나는 내가 해결할 수 있는 걱정이고, 또 하나는 내가 해결할 수 없는 걱정이지. 그런데 내가 해결할 수 있는 걱정은 내가 해결하면 되니까 걱정할 필요가 없고 내가 해결할 수 없는 걱정은 내가 해결할 수가 없으니까 걱정할 필요가 없는 거야. 따라서 이 세상의 걱정은 할 필요가 없는 거야. 잘 준비해서 해결하도록 노력하면 되는 거란다!

(17) 모델링

모델링이란 타인의 본보기를 따름으로써 새로운 행동, 신념, 가치관 및 태도 등을 학습하는 것을 말한다. 관찰자와 모델의 관계가 친밀할수록 공통점과 유사성이 클수록 모델링 행동이 증가한다. 본보기 인물의 특징은 대체로 관찰자보다 높은 지위나 명예를 가졌거나 더 많은 경험을 한 대상이 된다.

부록

부록 #1 군인복지기본법

법률 제13242호 일부개정 2015. 03. 27.

제1조 (목적) 이 법은 군인의 생활 안정과 삶의 질 향상을 도모하고 군의 사기를 높이며 나아가 군인으로 하여금 임무수행에 전념할 수 있도록 하기 위하여 군인에 대한 복지정책의 수립 및 복지사업의 수행에 필요한 사항을 규정함을 목적으로 한다.

제2조 (정의) 이 법에서 사용하는 용어의 정의는 다음과 같다.

1. "군인"이란 현역으로서 「군인사법」 제2조제1호에 따른 장교·준사관·부사관 및 병을 말한다.
2. "군인가족"이란 다음 각 목의 어느 하나에 해당하는 자를 말한다. 가. 배우자 나. 본인 및 배우자의 직계존속 다. 본인 및 배우자의 직계비속
3. "복지시설"이란 군인의 복지를 증진하기 위하여 국방부장관이 운영하는 다음 각 목의 시설을 말한다. 가. 군인자녀 기숙사 나. 군 매점, 영내 주유소 다. 복지회관, 휴양소 및 콘도미니엄 라. 그 밖에 군인의 복지 증진에 필요하다고 인정하여 국방부장관이 지정하는 시설 마. 가목부터 라목까지에 따른 시설에 부수되는 시설
4. "체육시설"이란 군인의 체력을 유지·향상시키기 위하여 설치된 시설(군 골프장을 포함한다)을 말한다.

제3조 (국가의 책무) ① 국가는 국토방위의 의무를 수행하는 군인이 복무 중에는 그 임무수행에만 전념하고, 전역 후에는 안정된 생활을 할 수 있도록 여건을 조성하여야 한다.

② 국가는 군인복지에 관하여 필요한 시책을 수립·시행하여야 한다.

제4조 (다른 법률과의 관계)

군인의 복지에 관하여 다른 법률에 규정된 것을 제외하고는 이 법으로 정하는 바에 따른다.

제5조 (복지사업 재원) 군인의 복지사업에 사용되는 재원은 「군인복지기금법」에 따른 군인복지기금과 「기부금품의 모집 및 사용에 관한 법률」에 따라 접수된 기부금품으로 충당한다.

제6조 (군인복지기본계획의 수립·시행) ① 국방부장관은 5년마다 제8조에 따른 군인복지위원회의 심의를 거쳐 군인복지기본계획(이하 "기본계획"이라 한다)을 작성하고 관계 중앙행정기관의 장과 협의한 후 대통령의 승인을 받아 이를 확정한다. 수립된 기본계획을 변경하는 때에도 또한 같다.

② 기본계획에는 다음 각 호의 사항이 포함되어야 한다.

1. 군인복지정책의 기본목표 및 추진방향
2. 군인의 복지시설 및 체육시설 (이하 "복지시설등"이라 한다)의 설치·운영에 관한 사항
3. 군인의 복지사업에 사용되는 재원조달 및 운용에 관한 사항
4. 그 밖에 군인의 복지증진을 위하여 필요하다고 인정하는 사항

③ 관계 중앙행정기관의 장은 기본계획에 따라 소관별로 연도별 시행계획을 수립하여 국방부장관에게 통보하고 이를 시행하여야 한다.

④ 기본계획의 수립절차 및 시행계획의 수립·시행 등에 필요한 사항은 대통령령으로 정한다.

제7조 (실태조사) ① 국방부장관은 5년마다 군인의 복지 실태에 관한 조사를 실시하고 그 결과를 기본계획에 반영하여야 한다.

② 제1항에 따른 실태조사 사항 및 방법 등에 필요한 사항은 대통령령으로 정한다.

제8조 (군인복지위원회) ① 군인에 대한 복지정책의 수립 및 그 시행 등에 관한 사항을 심의하기 위하여 국방부에 군인복지위원회(이하 "위원회"라 한다)를 둔다.

② 위원회는 위원장 1인을 포함한 10인 이내의 위원으로 구성한다.

③ 위원장은 국방부차관이 되고, 위원은 군인복지정책에 관한 학식과 경험이 풍부한 사람과 고위공무원단에 속하는 관계 중앙행정기관의 일반직 공무원 및 국방부 소속 공무원 중에서 국방부장관이 위촉하거나 임명한다.

④ 위원회는 다음 각 호의 사항을 심의한다.

1. 군인복지정책의 기본방향에 관한 사항
2. 군인복지 향상을 위한 법령 및 제도개선과 예산지원에 관한 사항
3. 기본계획의 수립에 관한 사항
4. 제7조에 따른 군인복지 실태조사에 관한 사항
5. 그 밖에 군인복지와 관련하여 위원장이 제안하는 사항

⑤ 위원회의 사무를 처리하기 위하여 위원회에 간사 1인을 두되, 간사는 국방부 소속 공무원 중에서 위원장이 지명한다.

⑥ 위원의 임기 및 위원회의 구성과 운영 등에 필요한 사항은 대통령령으로 정한다.

제9조 (군 숙소 지원 등) ① 국가는 군인이 안정된 주거생활을 함으로써 근무에 전념할 수 있도록 하기 위하여 군인(지원에 의하지 아니하고 임용된 부사관 및 병을 제외한다. 이하 이 조 및 제10조에서 같다)에게 다음 각 호의 어느 하나에 해당하는 주거지원을 제공하여야 한다. 이 경우 주거지원을 제공받은 군인에게 입주보증금 등 주거지원에 따른 금전을 징수할 수 있다.

1. 관사 또는 독신자숙소(이하 이 조에서 "군 숙소"라 한다)
2. 민간주택전세금 대부(관사를 제공받지 못한 군인에 한정하여 제공한다)

② 군 숙소의 규모와 시설기준은 예산의 범위 안에서 국민의 평균주거수준을 고려하여 정한다.

③ 군 숙소의 관리, 민간주택전세금 대부 및 금전 징수 등을 위하여 필요한 사항은 국방부장관이 정한다.

제10조 (주택의 우선공급 등) ① 국가는 10년 이상 복무한 군인 중 무주택세대주에 대하여는 주택을 우선적으로 공급할 수 있다. 이 경우 입주자의 기준은 무주택기간, 복무기간, 부양가족 수 등을 고려하여 대통령령으로 정한다.

② 「택지개발촉진법」 제7조에 따른 택지개발사업의 시행자는 군인의 생활 안정과 복지증진을 도모할 목적으로 설립된 법인이 무주택 군인을 대상으로 주택을 공급하기 위하여 택지를 필요로 하는 경우에는 이를 우선하여 공급할 수 있다.

③ 국방부장관은 국방 · 군사시설을 다른 지역으로 이전함으로써 용도폐지된 잡종재산을 매각하려는 경우 무주택 군인을 대상으로 주택을 공급하는 용도로 사용하려는 자에게 이를 우선하여 매각할 수 있다. 이 경우 「국유재산법」 제49조에 따라 해당 재산의 용도와 그 용도에 사용하여야 할 기간을 정하여 매각할 수 있다.

제11조 (보육 및 교육 지원) ① 국가는 군인의 근무지 이동 또는 근무형편상 같이 생활할 수 없는 사유로 그 자녀가 「초 · 중등교육법」에 따른 학교의 전학이나 편입학이 필요한 경우에는 군인의 특수성을 고려하여 전학이나 편입학을 지원한다.

② 국가 및 지방자치단체가 「영유아보육법」 제12조에 따라 군인 밀집지역에 국공립어린이집을 설치하는 경우 국방부장관은 어린이집 설치에 필요한 시설을 지방자치단체에 무상으로 사용·수익하게 할 수 있다.

③ 국방부장관은 군인의 근무형편상 군인과 같이 생활할 수 없는 군인의 자녀 중 다음 각 호의 어느 하나에 해당하는 자녀(국내에서 학습을 하고 있는 사람으로 한정한다)에게 숙식시설을 제공할 수 있다. 이 경우 국방부장관은 고등학교 졸업 이하의 학력을 취득하거나 인정받기 위하여 학습을 하고 있는 사람에게 숙식시설을 우선적으로 제공하여야 한다.

1. 「초 · 중등교육법」 제2조에 따른 학교의 학생
2. 「고등교육법」 제2조에 따른 학교의 학생
3. 「평생교육법」에 따라 학력이 인정되는 평생교육시설에서 학습을 하고 있는 사람
4. 「학점인정 등에 관한 법률」 제3조제1항에 따라 평가인정을 받은 학습 과정을 운영하는 교육훈련기관 또는 같은 법 제7조제2항제1호에 따른 학교에서 학습을 하고 있는 사람
5. 그 밖에 숙식시설을 제공할 필요가 있다고 국방부장관이 인정하는 사람

④ 제3항에 따른 숙식시설의 입주요건과 비용부담 등에 관한 사항은 대통령령으로 정한다.

제11조의 2 (교육시설에 대한 지원 등) 국가와 지방자치단체는 군인 자녀의 교육여건을 개선하기 위하여 「초 · 중등교육법」 제2조에 따른 학교를 설립하는 자에게 교육운영 등에 필요한 지원을 할 수 있으며, 예산의 범위에서 교육시설의 설치 및 운영에 필요한 비용의 전부 또는 일부를 보조할 수 있다.[본조신설 2012.1.26] [[시행일 2012.4.27]]

제14조 (군인복지시설의 설치 · 운영) ① 국방부장관은 군인의 복지증진과 체력의 유지 · 향상을 위하여 필요한 경우에는 제6조의 기본계획 및 시행계획에 따라 복지시설 등을 설치 · 운영할 수 있다.

② 국방부장관은 복지시설 등의 효율적인 운용을 위하여 필요한 경우에는 이 법에 따라 복지시설 등을 이용할 수 있는 군인 또는 군인가족 외의 사람에게도 복지시설등을 이용하게 할 수 있다.

③ 국방부장관은 복지시설 등을 통합하여 관리 · 운영하고 복지시설 등의 운용에 따른 회계처리는 「군인복지기금법」 의 규정에 따르며, 군별로 복지시설 등의 관리책임자를 지정할 수 있다.

④ 국방부장관은 복지시설등의 효율적 운영을 위하여 필요한 경우에는 위원회의 심의를 거쳐 복지시설 등을 민간업체에 위탁하여 운영할 수 있다.

⑤ 복지시설 등의 관리책임자 지정 및 위탁 운영 등 복지시설 등의 관리 · 운영에 필요한 사항은 대통령령으로 정한다.

제15조 (노후설계 교육) 국방부장관은 군인의 생활 안정 및 노후준비 인식 확산과 체계적인 노후준비를 위하여 노후설계 교육 사업을 할 수 있다. 이 경우 국방부장관은 노후설계 전문 교육 기관에 사업을 위탁하여 운영할 수 있다.

부칙 [2007.12.21 **제**8731**호**]

① **(시행일)** 이 법은 2008년 3월 1일부터 시행한다. 다만, 제14조제3항에 따른 복지시설등의 통합운영은 이 법 시행 후 6개월이 경과한 날부터 시행한다.

② **(복지시설등에 관한 경과조치)** 이 법 시행 당시 설치 · 운영되고 있는 복지시설등은 이 법에 따라 설치 · 운영되는 것으로 보며, 이 법 시행 당시 설치 중인 복지시설등은 이 법에 따라 설치 중인 것으로 본다.

③ **(복지사업에 관한 경과조치)** 이 법 시행 당시 시행 중인 군인복지사업은 이 법에 따라 시행 중인 것으로 본다.
④ **(복지시설등 위탁 운영에 관한 경과조치)** 이 법 시행 당시 복지시설 등을 민간업체에 위탁 운영 중인 경우 종전의 위탁운영계약은 이 법에 따른 것으로 보되, 계약기간을 따로 정하지 아니한 경우 그 계약은 2008년 12월 31일에 만료된다.

부 칙 [2009.1.30 **제9401호(국유재산법)**]

제1조 (시행일) 이 법은 공포 후 6개월이 경과한 날부터 시행한다. 〈단서 생략〉 제2조부터 제9조까지 생략
제10조 (다른 법률의 개정) ① 부터 〈16〉까지 생략〈17〉 군인복지기본법 일부를 다음과 같이 개정한다. 제10조제3항 후단 중 "「국유재산법」 제39조"를 "「국유재산법」 제49조"로 한다. 〈18〉 부터 〈86〉까지 생략제11조 생략

부 칙 [2011.6.7 **제10789호(영유아보육법)**]

제1조 (시행일) 이 법은 공포 후 6개월이 경과한 날부터 시행한다. 〈단서 생략〉 제2조부터 제5조까지 생략
제6조 (다른 법률의 개정) ①부터 ⑧까지 생략⑨ 군인복지기본법 일부를 다음과 같이 개정한다.
제11조 제2항 중 "국공립보육시설"을 "국공립어린이집"으로, "보육시설"을 "어린이집"으로 한다. ⑩부터 〈32〉까지 생략

부 칙 [2011.12.31 **제11141호(국민건강보험법)**]

제1조 (시행일) 이 법은 2012년 9월 1일부터 시행한다. 〈단서 생략〉 제2조부터 제20조까지 생략 제21조(다른 법률의 개정) ①부터 ⑩까지 생략⑪ 군인복지기본법 일부를 다음과 같이 개정한다.
제13조 제1항 중 "「국민건강보험법」 제47조"를 "「국민건강보험법」 제52조"로 한다. ⑫부터 〈28〉까지 생략 제22조 생략

부 칙 [2012.1.26 **제11225호**]

이 법은 공포 후 3개월이 경과한 날부터 시행한다.

부 칙 [2012.3.21 **제11389호(군보건의료에 관한 법률)**]

제1조 (시행일) 이 법은 공포 후 6개월이 경과한 날부터 시행한다. 제2조(다른 법률의 개정) 군인복지기본법 일부를 다음과 같이 개정한다. 제12조 및 제13조를 각각 삭제한다.

부 칙 [2014.1.14 **제12230호**]

이 법은 공포한 날부터 시행한다.

부 칙 [2014.10.15 **제12787호**]

이 법은 공포 후 6개월이 경과한 날부터 시행한다.

부 칙 [2015.3.27 **제13242호**]

이 법은 공포한 날부터 시행한다.

부록 #2 병영생활 전문 상담관 훈령

제정 국방부 훈령 제1059호('09.5.27.)
개정 국방부 훈령 제1152호('09.8.17.)
개정 국방부 훈령 제1230호('10.2.12.)
개정 국방부 훈령 제1510호('13.1.30.)
개정 국방부 훈령 제1587호('13. 11. 27.)
개정 국방부 훈령 제1648호('14.3.31.)
개정 국방부 훈령 제1818호(15.7.29.)

제1장 총 칙

제1조 (목적) 이 훈령은 장병들의 복무 부적응 해소와 사고 예방 등을 위한 병영생활 전문 상담관의 채용, 복무관리, 임금, 교육 등의 운영에 필요한 사항을 규정함을 목적으로 한다.

제2조 (정의) 이 훈령에서 사용하는 용어의 정의는 다음 각 호와 같다.

1. '운영부대장'이란 각 군 참모총장과 국방부 직할부대장이 임명한 상담관을 운영하는 장관급지휘관을 말한다.
2. '직접운영부대장'이란 장관급지휘관으로부터 상담관의 상담 활동 책임부대로 지정받은 대령급 이상의 부대지휘관을 말한다.
3. 상담관이 배치된 부대의 지휘관이 대령급 이상이거나, 또는 상담관이 단수로 운영되는 장관급 지휘관 부대의 경우는 '운영부대장'과 '직접운영부대장'을 겸임할 수 있다.
4. '격오지'란 상담관들이 근무를 기피하는 다음 각 호의 지역을 말하며, 세부사항은 각 군 참모총장이 정한다.

   가. 육군의 1·3군 GOP경계부대와 강원도 양구·인제·화천·고성지역 소재 부대
   나. 해군의 1함대와 서북도서 및 제주도지역 부대
   다. 공군의 방공포병여단 및 방공관제단
   라. 국방부 조사본부의 국방헬프콜센터

5. '후방도심지역'이란 제4호의 격오지 이외의 지역을 말하며, 세부사항은 각 군 참모총장이 정한다.

제3조 (적용범위) 이 훈령은 국방부 본부, 국방부 직할부대(직할기관을 포함한다. 이하 "직할부대"라 한다) 및 각 군에 적용한다.

제4조 (다른 행정규칙과의 관계) 이 훈령은 병영생활 전문 상담관(이하 "상담관"이라 한다)의 채용, 복무관리, 임금 및 교육, 그 밖의 운영에 관하여 다른 행정규칙에 우선하여 적용한다.

제5조 〈삭 제〉

제2장 병영생활 전문 상담관 운영위원회

제6조 (위원회의 설치 및 기능) ① 상담관의 운영에 관한 사항을 심의하기 위하여 국방부에 병영생활 전문 상담관 운영위원회(이하 "위원회"라 한다)를 둔다.

② 위원회는 다음 각 호의 사항을 심의한다.

1. 상담관의 채용, 배정 등 인사운영에 관한 전반적인 사항
2. 상담관의 운영 지원에 관한 사항
3. 상담관의 고충처리에 관한 사항
4. 그 밖에 상담관의 운영과 관련하여 위원장이 정하는 사항

제7조 (위원회의 구성) ① 위원회는 위원장 1명을 포함한 3명 이상 7명 이내의 위원으로 구성한다.

② 위원장은 국방부 인사기획관이 되고, 위원은 국방부 병영정책과장, 각 군 본부 인사 주무차장, 국방부조사본부 범죄정보실장(국방헬프콜센터장), 국방부 업무관련 과장(담당관), 관련분야에 대한 학식과 경험이 풍부한 외부 민간 전문가로 한다.

③ 위원장은 위원회를 대표하며, 위원회의 업무를 총괄한다.

④ 위원장이 부득이한 사유로 그 직무를 수행할 수 없을 때에는 위원장이 미리 지명한 위원이 그 직무를 대행한다.

⑤ 위원회의 사무를 처리하기 위하여 위원회에 간사 1명을 두되, 간사는 국방부 인사기획관실 상담관 관련 실무자로 한다.

제8조 (위원회의 회의) ① 위원장은 위원회의 회의를 소집하고, 그 의장이 된다.

② 위원회의 회의는 재적위원 3분의 2이상의 출석으로 개의하고, 출석위원 과반수의 찬성으로 의결한다. 다만, 위원장이 필요하다고 인정할 때에는 서면으로 의결할 수 있다.

제3장 채용

제9조 (채용절차) 상담관의 모집공고부터 실무부대 배치까지의 전반적인 채용절차는 별표1과 같다.

제10조 (지원자격) ①「군인사법시행령」 제60조의18제1항의 상담경험은 이상 심리증세의 치료를 위한 대면 및 집단 상담 등 실제 상담한 경험(상담관련 업무 종사 경험 제외)을 말하며, 세부 인정기준은 위원회에서 정한다.

1. 〈삭제〉
2. 〈삭제〉

②「군인사법시행령」 제60조의18제2항의 국방부장관이 정하는 병과별 일정기간 이상의 군 복무 경력은 10년 이상으로 하되, 다만 군종병과 장교는 1년 이상으로 한다.

③ 국방부장관(인사기획관)은 제1항, 제2항 지원자의 자격증의 등급에 따라 선발심사위원회에서 심사하여 선발 과정에 반영할 수 있다.

제11조 (결격사유 등) ① 상담관의 임명 결격사유는 다음 각 호와 같다.

1. 피성년후견인 또는 피한정후견인(금치산자와 한정치산자를 포함한다.)
2. 파산선고를 받고 복권되지 아니한 자

3. 금고 이상의 실형을 선고받고 그 집행이 종료되거나 집행을 받지 아니하기로 확정된 후 5년이 지나지 아니한 자
4. 금고 이상의 형을 선고받고 그 집행유예 기간이 끝난 날부터 2년이 지나지 아니한 자
5. 금고 이상의 형의 선고유예를 받은 경우에 그 선고유예 기간 중에 있는 자
6. 법원의 판결 또는 다른 법률에 따라 자격이 상실되거나 정지된 자
7. 징계로 파면처분을 받은 때부터 5년이 지나지 아니한 자
8. 징계로 해임처분을 받은 때부터 3년이 지나지 아니한 자

② 각 군 참모총장 및 직할부대장은『군사보안업무훈령』에 따라 상담관 지원자에 대한 신원조사를 면접시험 전에 실시하여 결격사유(파렴치 범죄, 직무범죄, 뇌물죄, 횡령죄 등의 형사·징계 전력) 발견 시 선발대상자 명단에서 제외한다.

제12조 (선발 방법) ① 국방부장관(인사기획관)은 서류전형(50%) 및 면접시험(50%)을 실시하여 성적순으로 상담관을 선발하되, 면접위원의 2/3이상의 의결로 전문성 및 상담관 자질 부족 판정시 서류전형 획득점수에 관계없이 최종선발명단에서 제외한다.

② 각 군 참모총장 및 직할부대장은 서류전형을 통하여 채용 예정인원의 150%에 해당하는 인원을 국방부장관(인사기획관)에게 선발 추천하며, 동일지역에서 동점자 발생 등 우수자원의 추천이 필요한 경우에는 추가로 추천할 수 있다. 다만, 국방부장관(인사기획관)은 직할부대의 채용소요 발생 시 육군 채용 예정인원에 포함하여 추천하도록 할 수 있다.

③ 국방부장관(인사기획관)은 각 군 참모총장 및 직할부대장이 선발추천한 자를 대상으로 면접시험을 실시하여 최종 합격자를 선발한다. 다만, 최종 합격자는 위원회의 심의 의결을 통하여 결정하되, 계약해지 등의 사유로 발생할 수 있는 결원을 보충하기 위하여 자격요건 충족 범위내에서 채용예정인원의 20%에 해당하는 예비합격자를 선발할 수 있다

④ 국방부장관(인사기획관)은 계약해지 등의 사유로 각 군내 결원이 발생한 때에는 예비합격자 중에서 면접시험 및 서류전형 점수가 높은 순으로 우선 채용하되, 각 군별 예비합격자가 결원인 경우에는 각 군 구분없이 예비합격자의 의사를 확인 후 면접시험 및 서류전형 점수가 높은 지원자 순으로 채용한다.

제13조 (신규채용자 근무희망지역 배치) ① 각 군 참모총장 및 직할부대장은 최종 합격자의 근무희망지역 및 연고지 등을 고려하여 배치할 수 있다.

② 각 군 참모총장 및 직할부대장은 제1항에 따른 배치를 위하여 별도의 규정을 따로 정하여 운영할 수 있다.

제14조 〈삭 제〉

제15조 (선발심사위원회) ① 각 군 참모총장 및 직할부대장은 서류전형 심사위원회를 구성하여 운영하되, 세부 인원구성은 각 군 참모총장이 따로 정한다.

② 국방부장관(인사기획관)은 각 군 참모총장 및 직할부대장이 선발추천한 자에 대한 면접심사를 위하여 면접시험 심사위원회를 구성 운영한다.

③ 서류전형 심사위원회 및 면접시험 심사위원회는 군 관계자 및 민간 상담전문가 등으로 구성하되, 각각 위원장 1명을 포함한 3명이상 7명이하의 위원과 간사 1명으로 구성한다.

④ 서류전형 심사위원회 및 면접시험 심사위원회의 위원은 보안서약서를 수리한 후 임명 또는 위촉한다.

제16조 (동점자 처리) 서류전형과 면접시험의 점수를 합한 점수가 동점인 경우에는 면접시험 점수가 높은 순으로 최종 선발추천 대상자를 결정하고, 서류전형과 면접시험의 점수가 모두 동점인 경우에는 위원회의 의결(다수결 원칙 적용)로 최종 합격자를 결정한다.

제17조 (채용계약 등) ① 상담관의 채용계약은 각 군 참모총장 및 직할부대장이 별지 제1호 서식에 따라 체결하되, 필요하다고 인정될 경우에는 일부 서식을 추가할 수 있다.

② 상담관의 채용기간은 「군인사법 시행령」제60조의20에 따르며, 상담관의 채용기간을 연장하려는 경우에는 본인의 희망과 근무성적 및 교육성적 등을 참고하여 각 군 선발심사위원회의 의결을 거쳐 계속근무 여부를 결정하여야 한다.

③ 상담관은 채용계약을 갱신하고자 하는 경우 계약기간 만료일 90일 이전까지 채용계약 갱신의사를 운영부대장을 경유하여 각 군 총장 및 직할부대장에게 표명하여야 하며, 각 군 참모총장과 직할부대장은 계약기간 만료일 60일 이전까지 근무중인 상담관의 계약갱신 여부를 결정하고, 계약기간 만료 30일 이전까지 차후 근무지를 포함하여 계약 갱신여부를 통보하여야 한다. 다만, 직할부대의 경우 국방부(인사기획관)에서 계약갱신여부를 조정통제 할 수 있다.

④ 제2항의 채용계약 체결 또는 제3항의 채용계약 갱신을 하고자 하는 자는 반드시 개별 이행보증보험증권을 제출하여야 한다.

제4장 복무

제18조 (임무) 상담관의 임무는 다음 각 호와 같다.

1.「군인사법」제51조의4제1항 각 호의 사항으로 고충을 호소하는 군인 및 장기복무 군인가족에 대한 전문적인 심리상담과 그 밖에 상담과 관련하여 지휘관이 부여한 업무를 수행한다.
2. 복무 부적응을 겪고 있는 장병이 상담실을 방문시 대면상담하거나, 출장상담, 심리검사 및 각종 집단 상담 프로그램 등을 실시한다.
3. 상담 역량의 구비가 필요한 간부 및 병사에게 상담 관련 교육을 시행 또는 지도할 수 있다.
4. 각종 심리검사 및 심리상담 결과에 대한 분석을 통해 건전한 병영문화 조성을 위한 제도적 보완사항 등을 건의할 수 있다.

제19조 (세부업무) 상담관의 세부 업무는 다음 각 호와 같다.

1. “병영생활 전문 상담관실”세부 운영계획 수립 시행
2. 사고우려자 및 도움 · 배려 병사 등에 대한 현장위주 상담 관리
3. 장병 기본권 보장 관련 갈등관리 및 지휘조언
4. 군내 사용하는 인성검사 분석 및 후속조치 조언
5. 각종 집단 상담 프로그램 지도 및 시행
6. 그린 캠프(Green Camp) 운영지원 및 장병 상담교육
7. 군생활, 성고충, 개인신상, 가족관계 및 자녀교육 등으로 인한 어려움을 겪고 있는 군인 및 장기복무군인가족에 대한 상담 조언
8. 주기적 상담결과 분석 및 분석결과의 지휘 참고자료 제공
9. 그 밖에 제18조 상담관 임무와 관련하여 운영부대장 또는 직접운영부대장이 부여한 업무

제20조 (배치 및 근무지 조정) ① 각 군 참모총장과 직할 부대장은 병력규모, 임무, 격오지(지리적 특성) 등을 고려하여 부대별 상담관 인력할당 우선순위 등 세부기준을 정하여 배치한다.

② 각 군 참모총장은 다음 각 호의 사항을 고려하여 격오지・후방도심지역간 인사교류 세부방침을 정하여 시행하여야 한다.

1. 운영부대별 최소근무기간은 2년으로 하되, 국방 헬프콜 상담관으로 보직 조정 등 필요시 1년으로 단축 가능
2. 운영부대별 최대근무기간은 3년으로 하되, 격오지는 상담관 본인이 희망하고운영부대장이 동의시 최대 5년까지 연장 가능
3. 지역별 근무기간은 최소 2년 최대 5년으로 하되, 격오지지역은 상담관 본인이 희망하고 운영부대장이 동의시 10년까지 연장 가능

③ 국방부장관(인사기획관)은 상담관의 소속 군을 변경하여 타군 전환소요 발생시 위원회의 의결을 통하여 조정할 수 있다.

④ 각 군 참모총장과 직할부대장은 제1항과 제2항의 시행 10일 전까지 국방부장관(인사기획관)에게 보고하여야 하며, 필요시 국방부장관(인사기획관)은 이를 조정・통제할 수 있다.

제21조 (업무수행 및 관리운영) ① 상담관은 소속된 부대에서 제18조 및 제19조의 업무를 수행한다. 다만, 소속된 부대 이외의 부대에서 장병상담 지원 요청 등이 있을 시 요청부대가 동일 군일 경우에는 운영부대장 승인하 지원하고, 타군일 경우에는 각 군 참모총장의 승인하 지원하며, 필요시 국방부장관(인사기획관)은 이를 조정・통제할 수 있다.

② 상담관의 관리운영은 각 군 참모총장 및 직할부대장의 책임하에 시행하며, 각 군 본부의 주무부서는 인사참모부로 한다.

③ 상담관의 업무수행 절차는 다음과 같다.

1. 상담소요 종합 및 운영부대 보고(전월 1주차): 직접운영부대장
2. 월간 상담계획 수립 및 확정(전월 4주차): 직접운영부대장 및 상담관
3. (삭제)

④ 상담관은 부적응 장병을 조기에 식별하고 적시적으로 관리하기 위해 다음의 절차를 준수하여야 한다.

1. 상담관은 신병교육부대 지휘관으로부터 부적응이 예측되는 병사의 인성검사
결과를 통보 받은 경우 인성검사 결과를 분석 및 평가하고 대상 병사에 대한상담을 실시한 후 그 결과를 신병교육기관의 지휘관 및 장병 배치부대의
산단관에게 통보하여야 한다.
2. 상담관은 장병 배치부대의 지휘관으로부터 부적응이 예측되는 병사의 사체인성검시 및 신상파악 결과를 통보 받은 경우 인성검사 결과를 분석 및 평가하고 대상 병사에 대한 상담을 실시한 후 그 결과를 대대(대)장급이상 지휘관에게 제공 후 제3항의 절차에 따라 상담계획을 수립하여 상담을 실시해야 한다.

제22조 (상담 내용의 비밀보장) 상담관은 상담 내용의 비밀을 보장함을 원칙으로 한다. 다만, 상담 중 자해, 자살의도, 탈영, 상습구타, 성추행 등 복무 부적응에 의한 사고 및 기본권 침해 사례를 인지 시에는 대대(대)장급 이상 지휘관에게 보고하여야 한다.

제23조 (근로시간 등) 상담관의 근로시간 및 근무형태는 다음 각 호와 같다.

1. 근로시간: 주 40시간(휴게시간 제외), 1일 8시간(09:00 ~ 18:00)으로 한다. 다만, 운영부대장(직접운영부대장)

과 상담관간의 협의를 통해 주 12시간 범위 내에서근로시간을 연장 가능하다.

2. 근무형태: 야간상담과 신병교육기관의 휴무일 상담, 상담관련 상급 자격증취득을 위한 학회 활동(수퍼비전, 집단 상담, 심리검사, 연차대회, 학위 과정 수강 등) 참석 등을 위해 탄력근무제를 적용할 수 있으며, 자유로운 상담여건 보장을 위해 근무일 및 근무시간 조정이 가능하다. 다만, 탄력근무제는 부대에서 필요하거나 상담관련 자격증 취득에 한하여 운영부대장 통제하에 실시하고, 직접 운영부대장은 이에 대하여 확인 감독하고 기록을 유지하여야 한다.

제24조 (휴가 등) ① 유급휴가는 1년간 8할 이상 출근한 상담관에게 15일(전반기 7일, 후반기 8일)을 실시하되, 3년 이상 근속한 상담관에 대하여는 매 2년에 대하여 1일을 가산한 유급휴가를 주며, 총 휴가일수는 25일을 한도로 한다. 다음 각 호의 경우에는 적절한 보상휴가를 부여할 수 있으며, 그 외 사항은 『근로기준법』 제60조에 따른다.

1. 가족과 별거 여부, 왕복거리 및 소요시간 등을 고려하여 반기 2일 이내 (월차에 0.5일 이상 합산)
2. 연장근로 반복시 분기 1일 이내 등

② 상담관이 본인의 학업을 위하여 부득이하게 해외연수 및 세미나 등에 참석할 때에는 본인의 휴가를 활용하여야 한다.

③ 운영부대장 및 직접운영부대장은 여성 상담관이 청구하면 월 1일의 여성보건휴가를 실시하여야 한다. 이 경우의 휴가는 무급으로 한다.

④ 운영부대장 및 직접운영부대장은 임신 중인 여성 상담관에게 산전과 산후를 통하여 90일의 출산휴가를 주어야 한다. 이 경우 휴가기간의 배정은 산후에 45일 이상이 되어야 하며, 휴가기간 중 급여에 대하여는 『근로기준법』 제74조 제4항을 적용한다.

⑤ 운영부대장은 『산업재해보상보험법』 제37조에 의한 업무상 사유에 의하여 부상을 당하거나 질병에 해당될 경우에 근로복지공단의 판정에 의하여 업무상 병가를 보장하여야 한다.

⑥ 상담관이 공무(업무) 이외의 사유로 부상을 당하거나 질병에 해당될 경우에 상담관의 요청(병가일이 7일 이상일 경우에는 의사의 진단서를 첨부하여야 한다)이 있으면 운영부대장은 연 10일 범위 안에서 병가를 허가하거나 연 2월 범위 내에서 휴직을 허가할 수 있다. 다만, 이 경우는 무급으로 한다.

⑦ 공가는 최소한 실제 소요 또는 필요기간 범위 내에서 실시하여야 하며, 공가 사유는 다음 각 호와 같다.

1. 『병역법』, 『향토예비군설치법』, 그 밖에 다른 법령에 따라 병역의무를 이행하기 위한 소집 등을 받은 때
2. 공무에 관하여 국회 · 법원 · 검찰 등 기타 국가기관에 소환된 때
3. 법률의 규정에 의한 투표에 참가할 때
4. 원격지간의 전보발령을 받고 부임할 때
5. 『국민건강보험법 시행령』 제25조에 의한 건강검진을 받을 때
6. 올림픽 · 전국체전 등 국가적인 행사에 참가할 때
7. 천재 · 지변 · 교통차단 등 기타의 사유로 출근이 불가능한 때
8. 그 밖에 부대장이 필요하다고 판단할 때

⑧ 운영부대장은 제4항부터 제6항까지의 경우와 기타 특별한 사항 발생시 각 군 참모총장(인사근무처장)에게 보고하여야 하며, 상담관은 제1항부터 제7항까지의 사유로 휴가 시 직접운영부대의

주무부서장에게 보고 및 출근부에 기록하여야 한다.

제25조 (경조사휴가) 상담관은 본인이 결혼하거나 기타 경조사가 있을 경우에는 다음 각 호와 같이 경조사 휴가를 얻을 수 있다.

1. 본인의 결혼: 7일
2. 배우자, 본인・배우자 부모의 사망: 5일
3. 본인・배우자의 조부모・외조부모 사망: 2일
4. 자녀와 그 배우자의 사망: 2일

제26조 (휴가중 토요일・공휴일 및 휴가기간의 초과) ① 휴가 중 토요일 또는 공휴일은 그 휴가일수에 포함하지 아니한다. 다만, 경조사 휴가 중에는 그 휴가일수에 포함한다.

② 이 훈령이 정한 휴가일수를 초과한 휴가는 결근으로 본다.

제27조 (근무성적 및 교육 평가) ① 상담관의 복무성과는 근무성적평가(700점), 교육 평가(300점) 등의 점수를 계량화하여 종합평가하고, 그 결과는 재계약 등의 심의자료로 활용할 수 있다.

② 직접운영부대장은 상담관의 근무실적에 대하여 별지 제2호 서식의 근무성적 평가표에 따라 매 분기별 근무성적을 평가하고, 분기별 평가결과를 각 군 참모총장 또는 직할부대장에게 보고하여야 하며, 각 군 참모총장 또는 직할부대장은 평가결과를 종합 서열화하여 채용계약 갱신 등의 인사자료로 활용할 수 있다.

③ (삭제)

④ 운영부대장은 해 부대의 특성 등을 고려하여 자살자가 발생한 부대의 상담관 근무성적 평가시 상담관의 사고 예방 활동 관련사항을 엄정하게 평가하여 그 결과를 근무성적 평가시 반영하여야 하며, 각 군 참모총장과 직할부대장은 자살 등 사고발생시 평가기준을 구체화하여야 한다.

⑤ 근무성적평가는 평가항목별 탁월(A+, 95점 이상), 우수(A, 95점 미만~80점 이상), 보통(B, 80점 미만~60점 이상), 미흡(D, 60점미만)으로 4단계로 구분하되 탁월 및 미흡 평가 시 구체적 사유를 기재하여야 한다.

⑥ 근무성적 평가자는 직접운영부대의 주무부서의 장이며, 확인자는 직접운영부대장으로 하고, 평가결과를 각 군 참모총장 또는 직할부대장에게 보고 한다.

⑦ 국방부장관(인사기획관)은 상담관의 전문성 등의 평가를 위해 다음 각 호에 대하여 평가를 실시 후 별지 4호 서식에 따라 평가결과를 종합하여 각 군 참모 총장 및 직할부대장에게 통보한다.

1. 상담사례평가(연 2회, 각 75점, 5・9월)
2. 이론 및 실기(과제)평가(총 150점)

제28조 (징계) ① 각 군 참모총장은 상담관이 다음 각 호의 어느 하나에 해당될 경우 각 군 또는 운영부대 징계위원회의 의결을 거쳐 징계처분을 할 수 있다.

1. 직무를 태만히 한 때
2. 직무의 내외를 불문하고 그 체면 또는 위신을 손상하는 행위를 한 때
3. 범죄 또는 중대한 과실이 있는 때
4. 국방부 및 각 군 주관부서, 운영부대장의 정당한 지시에 불응한 때
5. 재직중 확보한 군사기밀 또는 내담자의 신상관련 정보를 외부에 누설한 경우
6. 직위를 이용하여 포교(布敎) 행위를 한 경우

7. 구타 · 가혹행위 · 폭언 · 욕설 등 병영부조리를 용인하는 발언이나, 병영부조리와 관련한 사실을 은폐 또는 불고지 등 부대관리훈령 및 병영생활 행동강령에 위배되는 언행을 한 경우
8. 각 군 참모총장 및 직할부대장의 사전 승인 없이 상담 활동간 취득한 병영생활관련 자료를 대외로 유출한 경우
9. 각 군 참모총장 또는 직할부대장의 승인 없이 대외기관 대상 강의 및 발표 또는 상담관련 자격증 발급기관의 간부직 수행이나 교육을 주관한 경우
10. 지휘권 침해 및 장병 대상 폭언 또는 욕설을 한 경우
11. 군용물품과 자료를 임의로 유출 또는 사적용도로 활용한 경우
12. 정당한 사유 없이 국방헬프콜 및 상담관 미배치 부대의 상담지원 요청에 불응한 경우
13. 음주운전, 폭행 등 대민물의를 야기한 경우
14. 그 밖에 운영부대장이 판단 시 징계처분이 요구되는 행위를 한 경우

② 징계의 종류 및 효력은 다음 각 호와 같다.
1. 해고: 근로계약관계를 해지한다.
2. 정직: 1월 이상 3월 이하의 기간으로 하고, 그 기간 중 직무에 종사하지 못하며 그 기간 동안 임금을 지급하지 않는다.
3. 감급: 1월 이상 3월 이하의 기간 동안 급여를 감액하되, 감액률은 『근로기준법』 제95조에 따른다.
4. 견책: 과오에 대하여 훈계하고 반성하게 한다.

③ 제1항 및 제2항의 사항을 심의하기 위하여 각 군 참모총장과 운영부대장이 정하는 부서에 징계위원회를 둔다.

④ 징계위원회는 위원장 1명을 포함하여 5명이상 7명이내의 위원으로 구성하고, 위원회의 사무를 처리하기 위하여 간사 1명을 둔다.

⑤ 위원회의 회의는 위원장이 소집하며, 재적위원 3분의 2이상의 출석으로 개의하고, 출석위원 과반수의 찬성으로 의결한다. 다만, 위원장이 필요하다고 인정할 때에는 서면으로 의결할 수 있다.

⑥ 운영부대의 주무부서장은 직접운영부대장이 제기하는 제1항 각 호에 해당하는 상담관에 대하여 징계위원회에 징계의결을 요구하여야 하며, 운영부대장은 필요시 각 군 참모총장에게 징계의결을 요구할 수 있다.

⑦ 징계위원회는 징계의결 요구를 접수한 날로부터 30일이내에 징계에 관한 의결을 하여야 하며, 징계혐의자에게 서면으로 충분한 진술을 할 수 있는 기회를 부여하여야 한다.

⑧ 징계위원회가 징계의결을 한 때에는 지체 없이 징계 의결서를 직접운영부대장과 징계의결 요구자(운영부대 주무부서장)에게 통고하여야 하며, 징계처분권자(운영부대 주무부서장)는 징계의결서를 받은 날로부터 15일 이내에 이를 집행하고, 집행 후 7일 이내에 그 결과를 각 군은 참모총장에게, 국직부대는 국방부장관(인사기획관)에게 보고하여야 한다.

⑨ 이 훈령에서 규정한 것 외에 징계의결 및 집행에 필요한 사항은 각 군 본부 및 운영부대 주무부서장이 따로 정하여 시행할 수 있다.

제29조 (계약해지) ① 운영부대장은 상담관의 업무불성실 등 계약해지 사유가 발생한 경우 각 군 참모총장에게 보고하여야 한다.

② 각 군 참모총장은 사회통념상 근로관계를 더 이상 존속하기 어렵다고 인정되는 다음 각 호의 경우에 계약해지 심의위원회의 의결을 거쳐 계약을 해지 할 수 있다. 계약해지 심의위원회 운영과 절차 등에 관하여는 각 군 참모총장이 정한다.

1. 업무수행 능률이 현저히 저하되어 불성실 이행자로 판정될 경우
2. (삭제)
3. 근무성적 평가결과 종합평점이 최하위인 '미흡'을 2년 이내 2회 이상 받은 경우
4. 정당한 사유 없이 월 업무수행실적서를 2회이상 미제출시
5. 정당한 사유 없이 월 2회(연간 4회) 이상 무단결근 또는 월 3회(연간 5회) 이상 근무시간을 미준수(지각, 조기퇴근 등) 한 경우
6. 공무원 행동강령 위반시
7. 교육태도 불성실(음주물의, 무단불참 등)자와 전문성 평가 등 교육평가결과 미흡(배점의 50%미만 득점자) 평가자
8. 부대원 및 동료 상담관과 반목 갈등으로 물의 야기시
9. 훈령에서 정하는 경우 이외의 보편화된 민간상담관련 학회의 상담윤리규정 위반시

③ 각 군 참모총장이 상담관과의 근로계약을 해지하고자 할 때(제28조에 따른 해고를 포함한다)에는 적어도 30일 전에 별지 제7호 서식에 따라 해지통보를 하여야 하고, 30일 전에 해지통보를 하지 아니하였을 때에는 30일분 이상의 통상임금을 지급하여야 한다. 다만, 상담관이 고의로 사업에 막대한 지장을 초래하거나 재산상 손해를 끼친 경우 및 근무경력이 6개월이 되지 못한 경우에는 그러하지 아니하다.

④ 이 훈령에서 규정한 것 외에 계약해지에 필요한 사항은 각 군 참모총장이 따로 정하여 시행할 수 있다.

제5장 급여 등 재정지원 및 교육

제30조 (급여) ① 상담관의 급여는 채용계약 체결시 계약서에서 정한 금액으로 하며, 각 군 참모총장이 다음 달 15일(지급일이 공휴일인 경우에는 그 전일)에 지급한다.

② 5년을 초과하여 기간의 정함이 없는 근로자로 근무하고 있는 상담관의 급여는 예산범위 내에서 근무경력 등을 고려하여 따로 정할 수 있다.

③ 각 군 참모총장은 필요하다고 인정될 때에 한하여 급여의 지급과 이에 따른 근로소득세의 원천징수 및 연말정산에 관한 업무를 운영부대장에게 위임하여 처리할 수 있다.

제31조(여비) 각 군 참모총장(상담관이 배치된 부대의 장) 또는 직할부대장은 예산 범위내에서 상담관의 공무출장에 필요한 비용을 지급할 수 있다.

제32조(사무실 운영비 및 통신요금) ① 각 군 참모총장(상담관이 배치된 부대의 장) 또는 직할부대장은 상담관의 상담업무에 필요한 사무실 운영비와 통신요금을 지급할 수 있다.

② 지급액은 당해 연도 예산 범위 내에서 국방부장관이 정하는 금액으로 한다.

제33조(교육 및 전문성 제고 등) ① 각 군 참모총장은 신규로 채용된 상담관과 계속근무 상담관에 대하여 다음 각 호의 내용이 포함된 교육을 실시(직할부대장은 각 군 참모총장에게 위탁할 수 있

다)하여야 하며, 그 기간은 2주 이내로 하되, 상담관 유경험자와 추가채용 인원에 대해서는 합당한 범위내에서 교육기간을 단축할 수 있고, 국방부장관(인사기획관)은 과목 및 일정 등 교육에 관하여 조정 · 통제할 수 있다.

1. 상담관의 임무 및 역할
2. 병영생활 관련 규정의 이해
3. 군에서 요구하는 전문 상담 과정 및 기법, 상담사례 발표
4. 군인성검사의 이해 및 활용
5. 자살 장병의 특성과 관리방안
6. 진로·성·다문화 상담 능력제고 및 집단 상담
7. 그 밖에 병영체험 등 상담관의 임무수행에 필요하다고 인정되는 내용

② 각 군 참모총장 및 직할 부대장은 상담관의 상담능력을 향상시키기 위하여 자살 예방 교관화 교육 등을 실시하여야 하고, 그 외 필요시 사례토의 중심의 직무보수교육을 연 1회 이상 실시할 수 있으며, 국방부장관(인사기획관)은 이를 조정 · 통제할 수 있다.

③ 상담관이 업무상 필요에 의하여 군내 · 외 각종 교육 및 회의, 세미나, 집단 상담 및 심리검사 교육 등에 참가하고자 할 경우에는 운영부대장의 승인 후 출장으로 참석할 수 있다. 다만, 개인의 필요에 의한 것은 개인휴가를 활용한다.

제6장 업무수행 평가 및 행정지원

제34조 (업무수행 평가) ① 직접운영부대장은 상담관이 매월 제출한 업무수행실적서 등을 근거로 분기별로 업무실적 평가회의를 실시하며, 그 결과는 근무성적 평가시 반영한다.

② 각 군 참모총장(직할부대장)과 운영부대장(직접운영부대장)은 상담관의 상담 활동에 대하여 설문조사를 실시하여, 그 결과를 상담관 업무수행의 질적 평가자료로 활용할 수 있다.

③ 각 군 참모총장과 직할부대장은 운영부대와 직접운영부대로부터 보고 받은 평가결과와 교육성적 등을 종합 서열화하여 채용 · 계약갱신 · 계약해지 등의 심의자료로 활용할 수 있다.

제35조 (업무수행실적서 등의 작성) 상담관은 주기적으로 다음 각 호의 서류를 작성하여 직접운영부대장에게 제출하거나 비치하여야 하며, 보존기간과 방법은 각 군 참모총장과 직할부대장이 구체화하여야 한다.

1. 업무수행실적서(매월 작성하여 부대장에게 제출)
2. (삭제)
3. (삭제)
4. 그 밖에 업무수행에 필요한 사항

제36조 (보고) 직접운영부대장과 운영부대장은 다음 각 호의 서류를 각 군 참모총장 또는 직할 부대장에게 제출하여야 한다.

1. 다음년도 업무계획(매년 12월말)
2. 반기별 성과분석 결과(7월 2주차, 12월 2주차)
3. 분기별 근무성적 평가 결과(1 · 4 · 7월 1주차, 9월 4주차)

4. 그 밖에 과업 수행 중 중요하다고 판단되는 사항(수시)

제37조 (행정지원) 운영부대장은 상담관의 업무수행을 위하여 부대여건을 고려하여 다음 각 호의 사항을 지원하여야 한다.

1. 상담실 및 숙소, 차량, 인터넷 · 국방전산망(인트라넷) 사용 인가
2. 부대표찰, 경력증명서 및 재직증명서 발급(경력증명서는 각 군 참모총장 및 직할부대장, 재직증명서는 운영부대장이 발급)
3. 상담관의 운영에 관한 제반사항 홍보
4. 업무상 필요시 통제구역 출입조치
5. 그 밖에 상담관의 업무수행에 필요하다고 인정되는 사항

제38조 (군사보안) ① 상담관은『군사보안업무 훈령』및 군사보안과 관련된 모든 행정규칙을 준수하여야 한다.

② 상담관(퇴직상담관 포함)이 장병 상담관련 내용을 대외 제공하거나 학회 발표 및 책자 발간 등을 하고자 하는 경우에는 군사보안업무훈령에 따라 보안성 검토와 각 군 참모총장 또는 직할부대장의 사전 승인 후 대외 발표 및 발간 등을 할 수 있다.

③ 국방부장관(인사기획관)과 각 군 참모총장 및 직할 부대장은 군사보안을 위하여 상담관의 국방전산망 사용 범위를 제한할 수 있다.

제7장 보칙

제39조 (근무상한 연령) 상담관의 근무상한 연령은 각 군 본부의 '병영생활 전문 상담관 채용규칙'에서 구체화하여 적용한다.

제40조 (재검토 기한)「훈령 · 예규 등의 발령 및 관리에 관한 규정」(대통령훈령 제248호)에 따라 이 훈령 발령 후의 법령이나 현실여건의 변화 등을 검토하여 이 훈령의 폐지, 개정 등의 조치를 하여야 하는 기한은 2018년 7월 28일까지로 한다.

부칙〈2009. 5. 27〉

제1조 (시행일) 이 훈령은 발령한 날부터 시행한다. 다만, 제20조제2항의 각 군 본부 주무부서 규정은 2009년 7월 1일부터 시행한다.

제2조 (기존 상담관에 대한 경과조치) 이 훈령의 시행 전에 상담관으로 채용된 자는 이 훈령에 따라 채용된 것으로 본다.

부칙〈2009. 8. 17〉

이 훈령은 발령한 날부터 시행한다.

부칙〈2010. 2. 12〉

제1조 (시행일) 이 훈령은 발령한 날부터 시행한다.

제2조 (경과조치) 이 훈령 시행 당시의 병영생활 전문 상담관은 이 훈령 시행일로부터2010년 12월 31일까

지는 각 군 본부의 '병영생활 전문 상담관 채용규칙'에서 정한 근무상한 연령의 적용 받지 않는다.

부칙 〈2013. 1. 30.〉

이 훈령은 발령한 날부터 시행한다.

부칙 〈제1587호, 2013. 11.27.〉

이 훈령은 발령한 날부터 시행한다.

부칙 〈제1818호, 2015. 7. 29.〉

이 훈령은 발령한 날부터 시행한다.

부록 #3

국방부 제969호 여성 고충 상담관 훈령 (2008.9.5.)

개정 국방부 훈령 제1044호(2009. 4. 13.)
개정 국방부 훈령 제1151호(2009. 8. 17.)

제1장 총칙

제1조 (목적) 이 훈령은 여성 고충 상담관제도 운영에 필요한 사항을 규정함으로써,「군인사법」,「군인사법 시행령」,「군인복무규율」에 따른 여성의 고충처리를 원활히 하고, 성군기 위반사고 예방에 기여함을 목적으로 한다.

제2조 (적용범위) 본 훈령은 여성 고충 상담관(이하 "상담관"이라 한다)을 운영하는 국방부, 국방부 직할부대(직할기관을 포함한다. 이하 같다), 합참, 각 군에 적용한다.

제2장 여성 고충 상담관의 운영 등

제3조 (관련 기관 임무) 관련 기관은 다음 각 호의 임무를 수행한다.

1. 국방부
   가. 상담관 운영 관련 제도 발전
   나. 상담관 상담역량 강화교육 실시
   다. 인트라넷에 '여성고충상담'란 운영

2. 국방부 직할부대 및 합참
가. 상담관 운영 및 고충처리
나. 상담관 현황 및 상담실적 국방부 보고
3. 각 군 본부
가. 상담관 운영 및 고충처리
나. 상담관 현황 및 상담실적 등 종합, 국방부 보고
다. 여성고충상담 운영 실태 진단평가를 통한 제도 발전
라. 인트라넷에 '여성고충상담'란 설치, 운영(인사 부서)
4. 사단 · 여단급 부대(해군은 전단 · 여단급, 공군은 독립 전대급 부대를 포함한다. 이하같다) 이상
가. 상담관 운영 및 고충처리
나. 연 1회 이상 정기 간담회 실시
다. 인트라넷에 '여성고충상담'란 운영
라. 각 군 본부에 상담관 현황 및 상담실적 보고

제4조 (상담관 운영 부대 등) ① 국방부, 국방부 직할부대, 합참에는 상담관을 두어야 한다.
② 각 군은 본부 및 사단·여단급 이상 부대에 상담관을 두어야 한다. 다만, 예하 부대의 여성인력이 10명 이상인 경우 지리적 위치·여성인력의 수 등을 고려하여 그 부대에도 상담관을 둘 수 있다.
③ 상담관을 운영하는 각 부대의 장은 상담관 운영 실태를 매년 진단평가하여 그 제도를 정착·발전시켜야 한다.
④ 상담관 운영부대는 편성된 예산 범위 내에서 상담관의 활동을 지원할 수 있다.

제5조 (상담관의 임명 등) ① 상담관을 운영하는 부대의 장은 상담관을정(正)·부(副)로 나누어 임명하여야 한다. 다만, 부대에 소속된 여성인력이 극소수일 경우에는 부대장의 판단 하에 상담관 부(副)를 임명하지 않을 수 있다.
② 상담관 정(正)은 여군 장교로 임명한다. 다만, 여군장교가 없거나 그 밖의 사유로 여군 장교의 상담관 임명이 부적합할 때에는 여군 부사관 또는 여성 군무원을 상담관 정(正)으로 임명할 수 있다.
③ 상담관 부(副)는 관할 여성인력 운영형태에 따라 여군 부사관 또는 여성 군무원별로 따로 운영할 수 있으며, 상담관 부(副)는 고충 관련 보고나 간담회 개최 등과 관련하여 상담관 정(正)과 협조하여야 한다.
④ 각 군 본부 및 사단 · 여단급 이상 부대에는 우선적으로 인사부서에 여군 장교를 배치하여,상담관을 겸임토록 한다. 다만 사단·여단급 이상 부대에서 여군 인력이 부족할 경우에는 정보 · 정훈 등 다른 참모부서의 선임 여군 장교를 상담관으로 임명할 수 있다.
⑤ 상담관의 임기는 1년으로 하되 연임할 수 있다.
⑥ 상담관 임명 사실은 운영 부대장 책임하에 소속부대 모든 여성인력에게 고지하여야 한다.

제6조 (여성고충상담란 운영) 상담관은 '여성고충상담' 란을 통해 제기된 고충을 해소하고, 여성인력 상호간 정보전달이 될 수 있도록 이를 유지 · 관리하여야 한다.

제7조 (비밀유지) 상담관은 고충 상담 중 알게 된 개인 신상 등에 관한 내용에 대해 비밀을 유지해야 한다.

제8조 (상담능력 향상) ① 상담관은 상담받는 자의 고충을 해소하기 위하여 상담기법과 성군기 위반사고 처리절차 등을 충분히 알고 있어야 한다.

② 각 부대 지휘관은 상급 기관 또는 부대에서 실시하는 상담 능력향상 및 성군기 위반사고 예방 관련 교육에 상담관이 참석하도록 지원해야 한다.

제9조 (간담회 실시) ① 정기 간담회는 지휘관 주관으로 연 1회 이상 실시를 원칙으로 한다. 다만 훈련 등 부대 사정에 따라 정기 간담회의 실시 시기를 조정할 수 있다.

② 정기 간담회에는 소속부대의 모든 여성인력이 참석하여야 하고, 정기 간담회에서는 다음 각 호의 사항을 포함한 교육을 실시하여야 한다.

1. 여성 관련 각종 법령 및 공지사항
2. 성군기 위반사고 예방 관련 교육
   가. 성희롱의 정의 · 식별 · 대응 방법 및 보고(신고) 절차
   나. 성군기 위반사고의 발생원인, 사례, 처리기준 및 처벌법규

③ 성군기 위반사고 사례 및 처리기준 등에 관한 교육은 법무장교로 하여금 실시하게 할 수 있다.

④ 상담관 운영부대 지휘관은 정기 간담회에서 제기된 처리 가능한 고충은 즉시 해소해주고, 처리 불가능한 고충은 참석자에게 그 사유를 통지하여야 한다.

제3장 여성 고충 상담관의 임무

제10조 (고충 상담 업무 등) ① 상담관은 담당 업무 이외에 고충상담 업무를 추가로 수행한다.

② 상담관은 초임 여성인력 전입시 일정기간 부대 적응을 도와주어야 한다. 다만, 초임 여성인력과 가까운 거리에 부대 적응을 도와줄 적합한 선임 여성인력이 있을 경우에는, 상담관은 그에게 초임 여성인력의 부대 적응을 돕도록 요청할 수 있다.

③ 상담관은 고충 상담 또는 간담회 개최 등을 통하여 제기된 고충을 지휘관에게 보고하여 해소하되, 자체적으로 해결이 불가능한 사항 및 정책적 제도 발전사항은 각 군 본부 또는 국방부로 건의할 수 있다.

제11조 (성군기 위반사고 예방) 상담관은 여성인력과의 상호 정보 교환을 통해 성군기 위반사고가 발생되지 않도록 노력하고, 성희롱 발단 초기에 이를 알게 되었을 경우에는 행위자에 대한 경고 등을 통하여 사안의 진행을 미리 방지한다.

제12조 (성군기 위반사고 발생시 조치) ① 상담관은 성군기 위반사고 발생 사실을 알았을 경우 피해자의 의사를 존중하여야 하며, 성군기 위반사고 처리절차 및 신고 방법 등을 안내한다.

② 상담관은 피해자가 성군기 위반사고로 인하여 심한 정신적 충격을 받은 경우 동의를 얻어 우선적으로 정신과 군의관에게 안내하고, 피해자의 요청이 있을 경우 기본권전문 상담관에게 안내하여 상담을 받게 한다.

③ 성군기 위반사고 수사시 피해자가 원하는 경우 상담관이 수사 과정에 동석할 수 있다.

④상담관 또는 피해자는 사건처리의 고의적 지연 등 성군기 위반사고의 처리절차와 관련하여 부당한 처분이 행하여지고 있다고 판단할 경우 이를국방부(국방여성정책과) 또는 각 군 본부(인권과)에 그 사실을 알릴 수 있다.

⑤ 상담관은 성군기 위반사고를 지휘계통에 따르지 아니하고 상급부대에 알렸을 경우에도 피해자에게 불이익 처분이 내려질 수 없다는 규정을 알려주어야 한다.

제4장 인계 · 인수 등

제13조 (인계 · 인수) 전임 상담관은 후임 상담관에게 업무를 인계하는 경우 별지 제1호 서식의 고충처리 대장 등 관련 자료를 인계하여 상담업무의 연속성이 유지되도록 하여야 한다.

제14조 (보고) ① 국방부 직할부대, 합참 및 각 군 본부는 간담회 개최 및 상담 실적을 종합하여, 별지 제2호 서식에 의거 국방부(국방여성정책과)에 다음 연도 1월말까지 보고해야 한다.

② 국방부 직할부대, 합참 및 각 군 본부는 상담관 현황을 별지 제3호 서식에 의거 매년 1월말까지 국방부(국방여성정책과)에 보고해야 한다.

제15조 (시행세칙) 이 훈령의 시행에 관하여 필요한 사항은 국방부 직할부대장, 합참의장 및 각 군 참모총장이 따로 정할 수 있다.

제16조 (재검토기한) 「훈령 · 예규 등의 발령 및 관리에 관한 규정」(대통령훈령 제248호)에 따라 이 훈령 발령 후의 법령이나 현실여건의 변화 등을 검토하여 이 훈령의 폐지, 개정 등의 조치를 하여야 하는 기한은 2012년 8월 16일까지로 한다.

부칙〈2009. 4. 13〉

이 훈령은 발령한 날부터 시행한다.

부칙〈2009. 8. 17〉

이 훈령은 발령한 날부터 시행한다.

【별지 제1호 서식】

고충상담처리대장 (제 13조 관련)

<table>
<tr><th colspan="10">고충접수 및 처리대장</th></tr>
<tr><th rowspan="2">접수
번호</th><th rowspan="2">접수
일자</th><th colspan="2">신청인</th><th rowspan="2">고충내용</th><th rowspan="2">처리결과</th><th rowspan="2">회신
일자</th><th colspan="2">확인</th></tr>
<tr><th>성명</th><th>소속부서</th><th>과장</th><th>ㅇㅇ장</th></tr>
<tr><td></td><td></td><td></td><td></td><td></td><td></td><td></td><td></td><td></td></tr>
<tr><td></td><td></td><td></td><td></td><td></td><td></td><td></td><td></td><td></td></tr>
</table>

※ 제3자가 볼 수 없도록 철저 관리하되, 필요시 신청인에 대해 익명 유지

<table>
<tr><th colspan="6">성희롱 고충 신청서</th></tr>
<tr><td>접수일</td><td colspan="2">20 . . .</td><td>담당자</td><td colspan="2">(서명)</td></tr>
<tr><td rowspan="6">당사자</td><td rowspan="2">신청인</td><td>성명</td><td></td><td>소속</td><td></td></tr>
<tr><td>직급</td><td></td><td>성별</td><td></td></tr>
<tr><td rowspan="2">대리인
※대리인이 신청하는 경우</td><td>성명</td><td></td><td>소속</td><td></td></tr>
<tr><td>직급</td><td></td><td>성별</td><td></td></tr>
<tr><td rowspan="2">행위자</td><td>성명</td><td></td><td>소속</td><td></td></tr>
<tr><td>직급</td><td></td><td>성별</td><td></td></tr>
<tr><td>상담(신청)내용</td><td colspan="5">※ 6하원칙에 의해 문제가 되는 행위, 지속성의 여부, 목격자 혹은 증인의유무 등을 기록합니다.</td></tr>
<tr><td>요구사항
※ 조사를 원하는경우</td><td colspan="5">1. 성희롱의 중지 ㅁ 2. 공개사과 ㅁ 3. 징계 등 인사조치 ㅁ
4. 기타 ____________________</td></tr>
<tr><td>처리결과</td><td colspan="5"></td></tr>
<tr><td colspan="6">※ 관련 자료를 첨부한다.</td></tr>
</table>

【별지 제2호 서식】

간담회개최 및 상담실적 (제 14조 제1항 관련)

소속부대	일시	장소	주관자	참석자/정원(명)

간담회 주제	주요내용

고충상담실적(총건수)	인사 · 근무	복지	기타	성군기 관련

기타 특이사항	

참고문헌

참고문헌

강갑원(2004). 상담이론과 실제. 서울: 교육과학사.

강문희·박경·강혜련·김혜련(2008). 가족상담 및 심리치료. 서울: 신정.

강진령(2009). 상담과 심리치료. 경기: 양서원.

국가홍보처(2008). 2006년 한국인의 의식, 및 가치관 조사. 국가홍보처.

국방부(2010). 여성고충상담관 상담역량 강화교육. 국방부.

______(2006). 병영문화 개선 연구백서. 국방부.

______(2006). 병영문화 개선 모범사례. 국방부.

______(2006). 21세기 강군 육성을 위한 선진 병영문화. 국방부.

국방연구소(2001). 21세기 한국군 리더십 육성방안.

고영순(2007). 페르소나의 진실. 서울: 학지사.

권육상(2000). 정신건강 심리치료. 학문사.

권일남 외(2006). 군 상담심리학개론. 서울: 교육과학사.

권진숙·김정진·전석균·성준모(2014). 정신보건사회복지론. 경기: 공동체.

권석만(2008). 인간관계 심리학. 서울: 학지사.

권정호·김동원(2008). 인간관계와 리더십. 경기: 양서원.

김계현(2002). 카운슬링의 실제. 서울: 학지사.

김나경(2006). 군부대 내 부적응 사병들의 역량강화 프로그램, 신당종합사회복지관.

김정옥(2001). 청년 성교육. 경기: 양서원.

김신희·조휘일(2000). 시회복지실습. 경기: 양서원.

김영애·김정택·심혜숙·정석환·재석봉(2005). 가족치료. 서울: 시그마프레스.

김세곤(2003). 인간행동의 이해를 위한 심리학 탐구. 경기: 양서원.

김영봉·유홍위 외(2011). 생활지도와 상담. 경기: 서현사.

김융일·조홍식·김연옥 공저(2005). 사회복지실천론. 경기: 나남출판사.

김영애(2010). 사티어 빙산 의사소통방법. 김영애 가족치료연구소.

김완일(2006). 군 상담의 이론과 실제. 서울: 학지사.

______(2004). 효과적인 군대상담기법. 육군 교육사령부 2004년도 지휘통솔세미나 자료집.

김홍규·원애경 공저(2007). 상담심리학. 경기: 양서원.

김현수·김태호(2005). 상담의 이론과 실제. 서울: 태영출판사

김형태(2010). 상담의 이론과 실제. 서울: 동문사

노안영(2010). 상담심리학의 이론과 실제. 서울: 학지사.

류중은(2007). 군 생활을 너의 황금기로 만들어라. 서울: 서울문화사.

문채봉(2004). 미국군 복지제도의 시사점. 한국국방연구원.

문채봉 외(2004). 군인복지법 제정 연구. 한국국방연구원.

________(2011). "미국군의 제2차 삶의 질 검토보고서와 한국군에 대한 시사점". 주간국방논단. 한국국방연구원.

민경환(2002). 성격심리학. 경기: 법문사.

민경환 외(2014). 심리학 입문, 서울: 시그마프레스

박미은(2009). 군 가족지원정책의 활성화를 위한 사회복지시스템의 활용 방안. 한국군사회복지학, 제2권(2).

박기영(2000). 군상담과 조직리더십. 정신전력연구. 국방대학교 안보문제연구소.

박성석·오정아·이영주·최경화·최금해(2009). 가족복지론. 경기: 양서원.

부산 사직복지관(2011). "병영생활적응력 및 전역예정자의 사회적응력 향상을 위한 군사회복지. 2011년 사회복지공동모금회 지원자료집.

서울 대방종합사회복지관(2006) "지역사회 의무경찰의 군 생활적응력 향상을 위한 군사회복지 모델 개발 project". Click 공동행복구역.

신성자 외(2007). 사회복지실천 기술론. 경기: 양서원.

안현의·최병순(2006). "군복무 부적응자 인권상황 실태조사". 국가인권위원회.

오제은 역(2011). 칼로저스의 사람 중심상담. 서울: 학지사.

유홍위(2015). 군복지와 상담. 공주대학교 안보과학대학원.

______(2014). K-TDRA 이론과 실제. 청소년상담심리학회.

______(2013). 상담과 TDRA. 청소년상담심리학회. 한국심리상담지도협회.

______(2005a). 군사회복지 발전을 위한 새로운 병영문화 추진방안연구. 공주대학교 사회복지연구센터.

______(2005b). 군사회복지제도 도입의 대내 · 외적 환경과 추진방향. 2005년 한국사회복지정책학회 추계학술대회 자료집.

______(2006a). "군사회복지 실태와 추진방안". 2006년 한국사회복지학회 춘계학술대회 자료집.

______(2006b). "한국과 미국의 군사회복지환경과 군사회복지사의 역할과 기능", 한국군사회복지학회 창립 포럼 자료집.

______(2006c). "군사회복지발전을 위한 민과 군의 역할 – 군의 역할을 중심으로". 한국군사회복지학회 발표 자료집.

______(2006d). "한국과 미국의 군사회복지 비교 연구". 공주대학교사회복지 연구센터.

유홍위 외(2012). 직업상담사. 교문사.

육군교육사령부(2004). 상담기법 학교교육 강화안(교육훈련부 보고서).

육군리더십센터보고서(2006). 육군 인성검사 현 실태. 육군교육사령부.

육군보병학교(2004). "올바른 상담방법". 지휘통솔 보충교재. 육군보병학교.

육군본부(2002). "장병인성교육프로그램".

________(2002). "육군가치관 교육용 프로그램".

________(2003). "부대관리 훈".

________(2005). "장병기본권 전문상담실 설치 및 운영지침".

육군종합행정학교(2004). "상담기법".

이상희,노성덕,이지운(2004). 또래상담, 서울: 학지사.

이장호(2005). 상담심리학, 서울: 박영사.

이장호·최윤미(2006). 상담사례연구집. 서울: 박영사.

이장호·정남운·조성호(2005). 상담면접의 기초. 서울: 학지사.

이현림(2013). 상담이론과 실제. 경기: 양서원.

이형득 공저(2005). 상담의 이론적 접근. 경기: 형설출판사.

장덕수(2001). "군 인성교육의 과제와 전망". 공군사관학교 제1회 인성교육 심포지엄 논문집.

장현덕(2007). 상담기법 및 사례연구. 경기: 양서원.

장희선(2012). "한국인의 정직과 전통적 가치의 갈등양상 및 해소방식에 관한 연구". 서울대 박사학위 논문.

전성진(2004). "미국과 영국의 보수제도". 주간국방논단. 한국국방연구원.

정명복 · 유홍위(2013). 삼위일체 리더십. 서울: 양서각.

제3야전군사령부(2004). "지휘상담 어떻게 할까?". 제3군야건군사령부.

조경덕 외 공저(2007). 도해 상담심리학. 서울: 들샘.

조홍식·김인숙·김혜란·김혜련·신은주(2002). 가족복지학. 서울: 학지사.

한국정신보건사회복지사협회(2012). 정신보건사회복지의 이론과 실제. 경기: 양서원.

한국청소년상담원(2006). 청소년 심리 및 행동평가. 청소년상담원.

한국청소년개발원(2006). 청소년문제론. 서울: 교육과학사.

한규석(2010). 사회심리학의 이해. 서울: 학지사.

해군 충무공리더십센터(2006). 해군 인성검사 체계정립방안보고서.

현외성·정재욱·마은경·이은정·문정란(2012). 사회복지 사례관리론. 경기: 공동체.

최병순(2011). 군 리더십 이론과 사례를 중심으로, 북코리아.

최선애(2010). 다문화 군대를 대비한 민과 군의 준비방향에 관한 제언. 한국군사회복지학 제3권(1)

최선애 공저(2012). 직업상담사. 서울: 교문각.

__________(2012). 미술치료 이론(1). 한국심리상담지도협회.

__________(2013). 심리상담 이론과 기법. 한국심리상담지도협회.

최정윤(2002). 심리검사의 이해. 서울: 서울: 시그마프레스.

최원호(2013). 상담윤리의 이론과 실제. 서울: 학지사.

홍숙기 역(2005). 성격심리학. 서울: 박영사.

Aguilera, D. C.(1998). *Crisis Intervention: Theory and Methodology(8th ed.)*.

Applebaum, R., & Austin, C.(1990). *Long-term care case management: Design and evaluation*. New York: Springer Publishing Company.

Auld, F, & Hyman, M.(1991). *Resolution of inner conflict*. Washington, D. C.: American Psychological Association.

Barker, J.(1995). Rights Manager System: Permissions Manager Subsystem. from Library Collections Services. Case Western Reserve University.

Bass Social and Behavioral Science Series. San Francisco: Jossey-Bass Publishers.

De Jong, T.(2006). A kit on Effective School Case Management. Edith Cowan Australian Guidance and Counseling Association.

Borich, G. D.(2000). *Effective teaching methods(4th ed.)*. Merrial Prentice Hall.

Chapman, A. H.(1978). *The treatment techniques of Harry Stack Sullivan*. New York: Bruner/Mazel, Inc.

Corey, G.(1982). *Theory and practice of counseling and psychotherapy(2nd ed.)*. California: Brooks/Cole publishing company.

Corsini, R. J.(1991). *Five therapists and one client*. Illinois: Peacock.

__________(1984). *Current psychotherapies(3rd ed.)*. Illinois: Peacock.

Daley, J. G.(2003). *Social Work Practice in the Military*, New York: Haworth Press.

Esping-Andersen, G.(1990). The three worlds of welfare capitalism.

Ell, K.(1996). "Crisis theory and social work practice." In F. Turner(ed.). *social work treatment, pp 168-190*. New York: The Free Press.

Eysenck, H. J.(1961). *The effects of psychotherapy, in handbook of abnormal psychology, pp 695-725*. New York: Basic Books.

EUSA ACS Conference.(1999). *behavioral health division, soldier and family program updates*. Cambridge: Polity Press.

Fisher, S., & Greenberg, R.(eds.)(1978). *The scientific evaluation of freud's theories and therapy, pp 350-436*. New York: Basic Books,

Freud, S.(1965). *new introductory lectures on psychoanalysis* (translated by J. Strachcy). New York: W. W. Norton.

Friedlander, W. A., & Apte, R. Z.(1980). *introduction to social welfare. englewood cliffs.* New Jersey: Prentice-Hall.

Gabbard, G. O.(1990). *psychodynamic psychiatry in clinical practice*. Washington, D. C.: American Psychiatric Press, Inc.

Gilbert, N., & P. Terrell.(2002). *dimensions of social welfare policy*(5th ed). Boston: Allyn & Bacon.

Glick, I. D., & Kessler, D. R.(1994). *marital and family therapy*. New York: Grune & Stratton.

Gunderson, J. G.(1984). *borderline personality disorder*. Washington, D. C.: American Psychiatric Press, Inc.

Hallam, R.(1992). *counselling for anxiety problems*. London: SAGE Publications.

Johnson, P. & Rubin, A.(1983). Case Management on mental health: A social work domain?. *Social work, 28(1).*

Kamerman, S. B., & Kahn, A. J.(1978). family policy: Government and families in fourteen countries. New York: Columbia University Press.

Kohut, H.(1984). How does analysis cure?. The University of Chicago Press.

Lauer, R. H., & Lauer, J. C. (2004).*Social problems and the quality of life(11th ed.).*

Marshall, R. J., & Marshall, S. V.(1988). *The transference-countertransference matrix*. New York: The Columbia University Press.

Mishra, R. (1984). *The welfare state in crisis*. New York: St. Martin Press.

Moxley, D. P,(1989). *The practice of case management*. California: SAGE Publications.

National Association of Social Workers(1995). *encyclopedia of social work*. Washington, DC: NASW Press.

Nelson, J. C.(1983). Family Treatment: An interactive approach. New Jersey:

Prentice Hall. Inc.

Nichols, M., & Schwartz, R.(1991). *family therapy concepts and methods*. Boston: Allyn and Bacon

Ormrod, J. E.(2006). *educational psychology: developing learners*(5th ed). New Jersey: Merrill/Prentice Hall.

Patterson, C. H.(1973). *theories of counseling and psychotherapy*(2nd ed.). New York: Harper & Row.

Robertiello, G., & Schoenewolf, R. C.(1987). *101 common therapeutic blunders*. New Jersey: Jason Aronson Inc.

Sandler, J., Person, E., & Fonagy, P.(eds.)(1991). Freud's "On narcissism: An introduction". Yale University Press.

Saul, L. J.(1958). *technic and practice of psychoanalysis*. Philadelphia: J. B. Lippincott company.

Sullivan, H. S.(1954). *The psychiatric interview*, New York: Norton & Company, Inc.

Tyson, P., & Tyson, R. L.(1990). "The psychoanalytic theories of development: An integration". Yale University Press.

Wallace, W. A.(1986). *theories of counseling and psychotherapy*. Boston: Allyn and Bacon.

Wedding, D., & Corsini, R. J.(eds.)(1989). *case studies in psychotherapy*. Illinois: Peacock.

Woolfolk, A. E. (2013). *educational psychology(12th ed)*. Boston: Allgn & Bacon.

Wolman, B. B.(1992). *personality dynamics*. New York: Plenum Press.

저자소개

유 흥 위

학력 및 약력

- 공주대학교대학원 사회복지학과 문학박사
- 경기대학교 교육상담학과 박사수료

- 공주대학교 안보과학대학원 교수
- 한국청소년상담심리학회장
- 한국심리상담지도 협회장
- 사) 한국군사회복지학회 부회장, 법인 상임이사
- 사) 한국청소년보호연맹 상임이사, 경기연맹장
- The American Association of Counseling & Psychotherapy 정회원

저서 및 논문

- 군사회복지 이론과 실천(공저)
- 생활지도와 상담(공저)
- 직업상담사(공저)
- K-TDRA 성격유형검사, KHEI 한국진로학습 유형검사(초 · 중 · 고용)
- 청소년 꿈노트(공저)
- 한국의 군사회복지정책 개선방안에 관한 연구 외

유 연 웅

학력 및 약력

• 한세대학교 대학원 사회복지학과 사회복지학박사

• KC대학교 평생교육원 원장
• KC대학교 산학협력단장
• 사) 한국군사회복지학회 이사
• 사) 전국대학평생교육원협의회 이사
• 사) 한국청소년상담심리학회 부회장
• 사) 한국폭력학대예방협회 대외협력실장
• 육군 제52사단 고충상담관

저서 및 논문

• 병사들의 군생활 만족에 미치는 영향요인 연구
• 대학생들의 국가안보의식에 관한 조사 연구
• 사회초년병 적응 필살기
• 자원봉사활동이 건강과 삶의 만족도에 미치는 영향(공저)
• 긍정적 부모양육 태도와 정서적 문제행동 간의 인과관계 연구 외

최 선 애

학력 및 약력

• 선문대학교 대학원 교육상담학과 박사수료

• 한국 복지사이버대학교 외래교수
• 한국 청소년 상담심리학회 총무분과 위원장
• 경기도 군인가족 지원 센터 원장
• 해밀마음치유센터장
• The American Association of Counseling & Psychotherapy 정회원

저서

• 심리상담이론과 실제(공저), 직업상담사(공저), 미술치료 I · II (공저)
• 청소년 꿈노트(공저), 직업큐레이터(공저), 특수아동지도(공저)
• 다문화 군대를 대비한 민과 군의 준비 방향에 관한 제언 외

군사회복지와 상담

초판 1쇄 인쇄 2016년 8월 22일
초판 1쇄 발행 2016년 8월 29일

지 은 이 | 유흥위 · 유연웅 · 최선애
펴 낸 이 | 김기섭
편 집 인 | 이초롱
펴 낸 곳 | 창지사 www.changjisa.com
08589 서울시 금천구 가산디지털 1로 83 파트너스타워1차 9층
전화 (02) 719-2211~3
팩스 (02) 701-9386
등 록 | 1977년 4월 28일 · 제1-421호

ISBN 978-89-426-2336-5(93330)

값 20,000원

이 도서의 국립중앙도서관 출판예정도서목록(CIP)은 서지정보유통지원시스템 홈페이지(http://seoji.nl.go.kr)와 국가자료공동목록시스템(http://www.nl.go.kr/kolisnet)에서 이용하실 수 있습니다.(CIP제어번호: CIP2016020352)